U0047874

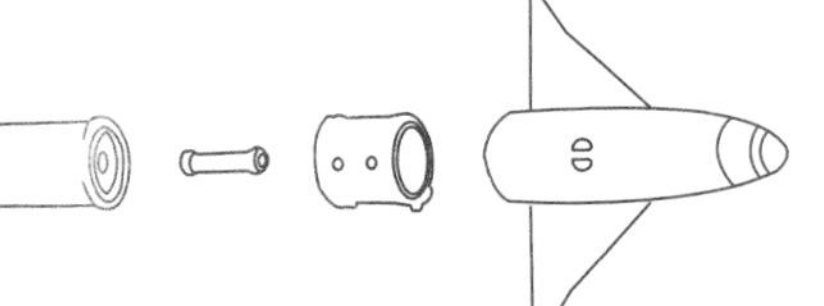

修訂版

完全解體圖鑑 機械構造

和田忠太 一著

魏長清 一譯

大同大學機械系教授
東京工業大學機研所博士 賴光哲 審訂

前言

巧妙運作的機械和器具總讓我們好奇地想：「不知道它的構造有多精巧？」本書將以實例介紹各機械的構造，從我們身邊引人注目的產品，到推動科技文明的新發明、構思奇特的新商品、軍事技術、一般機械、人力系統、最新科技的重大課題，無所不包。

古今中外各式各樣的科技產品，構造各有特徵，令人不禁讚嘆機械眞是人類的智慧結晶，尤其是機械的內部，更讓人覺得凝結了人類的思想和創意。

此外，本書還介紹沒有研究成功，而被人們遺忘的發明。透過認識它們的構思過程，我們可以一窺發明者未完成的夢想。回顧當時的構思很有趣，且能爲我們帶來更多啓發。那個年代沒有現今的先進工具與技術，人們只憑聰明的腦袋思索，以彌補工具的不足。雖然他們的技術比現在落後許多，但他們的構思巧妙、豐富。

追溯技術進步的歷程，回顧這些機械，可提高人們的創造性，促使人們開發新科學領域。

一般來說，機械能成爲產業化的商品，進行量產，必須先滿足「技術性」和「經濟性」這兩個條件。「技術性」是指機械的構造和性能；「經濟性」是指製造機械的成本。假如機械的價格太貴，不管性能再好，也不會有人去買，這個條件是合情合理的。對設計者來說，除了要讓機械按照構想動起來，還得經得起經濟上的考驗，所以創造一個獨特的產品須滿足各種要求，只憑不著邊際的幻想是行不通的。

機械量產的方式隨著技術的進步快速改變。從前手動控制的機械非常簡陋，但近年來出現的電子控制機械已變得非常精密。新材料的利用、靈活的生產方式及其他高科技機械的運用等，更拓寬了產業化的道路。所以不要因爲某種嘗試在過去失敗，就將它束之高閣，因爲經過你的改良，它非常有可能發展出新的道路。

回溯近百年來科學技術的快速發展：從萊特兄弟的動力飛機，到現代的高速巨型飛機，開拓了全球的交通，擴展人類的活動範圍；人類進一步探索太空，阿波羅計劃讓人類首次登上月球；電子技術深入日常生活，取得驚人的進展；電晶體的發明，使電腦被廣泛應用，其中，資訊網路最具代表性，它促進全世界的資訊交流，象徵人類的交流已進入一個前所未有的新時代。

但是在二十世紀的尾聲，大量生產、大量消費這種社會觀念的內部已出現負面效應，隨之而來的廢物處理、回收再利用、環境保護、事故預防等問題都是國際社會須共同承擔的問題，有待我們找出周密的對策，運用高科技方法來處理。面對這一系列的問題，二十一世紀拉開了序幕，而本書末章，將探討這些問題。

和田忠太

劃時代的機械

1章

2章 生活中的機械

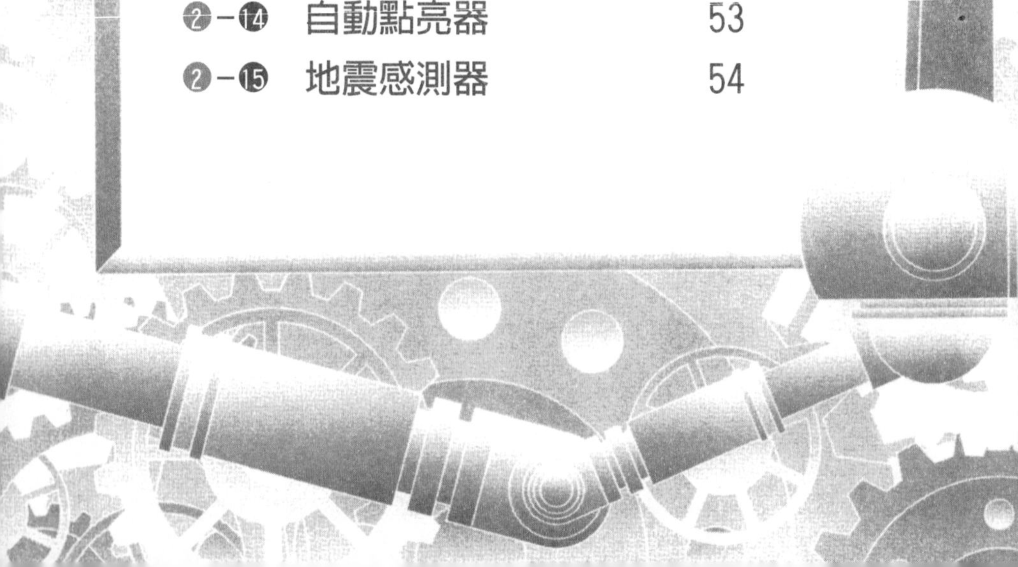

第3章

工廠生產機械

4章

休閒機械

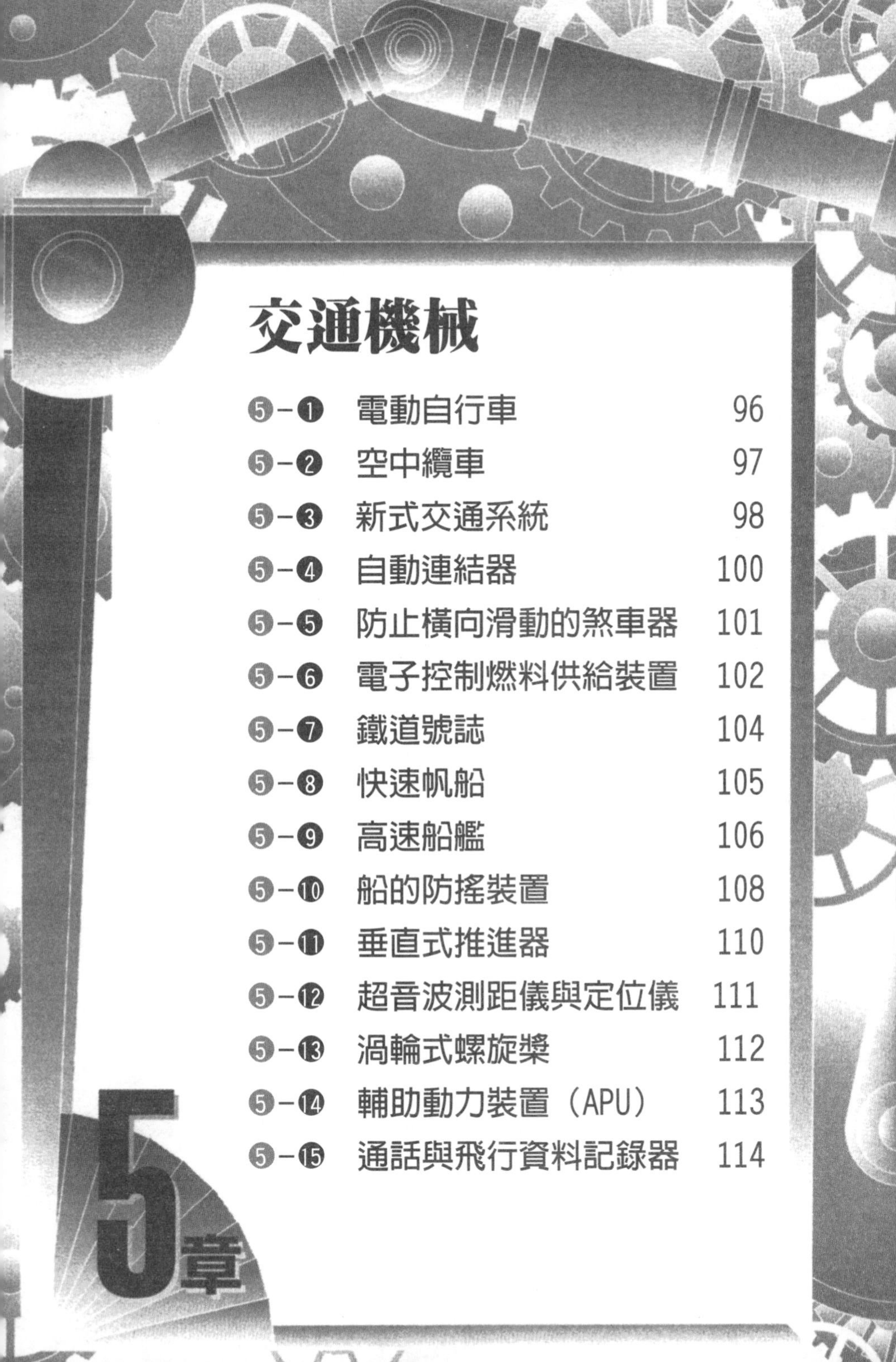

交通機械

5章

6章 戰爭機械

個人機械

7章

第8章 奇想機械

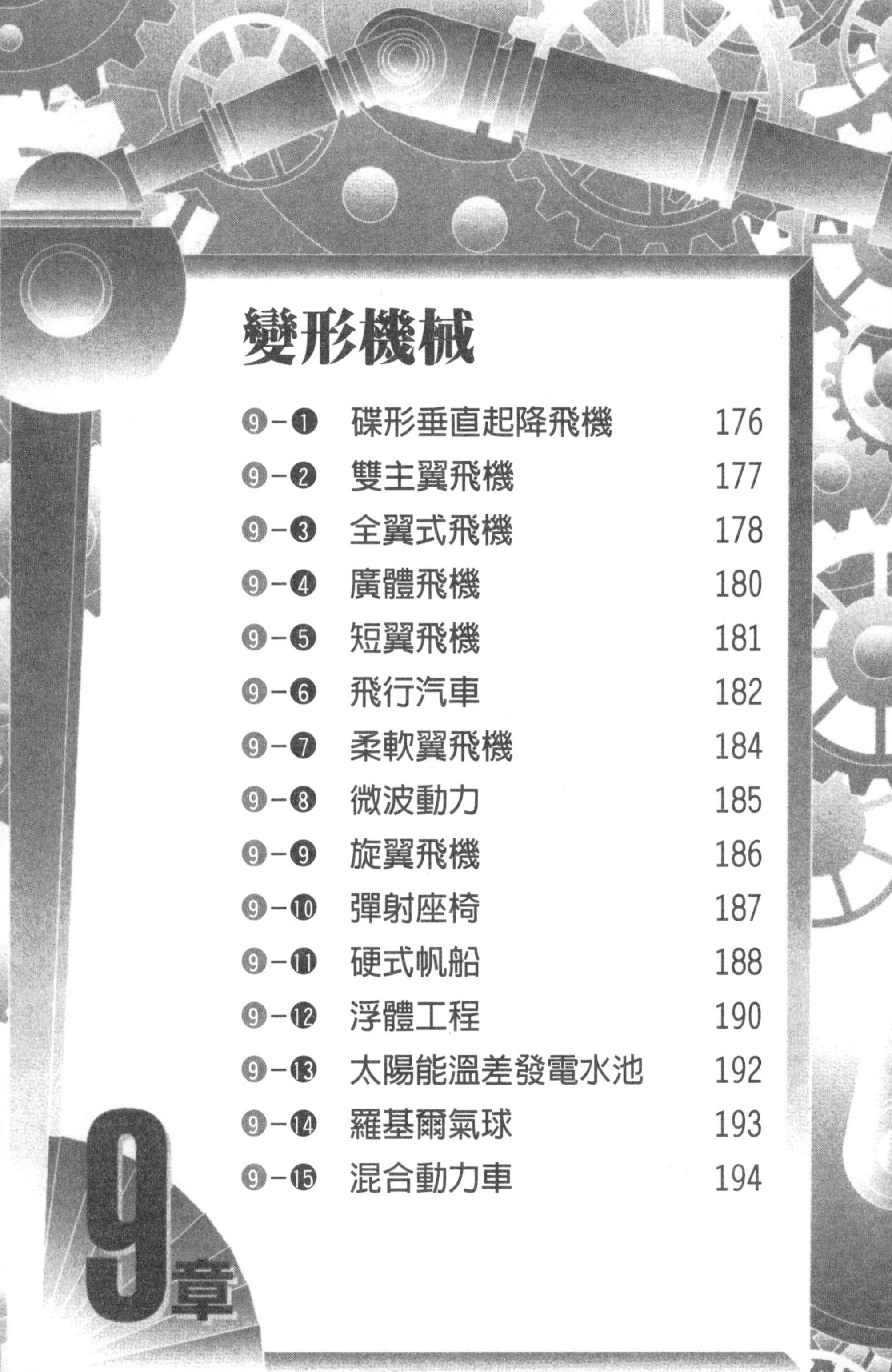

變形機械

9章

第10章 環保機械

第1章 劃時代的機械

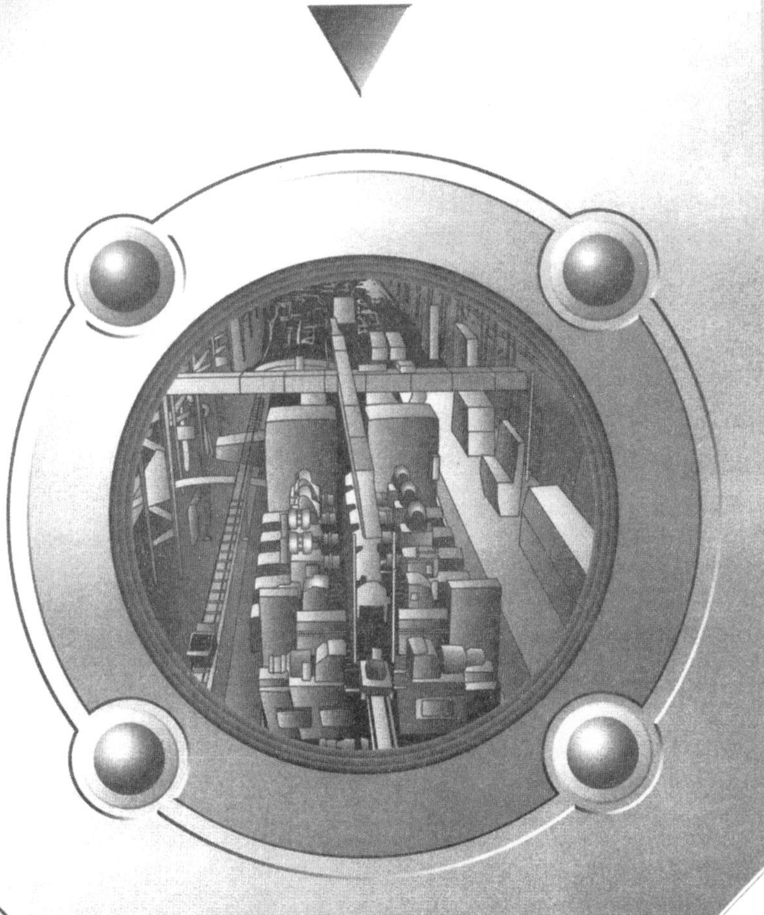

1 蒸汽機車

▼蒸汽機車（SL）的發明來自社會的進步，它在一個世紀前，誕生於英國，當時的日本正處於明治維新時代，蒸汽機車的發明亦推動了當時日本社會的發展。

今天，雖然蒸汽機車早已不是鐵路的主角，但SL的魅力依舊迷人、獨特。

蒸汽機車的構造包含：產生蒸汽的「鍋爐」、使蒸汽壓力轉變成動能的「汽缸」、帶動車輪的「走行部」。依補給煤炭與水的搭載方式，區分為水箱式與煤水車式兩大類。

通稱為D51型的蒸汽火車頭，是日本具有代表性的貨運蒸汽火車，而C62型是世界上最大的窄軌用高速客運車。前者有四根主動輪軸，後者有三根，直徑為一．七五公尺。

日本火車頭鍋爐燃燒的是煤，但外國也有燒柴油或木柴的火車頭。鍋爐火箱內的火焰會竄向前面的煙管，將水加熱，產生的蒸汽（飽和蒸汽）會再次被加熱，變成過熱蒸汽再送進汽缸。

進入汽缸的蒸汽，在活塞前後交互推

史蒂芬生的火箭號

1829

區分

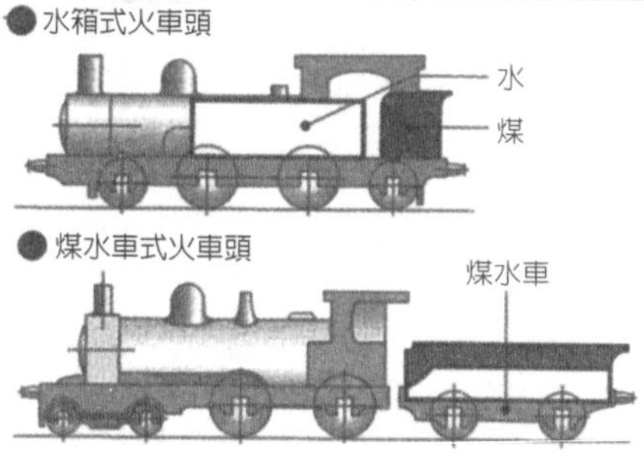

●水箱式火車頭

水

煤

●煤水車式火車頭

煤水車

構造（C62型）

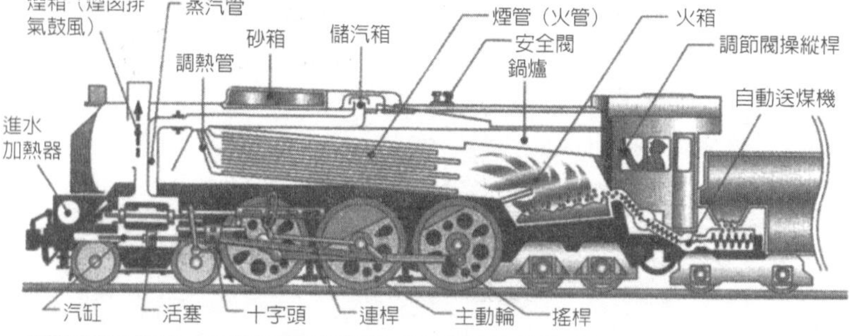

煙箱（煙囪排氣鼓風）

蒸汽管

砂箱

儲汽箱

調熱管

煙管（火管）

安全閥

鍋爐

火箱

調節閥操縱桿

自動送煤機

進水加熱器

汽缸

活塞

十字頭

連桿

主動輪

搖桿

動作

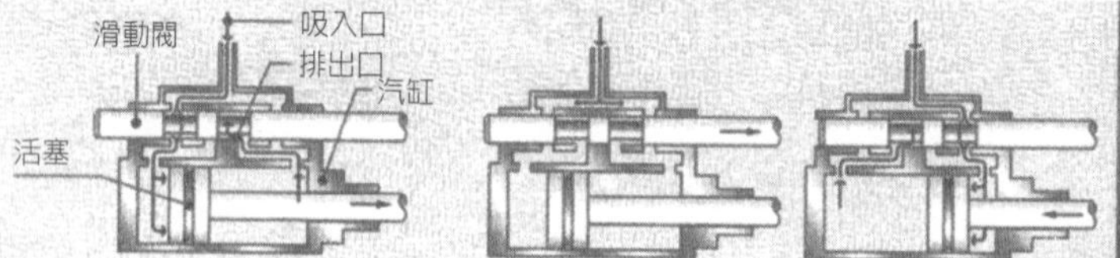

滑動閥

吸入口

排出口

汽缸

活塞

壓，讓活塞反覆運動。這時可根據蒸汽的進入方式（不同的時間和不同的進入方向），改變車速和倒轉，使活塞的往復運動藉由曲柄銷轉變為動輪的圓周運動。

活塞和曲柄銷維持同一直線的狀態稱為「死點」。在「死點」的狀態下，往復運動無法變為圓周運動，所以為了避免「死點」，要將左右兩側曲柄銷的安裝角度設為九十度，或採用三個汽缸，設為一百二十度。

蒸汽通過汽缸，進入煙囪下方，往上排放。在氣流的作用下，吸進排煙使煤的火勢更旺，並使汽笛發出響亮聲音。這與電車的笛聲不同，它不靠空氣，而以蒸汽的作用來發出聲音，所以笛聲較響亮，可以傳得很遠。

蒸汽機車的功率低，燃料便宜，結構簡單，如果能解決排煙的問題，應能更加廣泛地運用。

D511154

D51 型機車

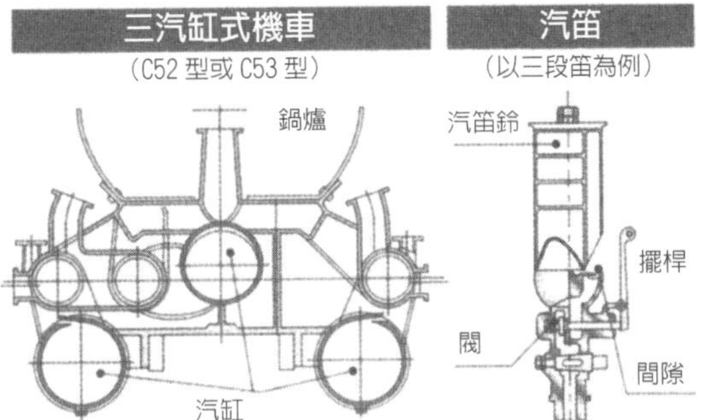
三汽缸式機車
(C52 型或 C53 型)
鍋爐
汽缸
汽笛
(以三段笛為例)
汽笛鈴
擺桿
閥
間隙

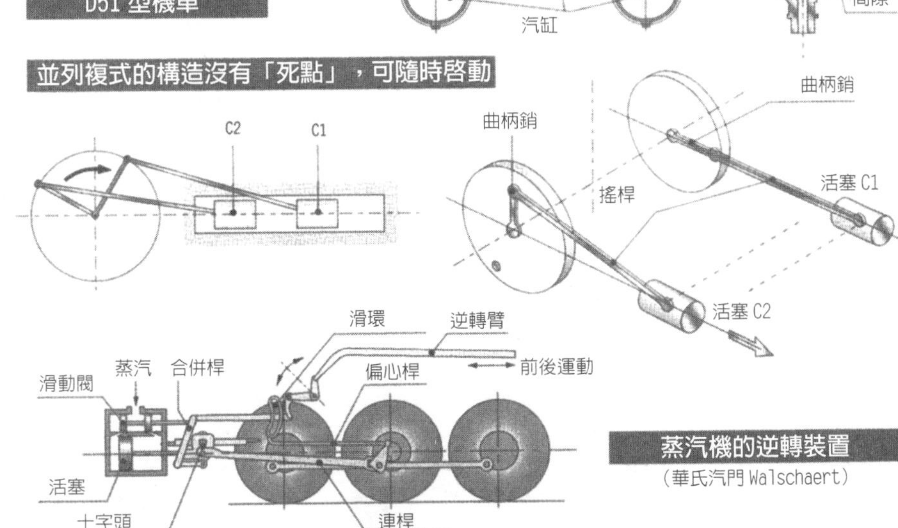
並列複式的構造沒有「死點」，可隨時啓動
C2
C1
曲柄銷
曲柄銷
搖桿
活塞 C1
活塞 C2
滑環
逆轉臂
前後運動
蒸汽
合併桿
偏心桿
滑動閥
活塞
十字頭
連桿

蒸汽機的逆轉裝置
(華氏汽門 Walschaert)

2 T型福特車

▼小型汽車的生產可說是機械量產的代表性產物。世界上第一台小型汽車是T型福特車。它能獲得成功不只是因為優良的設計，更在於首次採用輸送帶生產，實現「流水線作業」，成就劃時代的突破。

福特汽車公司在西元一九○八年推出「亨利福特車」，牢固又便宜，是非常實用的車型，滿足大眾的需求，被人們廣泛接受。據說直到停產的西元一九二七年，T型福特車共售出一千五百萬輛。

T型福特車分為許多種類，原型是四汽缸的引擎，在西元一九一一年裝上起動馬達。變速器是行星齒輪式，用踩踏板來變換速度和倒退，此款不只用鑄鋼材料，還有很多改良型。

西元一九一三年，福特的工廠實行流水線作業，生產線末端已延伸到戶外。他們在二樓生產車身，在一樓生產車底盤，使裝配線重疊在一起，實現一體化生產。工序的細分化、零件的標準化、統一規格等，也相繼實行。

福特工廠的流水線作業（1913 年）

「車身」從二樓沿斜面滑下來，與一樓的「底盤」組裝在一起。

初期的車款像蜘蛛

1908

中間開門的轎式小客車

1920

動力的傳動方式

構造

以遊覽型為例

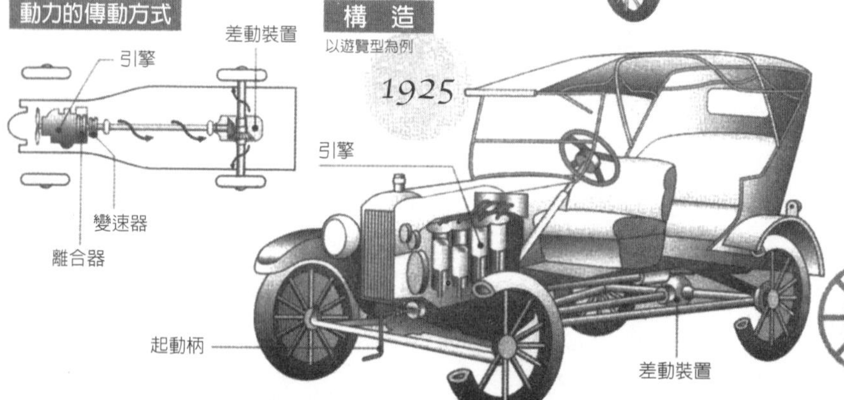
差動裝置
引擎
變速器
離合器
1925
引擎
起動柄
差動裝置

3 自動織布機

▼十八世紀後半葉，人們為織布機加上動力裝置，引發了以英國為中心的第一次工業革命。西元一九一六年，豐田佐吉發明的高性能「自動織布機」獲得專利權，成為日本的代表性發明，獲得高度的評價。

織布機的基本動作就是將橫線和豎線相互交織在一起，以梭子左右移動、抽出橫線來織布。

以前在織布過程中，織布機中間的線如果沒有了，只能將織布機停下來，用手加線。但現在可以自動加入橫線，實現自動化，再也不需要停下織布機。西元一九二〇年以後，用於大量生產的機械，能力全部提升，只需一個人即可操作多台機械。

技術的進步使梭子被取代，還開發出其他新型機械，例如：機械式剪子、氣動織布機、可以合織的水力織布機等。

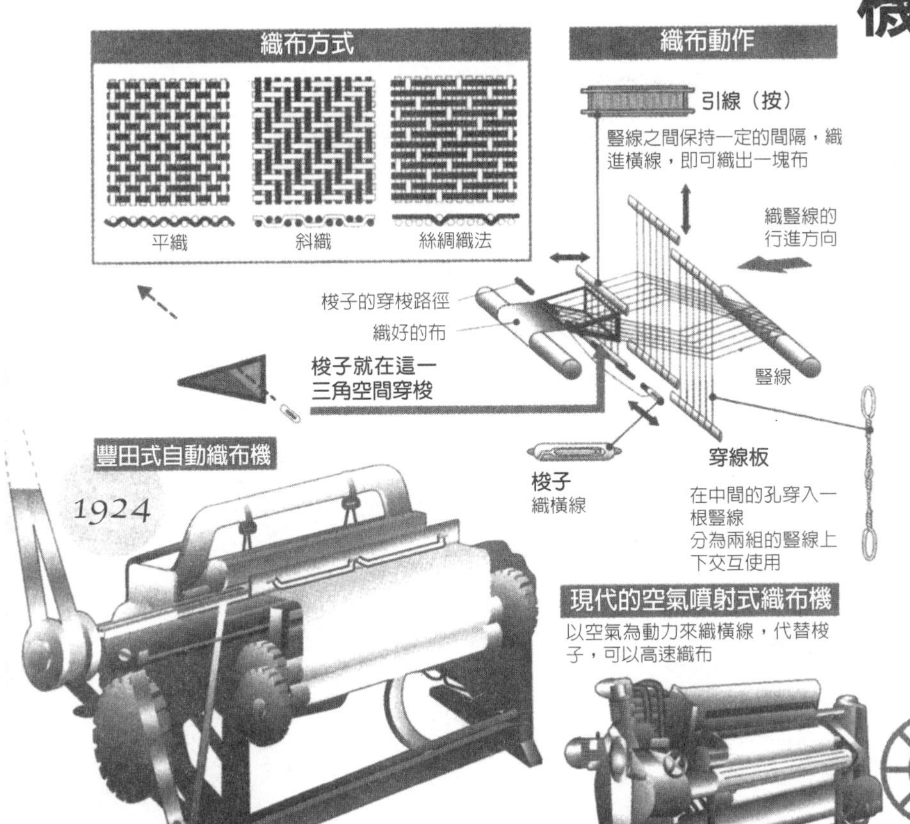

織布方式
平織
斜織
絲綢織法
織布動作
引線（按）
豎線之間保持一定的間隔，織進橫線，即可織出一塊布
織豎線的行進方向
梭子的穿梭路徑
織好的布
梭子就在這一三角空間穿梭
豎線
穿線板
梭子
織橫線
在中間的孔穿入一根豎線
分為兩組的豎線上下交互使用
豐田式自動織布機
1924
現代的空氣噴射式織布機
以空氣為動力來織橫線，代替梭子，可以高速織布

4 馬達

▼馬達是將電流轉變成動能的電動機，原理是法拉第定律的電磁感應。現代生活必備的各種家電，都需以電力發動，若沒有馬達將工業運用於日常，我們的生活不會如此便利。

馬達由定子與轉子構成。根據不同電源，馬達可分為交流馬達和直流馬達。一般多採用交流感應型的馬達。

使用電刷和整流子的馬達較易使用，但會發出火花，要花功夫保養。如果不用電刷，而換上電晶體，即是無刷馬達。

另外，以不連續脈衝的方式，使通過的電流與進入的脈衝數成比例，來改變旋轉角，就是可以改變指令的馬達，常用於控制系統。現在還有線性馬達、直接驅動馬達（DD馬達）、超音波馬達等。

大型交流同步馬達

步進馬達

HB 型、斷面為鐵芯

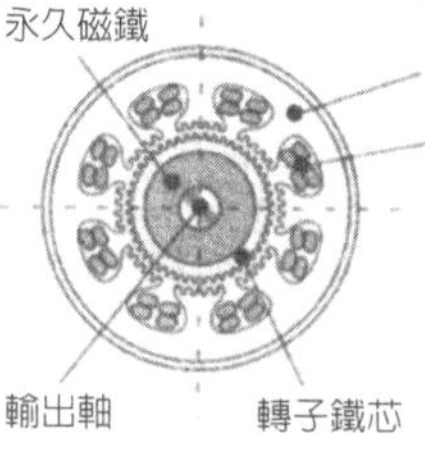

永久磁鐵
定子鐵芯
激磁線圈
輸出軸
轉子鐵芯

直線移動的線性馬達

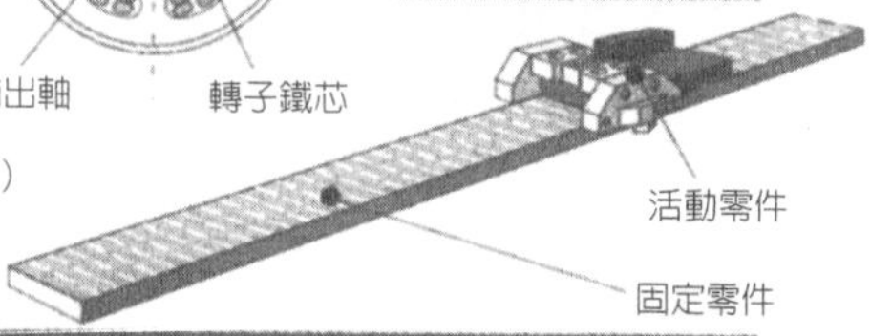

活動零件
固定零件

有電刷和整流子的直流馬達

永久磁鐵位於磁場內的型號

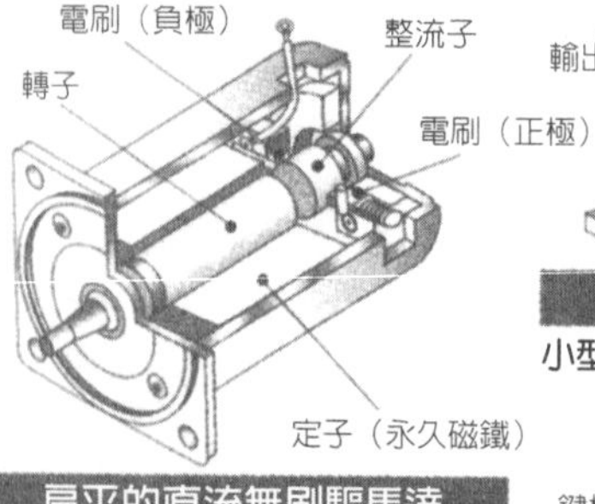

電刷（負極）
整流子
轉子
電刷（正極）
定子（永久磁鐵）

交流感應馬達的構造

小型・通用

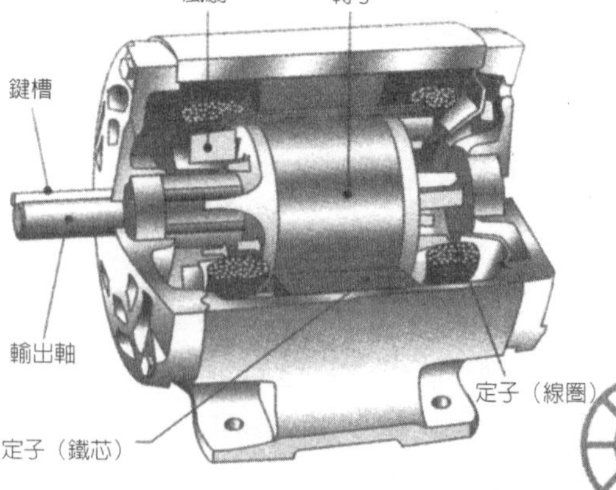

風扇
轉子
鍵槽
輸出軸
定子（線圈）
定子（鐵芯）

扁平的直流無刷驅馬達

用於音響器材的直接驅動馬達

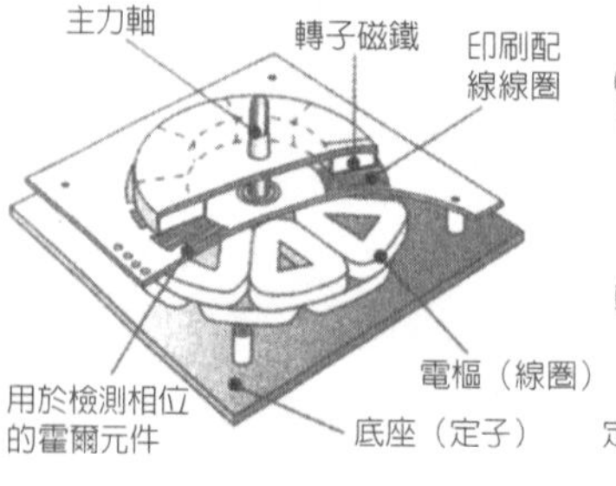

主力軸
轉子磁鐵
印刷配線線圈
電樞（線圈）
用於檢測相位的霍爾元件
底座（定子）

5 調速器

▼吉姆斯・瓦特的蒸汽機是第一個運用調速器（Governor）的機械，這是為了讓蒸汽機保持一定的轉數，自動調節閥的鬆緊度，稱為反饋式自動控制系統。

離心式調速器的核心是旋轉的重錘（飛重）。調速器快速旋轉，重錘在離心力的作用下會飛到外圍，帶動套筒關上閥；轉速變慢，則會產生相反的作用力，可打開閥。

這種控制方式被廣泛應用，當然也用於馬達的轉速控制，例如：小型汽車引擎點火，調速器會根據不同的速度，調整超前角；自排車用以切換高速與低速齒輪的調速閥都是此方法的運用。

除了利用離心力，還有應用磁力、雷射、光的新式調速器。這是以角速度感應器來測量旋轉速度，並以電子來控制，今後自動控制的研發重點和發展方向可能即是這些新技術！

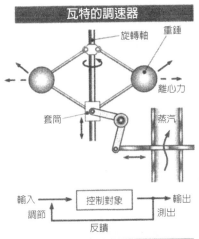

瓦特的調速器

旋轉軸
重錘
離心力
套筒
蒸汽

輸入 → 控制對象 → 輸出
調節
測出
反饋

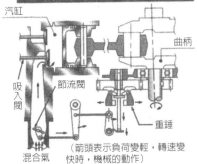

電梯的調速器

速度過快，制動片會擋住調速器的凸角，使電梯停下來。（右圖是設在機械室的提升馬達剖面）

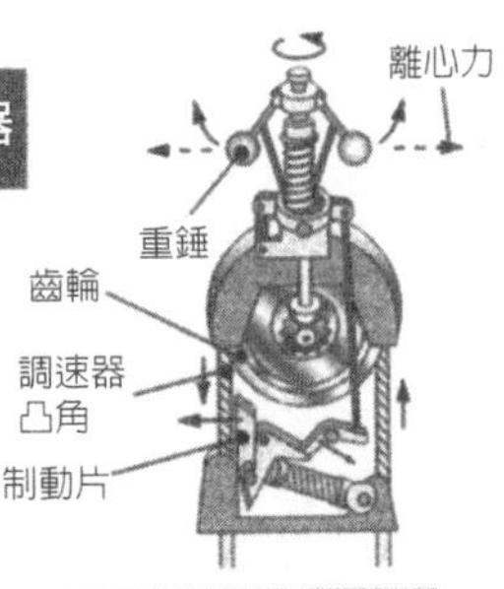
離心力
重錘
齒輪
調速器
凸角
制動片

以感應器來控制

透光型電動式

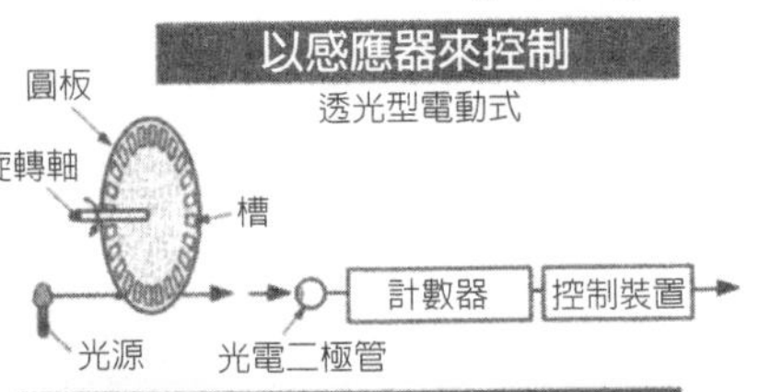
圓板
旋轉軸
槽
光源
光電二極管
計數器
控制裝置

汽油引擎離心式調速器

汽缸
曲柄
吸入閥
節流閥
重錘
混合氣

（箭頭表示負荷變輕，轉速變快時，機械的動作）

調速閥

自排車用以切換低速齒輪與高速齒輪

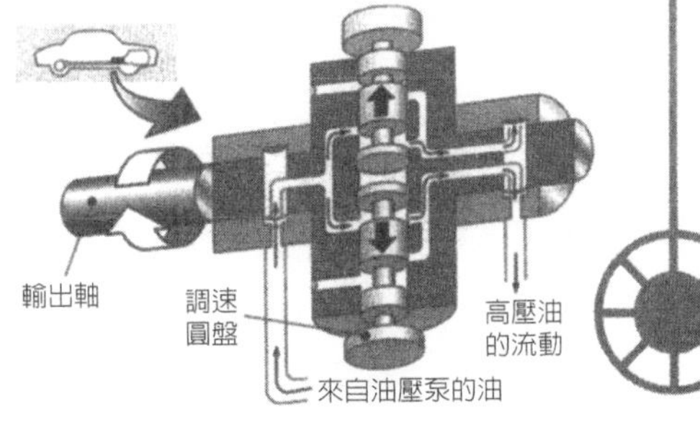
輸出軸
調速圓盤
高壓油的流動
來自油壓泵的油

6

6 渦輪機

▼現今的電力時代，基本上都是用渦輪機來帶動發電機。例如，火力和核能發電廠的蒸汽渦輪機，水力發電廠的水輪機（水力渦輪機），和一般家庭的發電機與空氣渦輪機。

渦輪機以水、蒸汽或空氣的流動來帶動葉輪，從而得到旋轉力。在結構上可分為兩種：直接噴射的「衝動型」，以及利用噴射反作用力的「反動型」，兩種都可連續旋轉。

過去的水輪機直接利用水流帶動葉輪，現在的水輪機則利用貯在高處的水沖下來所產生的高水壓，即位於高位的水以高速噴出，使水輪機擁有強大輸出功率。

現在，主要應用的水輪機為：佩爾頓水輪機（用於高落差的地點）、法蘭西斯水輪機（用於中落差的地點）、卡普蘭水輪機（用於低落差的地點）。為了不使旋轉的葉輪因內部有空穴而空轉、振動，要注意葉輪的設計。

西元前二〇〇〇年，希羅所記述的「汽

蒸汽渦輪機

● 火力發電廠的蒸汽渦輪發電機

內部

葉輪

低壓渦輪機

高壓渦輪機

葉輪的並列方法

噴嘴（固定側面）

葉輪

衝動型

噴嘴（固定側面）

葉輪

反動型

轉球」是蒸汽渦輪機的元祖，屬於反動型渦輪機。我們現在大多使用西元十九世紀末開發出的帕森斯渦輪機，屬於反動型，可以多次使蒸汽膨脹，因而提高了效率。

噴嘴在旋轉葉輪前面噴出蒸汽，「高壓」蒸汽在這裡轉化為「高速」蒸汽，因為在噴出的通路中間裝有節流噴嘴，所以噴出的蒸汽可達最快速度。

燃氣渦輪機由壓縮器、燃燒室和渦輪構成，屬於噴射式引擎。此種渦輪機必須在高溫下高速旋轉，所以最近致力於開發陶瓷材料（屬於陶磁類的非金屬材料）。

燃氣渦輪機的優點是起動性優良，一旦起動，便可馬上以恆速運轉，不需要暖機。它廣泛應用於緊急發電裝置、船舶、天然氣發電裝置等。

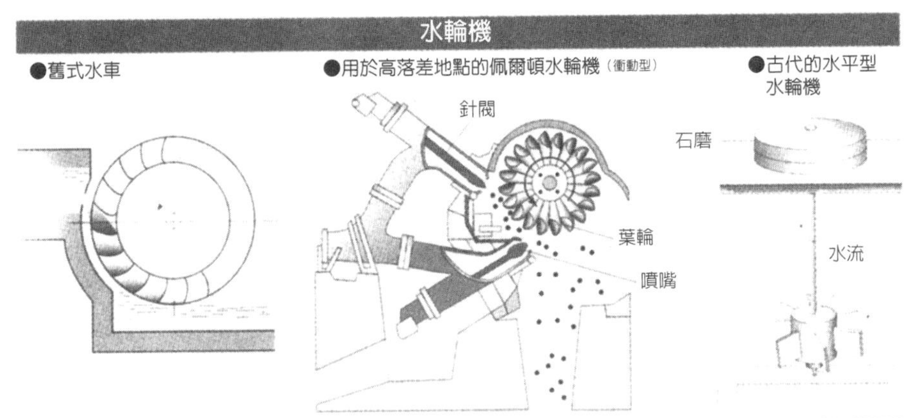
水輪機
●舊式水車
●用於高落差地點的佩爾頓水輪機（衝動型）
針閥
葉輪
噴嘴
●古代的水平型水輪機
石磨
水流

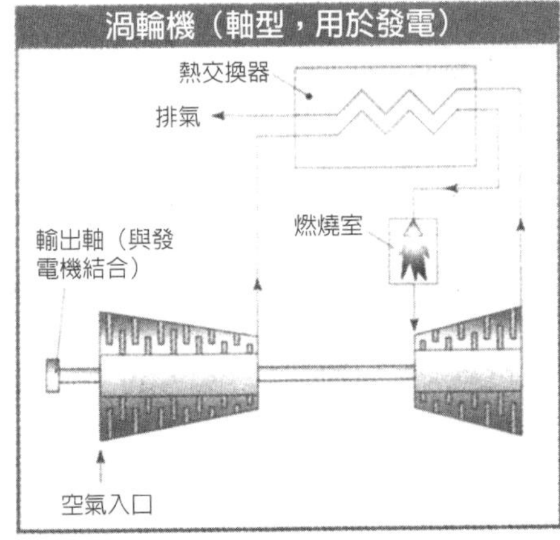
渦輪機（軸型，用於發電）
熱交換器
排氣
燃燒室
輸出軸（與發電機結合）
空氣入口

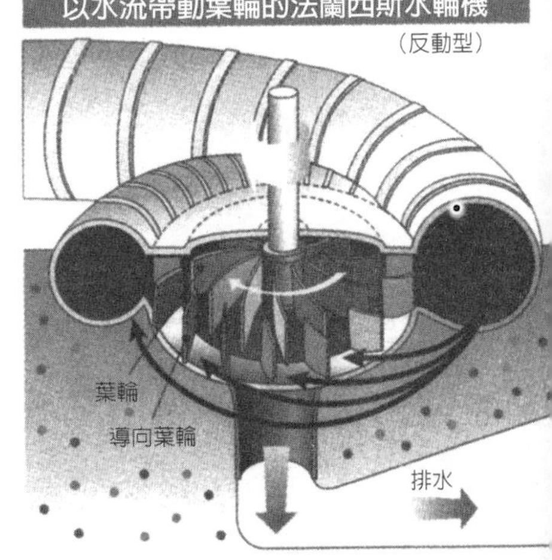
以水流帶動葉輪的法蘭西斯水輪機
（反動型）
葉輪
導向葉輪
排水

7 柴油引擎

▼疾速壓縮空氣會使空氣的溫度升高，此時噴入霧狀燃料會很容易燃燒，這就是「壓縮點火方式」。一百年前的柴油引擎以這種方式點火，是當時評價很高的引擎。

柴油引擎的功率高，可使用魚油等多種燃料。汽缸只吸入空氣，不混入燃料來進行壓縮，不僅結構簡單，還可以循環再利用，特別適合大型船隻。

柴油引擎用以排出廢氣的換氣裝置有單向型等多種形式。用於小型汽車的高速柴油引擎，一般是四衝程循環式。另外，為了使引擎容易起動，一般都裝有電加熱式的火星塞（有些柴油引擎還會安裝預熱塞，幫機器在寒天起動）。

燃料的噴射泵、噴嘴都很重要，必須精密加工，柴油引擎才會發揮百分百的效用。

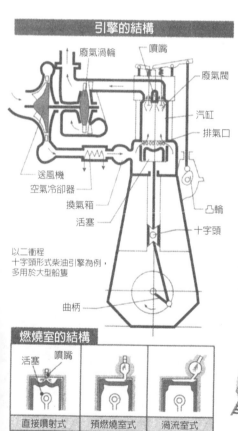

引擎的結構

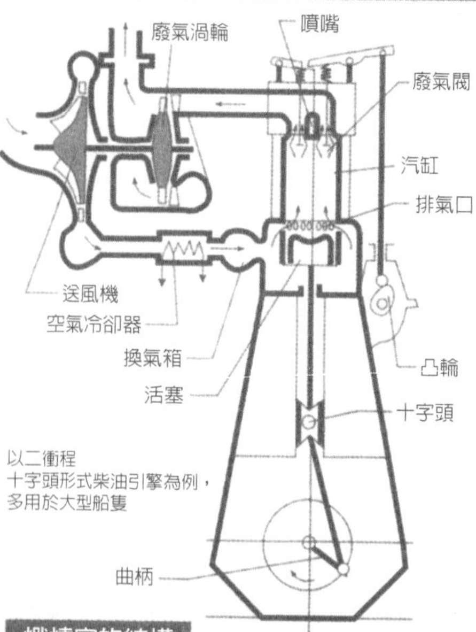
廢氣渦輪
噴嘴
廢氣閥
汽缸
排氣口
送風機
空氣冷卻器
換氣箱
活塞
凸輪
十字頭
曲柄

以二衝程
十字頭形式柴油引擎為例，
多用於大型船隻

●用於船舶 低速、二衝程直接噴射式

●一般柴油引擎 四衝程、橫式、預燃燒室式

●小型轎車柴油引擎 四衝程、渦流室式

●發電機柴油引擎 四衝程、渦輪加壓式

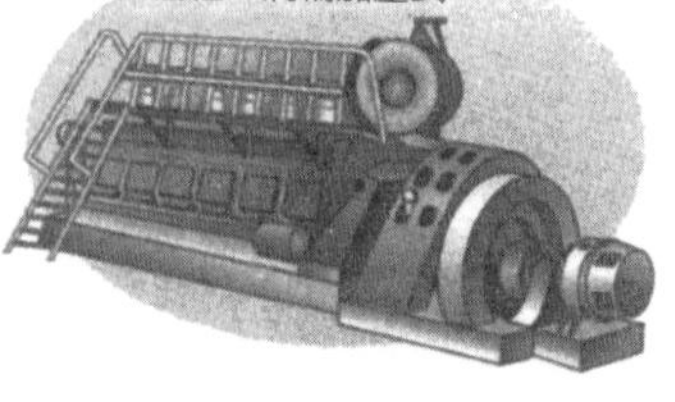

燃燒室的結構

活塞
噴嘴

直接噴射式	預燃燒室式	渦流室式

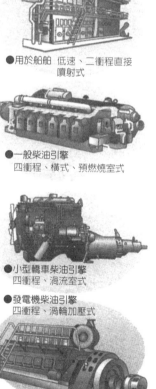

8 滾動軸承

▼在物體下方鋪設圓柱物體，即可輕易移動物體。人們於西元前已明白這個道理，但到西元十八世紀才發明滾動軸承，對當時的工業革命有相當大的影響。

滾動軸承由三部分組成：軌道圈（外圈和內圈）、滾動體（滾珠）及保持架（固定滾動體）。滾動軸承要承受極大的重量，進行高速旋轉，所以需以堅硬的高碳鉻鋼為材料，並施以極精密的加工。

自動調心軸承（又稱調心球軸承）可調節軸心，它的滾動體是球形或圓柱形，所以外圈的軌道面是以軸承中心為圓心的球面，因此，即使軸承的方向偏移，也可順利轉動。

直線軸承是滾動體沿直線運動的滾動軸承。此外，在太空、真空中，潤滑油會蒸發，太空船無法使用一般軸承，所以人們現在正致力於開發固體潤滑劑與陶瓷軸承。

深溝球軸承的結構

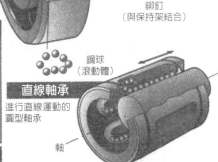

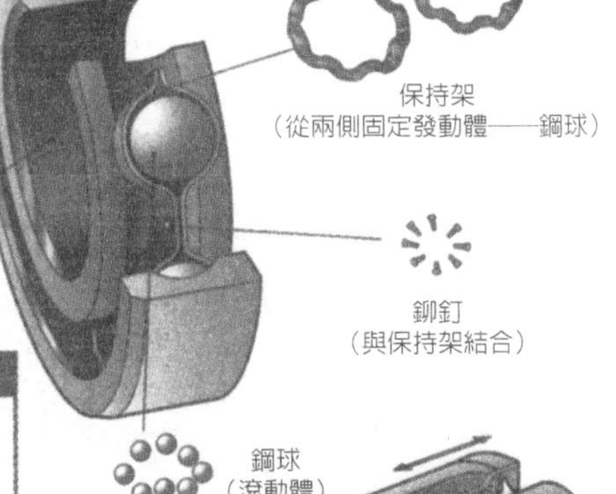
保持架
（從兩側固定發動體——鋼球）
外圈
（固定側）
內圈
（軸側）
鉚釘
（與保持架結合）
鋼球
（滾動體）

根據負荷的方向來區分

徑向軸承
負載
負載
軸承
止推軸承
負載
旋轉軸
支持面

直線軸承

進行直線運動的圓型軸承

軸

自動調心的作用

軸承方向偏移，可自動調節軸心
（複列式自動調心軸承）

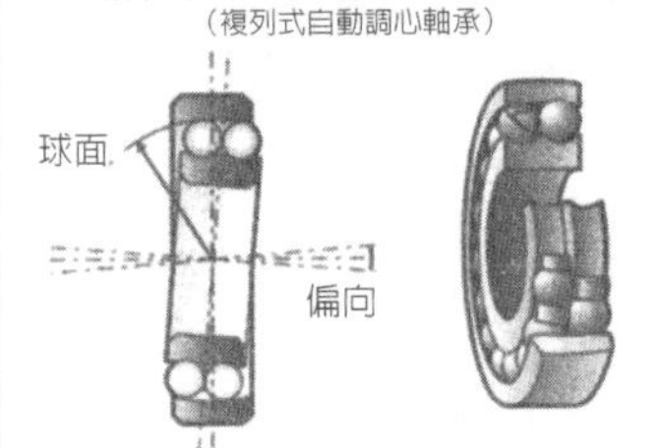
球面
偏向

各種形狀

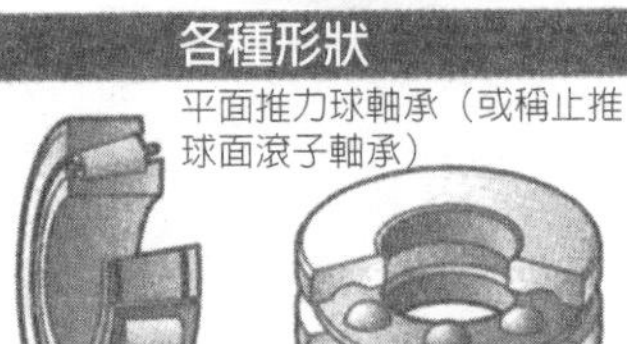
平面推力球軸承（或稱止推球面滾子軸承）
徑向圓錐滾子軸承（或稱徑向圓筒滾子軸承）

9 輸送帶

▼輸送帶系統是大量生產時代的主角。二十世紀初，福特利用自動化流水線作業來生產小型汽車，已展現輸送帶的威力。零件在輸送帶上，一切作業可同時進行，大大提高生產效率。

輸送帶雖以低速移動，但連續移動使每個時間單位的輸送量還是很大。這種不間斷的大量輸送方式，可以輸送箱子、袋子、粉狀物和煤等。

最常見的輸送帶是皮帶式輸送帶，表面材料多為橡膠，也有鐵網狀輸送帶和鋼製輸送帶以滿足各種需求。輸送帶的表面構造可分為平面式及凹陷式，後者主要用於輸送粉狀物。

鏈條式輸送帶在反覆循環的鏈條上安裝輸送帶，可以輸送各種物品，種類很多，也可向各個方向輸送物品。滾筒輸送帶可讓輸送帶上的物體順勢滑下去，是驅動滾筒來輸送的方式。

輸送粉狀物的螺旋式輸送帶，可以一邊輸送物品，一邊混合攪拌。另外，還有透過斜向的振動來輸送物品的輸送帶。風力輸送帶則可以利用氣流輸送粉狀物。

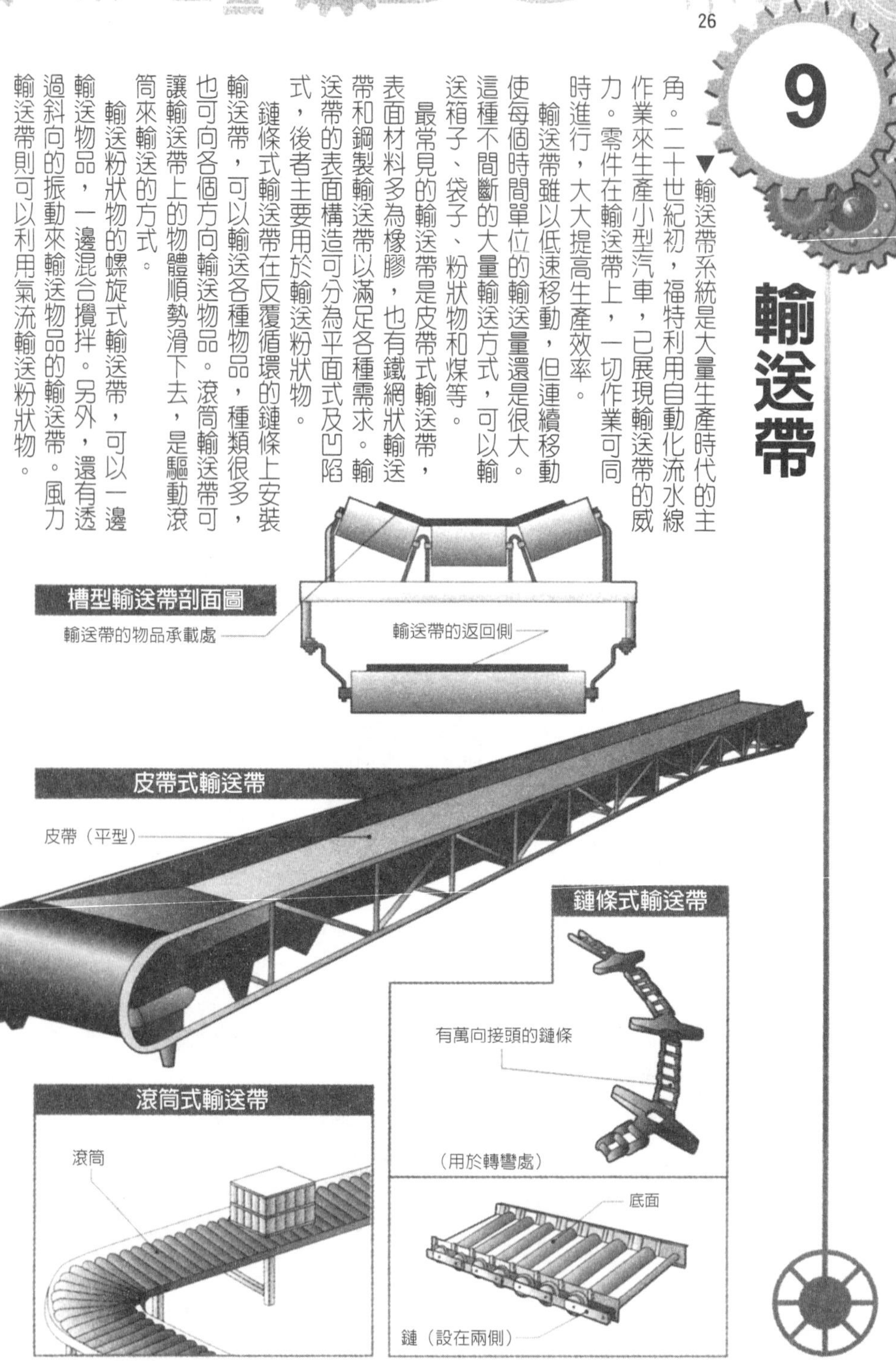

槽型輸送帶剖面圖
輸送帶的物品承載處
輸送帶的返回側
皮帶式輸送帶
皮帶（平型）
鏈條式輸送帶
有萬向接頭的鏈條
（用於轉彎處）
底面
鏈（設在兩側）
滾筒式輸送帶
滾筒

鏈條驅動吊車式的輸送鏈不是平面，而是立體結構，以一台小車來裝載物品。吊車式輸送鏈沿著彎曲的導軌輸送物品。在工廠裡，為了串連各個作業，輸送帶被廣泛應用。

垂直升降的輸送帶用鏈條來驅動，有的垂直升降輸送帶是帶有萬向接頭的鏈條輸送帶，有的則是由半圓板連結而成的皮帶式輸送帶。

為了測量輸送帶所輸送的物品重量，輸送帶上會設置秤重器，不用停止輸送帶即可自動計算累積的重量。

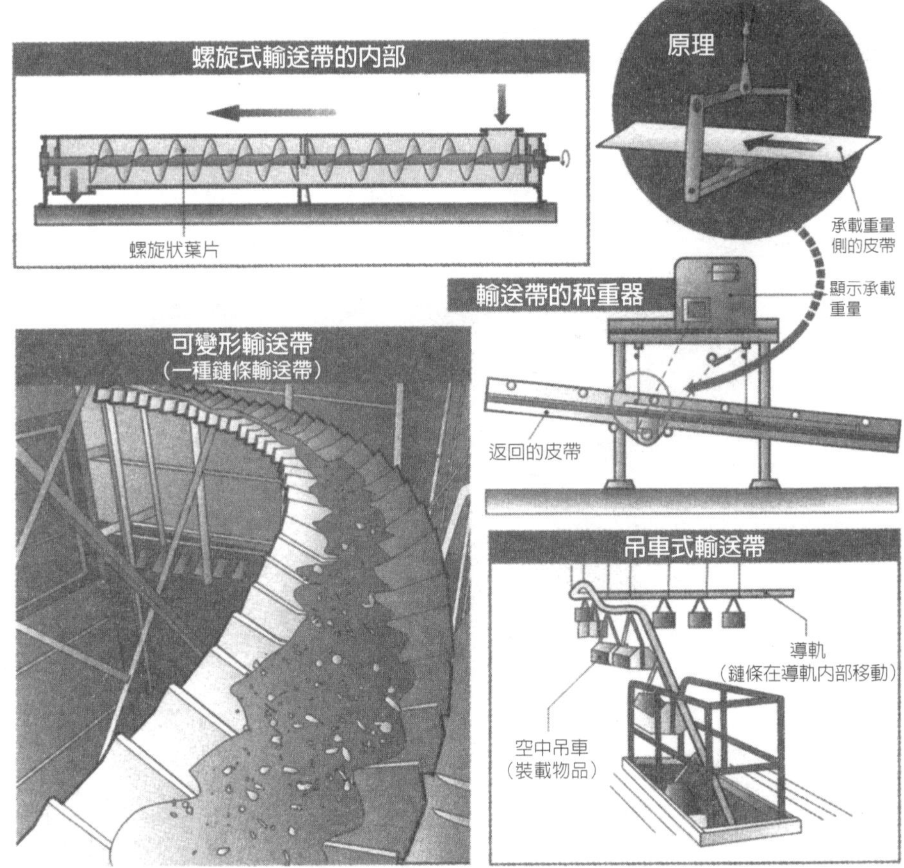
螺旋式輸送帶的內部
螺旋狀葉片
原理
承載重量側的皮帶
輸送帶的秤重器
顯示承載重量
返回的皮帶
可變形輸送帶
（一種鏈條輸送帶）
吊車式輸送帶
導軌
（鏈條在導軌內部移動）
空中吊車
（裝載物品）

10 滾珠螺桿

▼滾珠螺桿可將馬達的旋轉運動轉變成直線運動，精準定位。起初滾珠螺桿只應用於小型汽車，而後慢慢變成精密加工不可或缺的零件，被廣泛運用。

螺桿和螺帽之間夾著一個鋼珠，把螺桿和螺帽之間的滑動接觸，改成滾動接觸，藉此減低摩擦力，提高效率，鋼珠可以反覆使用，分為外循環式、內循環式、端塞循環式。

為了不讓滾珠有間隙，我們可以依序放入一大一小的鋼球來施加預壓，藉此做極精密的動作。

鋼珠在內部疾速移動，所以極易振動、發出噪音，但滾珠螺桿的直線傳動精度和耐久性仍須保持精良，才可實現現代化高科技生產。

滾珠螺桿可控制機械的定位

半閉環式系統

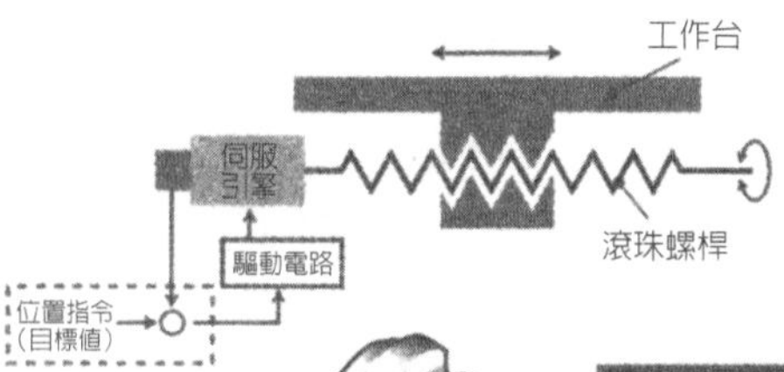

工作台
伺服引擎
驅動電路
滾珠螺桿
位置指令
(目標值)

鋼珠循環方式

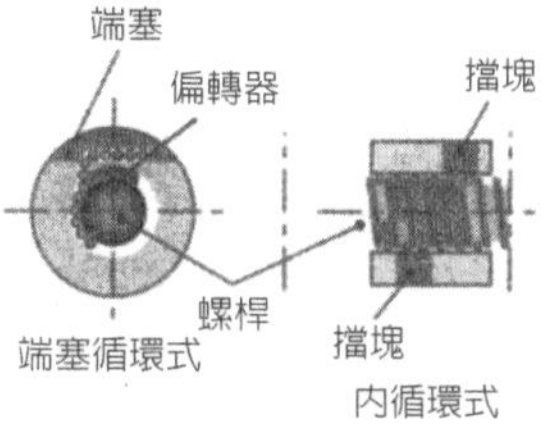

端塞
偏轉器
擋塊
螺桿
擋塊
端塞循環式
內循環式

滾珠螺桿的構造

以外循環式為例

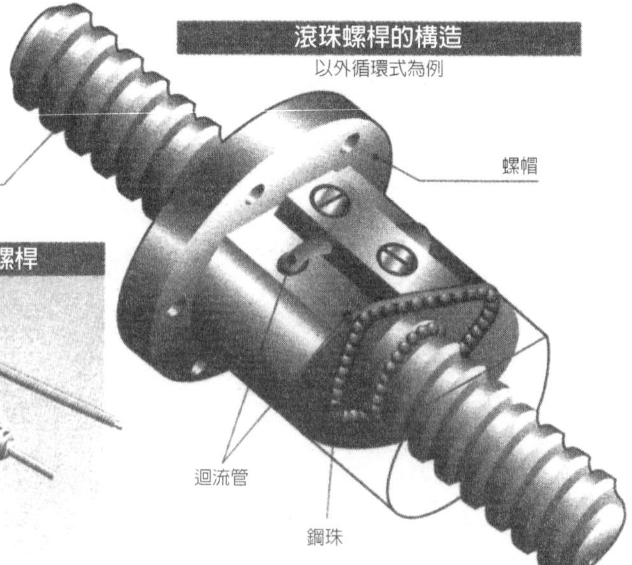

螺桿
螺帽
迴流管
鋼珠

各種滾珠螺桿

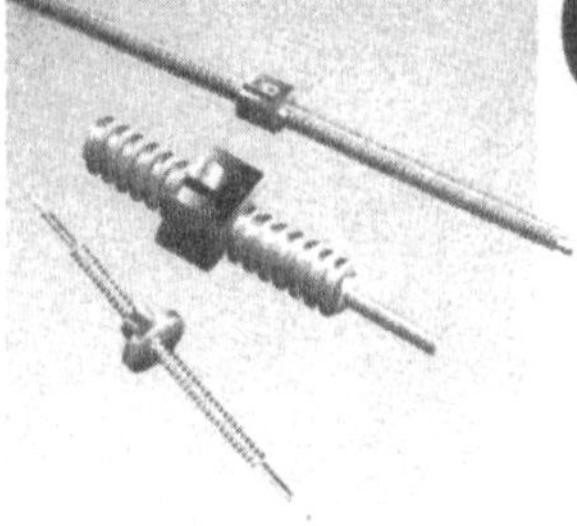

11 自動化連線加工機

▼自動化連線加工機是排成長列的工具機，是大量生產流水線作業的一環，可讓各種機械於系統中同時加工。始自西元一九五〇年小型汽車及引擎零件的加工，如今自動化連線加工機已在製造業的領域中被廣泛應用。

自動化連線加工機有作用同於輸送帶的裝置，可搬運工件。這個裝置與其他加工站排列在一起，稱為組合加工站，可以按照工序的先後排列，依次進行加工、組裝、檢查等多道工序。

此搬運裝置的移動方式是間斷移動式，加工站整體同時移動、停止、移動，不斷重複。在停止的空檔，進行組裝、加工及拆除的作業。

另外，加工站有時也可進行沖壓加工。

自動化連線加工機除了用於生產線的大量生產，有時也用於小量生產，所以NC工具機（數值控制）及搬運機器人等各種機動連接方式，也廣泛應用於生產線。

結構

加工站

原料

完成

搬運裝置

運用搬運機器人的生產線（曲柄軸加工）

搬運機器人
NC 工具機（車床）

最近的移動式加工生產線（用於加工引擎的機軸箱）

用於加工引擎台架的自動化連線加工機（1950 年）

12 大型船

▼船身越大，運輸的效率越高，亦即船身的浮力越大，能夠承載的貨物越多。現代社會因此大量消耗石油，運輸原油的油輪越來越巨大，一次經常要運輸幾十萬噸的原油。

船體前端引人注目的巨大圓形突出部，稱為球狀船首，可以抵消海浪的衝擊，降低船的動力消耗，提高船速。大型船隻大都採用這種設計，例如：日本的大和戰艦。

如今，造船廠可直接將鋼板和骨架焊接起來，縮短造船的工期。

另外，船內設備自動化的程度也已提高，減少輪船航行所需的船員數。

船體要增大，首先要保證安全的問題，例如油輪運送原油，為防止因事故而漏油的狀況，須在船體外側加一層保護結構。

比較

伊莉莎白皇后號郵輪
總重量 83000 噸，全長 314m

（重量噸）30 萬噸油輪　全長 360m

（重量噸）50 萬噸油輪　全長 400m

豪華的巡航客船

伊莉莎白皇后號郵輪（英國）

重量為 56.4760 萬噸的巨型油輪

亞雷・威爾林號（挪威）

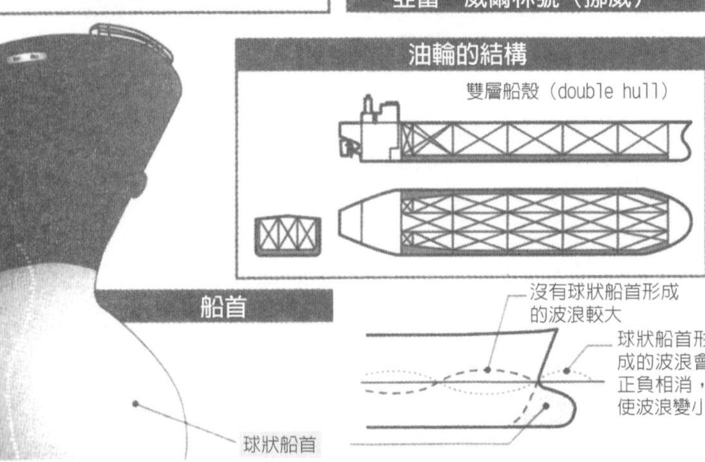
油輪的結構
雙層船殼（double hull）
船首
沒有球狀船首形成的波浪較大
球狀船首形成的波浪會正負相消，使波浪變小
球狀船首

13 日本新幹線

▼日本新幹線誕生於東京奧林匹克運動會（西元一九六四年），大大促進了日本社會的發展。新幹線不是由少數幾台動力機關車（動力機車）所牽引，而是採用動力分散式的引擎，使列車得以高速行進，引起全世界的關注。

一般的JR電車使用一五〇〇伏特的直流電，軌道為窄軌，而新幹線電車的鐵軌為一四三五公分（標準尺度），使用一五〇〇〇伏特、六十赫茲的交流電。最大的特點是信號及控制系統都電子化。

現在的新幹線已經過改良，性能比原設計優良，例如：車體材料由鐵改為鋁，減輕重量；外形更加細長，可以減少兩成的空氣阻力，現在的新幹線五百系電聯車每小時車速可達三百公里。

但高速列車所產生的極大噪音，仍有待解決，人們正在研究如何減少電車集電弓造成的風聲。新幹線不僅車速快、安全，運輸量大，還可以減少空氣汙染，是前景看好的交通工具。

以時速300公里運行（500系）

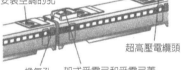

風聲的產生處

安裝空調的孔
超高壓電纜頭
換氣孔
架式受電弓和受電弓蓋

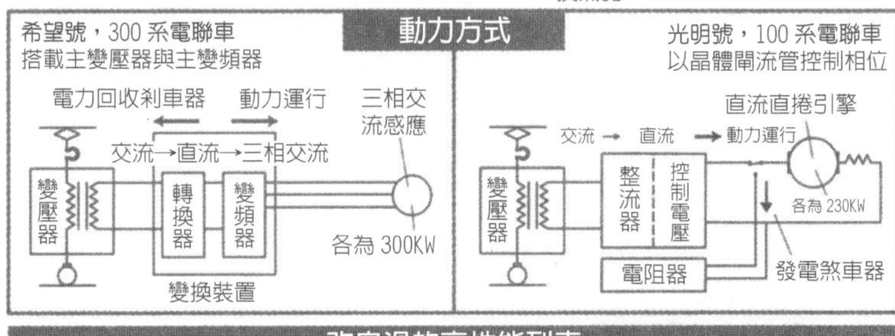
動力方式
希望號，300系電聯車
搭載主變壓器與主變頻器
電力回收剎車器
動力運行
三相交流感應
交流→直流→三相交流
變壓器
轉換器
變頻器
各為300KW
變換裝置
光明號，100系電聯車
以晶體閘流管控制相位
直流直捲引擎
交流→直流→動力運行
變壓器
整流器
控制電壓
各為230KW
電阻器
發電煞車器

改良過的高性能列車

希望號（300系）
使用兩個架式集電弓

光明號（100系列）
使用三個架式集電弓

首列東海道新幹線（0系）
使用八個架式集電弓

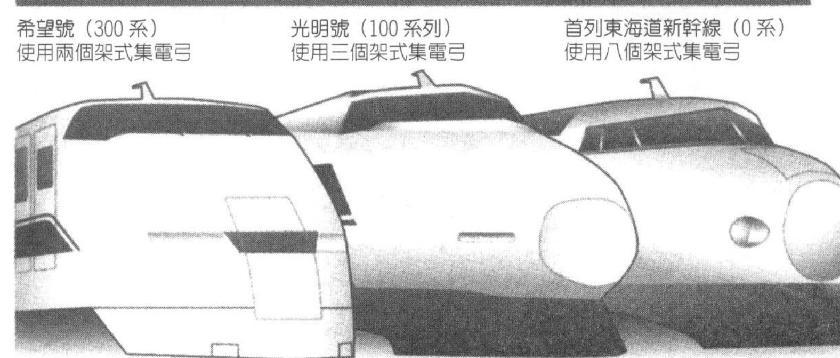

14 阿波羅號太空船

▼西元一九六九年七月，人類第一次登上月球。從阿波羅十一號太空船成功登上月球，直到阿波羅十七號，人類共有六次成功的登月行動。太空人登陸月球，採集岩石，進行探查工作。

阿波羅號太空船安裝在一個大型火箭的頭部，可以載三個人，全長一一〇公尺。發射的總重量達三〇〇〇噸，包括太空人和燃料的重量，相當於一艘驅逐艦。

神農五號運載火箭是一個三段式的火箭，第一段可以發出三四〇〇噸的推力，三〇〇〇噸的重量對它來說是輕而易舉。第一段的燃料燃盡會自動脫離，使火箭的重量減輕，馬上加速。

司令船為圓錐形，約有六噸。內部有前部室、太空人室、後部室。在太空人室中，左側是船長座位，中間是司令船駕駛員的座位，右側是登月船駕駛員的座位。他們的前面是按鍵密密麻麻的儀錶盤。

登月船放置於第三段火箭的頭部，當司令船與第三段火箭接合，整個登月船會被拉出第三段火箭。登月船分為上下兩段，要從月球返回地球，下半部可當發射台，

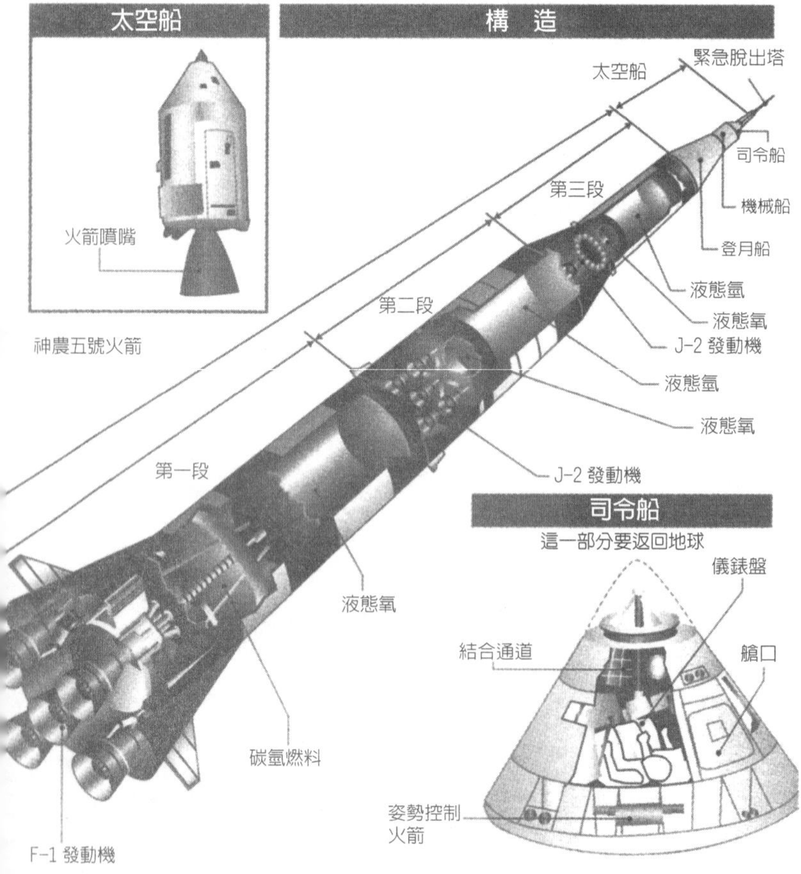

太空船

火箭噴嘴

神農五號火箭

構　造

緊急脫出塔
太空船
司令船
機械船
第三段
登月船
液態氫
液態氧
J-2 發動機
第二段
液態氫
液態氧
J-2 發動機
第一段
液態氧
碳氫燃料
F-1 發動機

司令船

這一部分要返回地球
儀錶盤
結合通道
艙口
姿勢控制
火箭

來發射上半部的火箭。

阿波羅十五號以後，為了探查月球，太空人開始使用月球巡迴車。這是一個四輪的電動車，可乘坐兩個人，最高時速達十六公里。它可以在凹凸不平的地面上行駛，翻過二十五度的斜坡，越過五十公分的橫溝。

太空船駛向月球，要先沿地球的自轉方向出發，再由西向東開始加速，形成一個「8」字形的路線。返回地球，則需再次衝進大氣層，但司令船要以底面衝進大氣層是有難度的。

神農五號運載火箭的燃料，第一段是高精鍊煤油RP—1，第二段和第三段的燃料是液態氫和液態氧混合。發射時，這些火箭的燃料很重，約佔總重量的九成，但會在短時間內燃燒殆盡。

登月船的內部

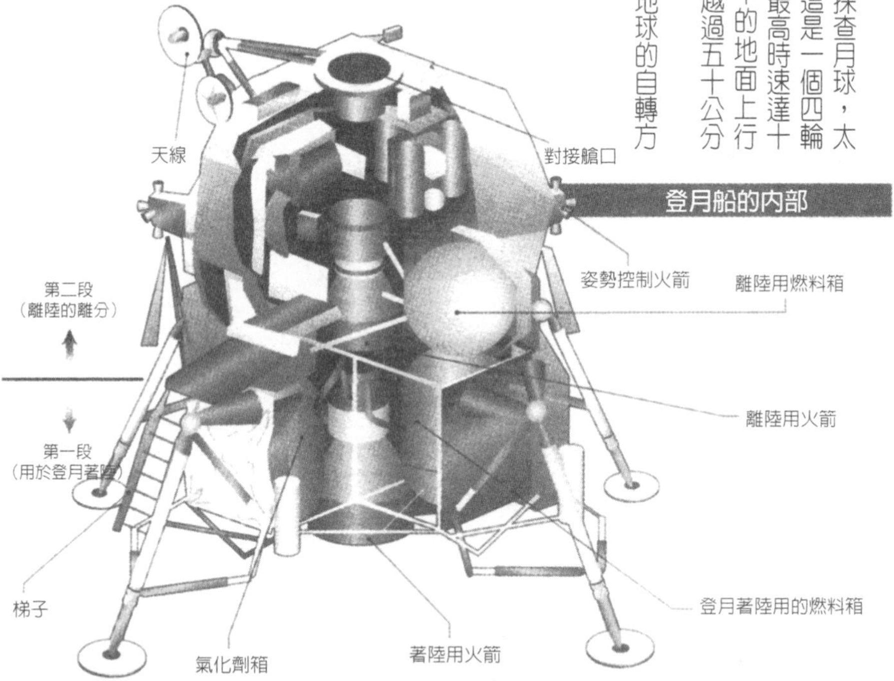

天線
對接艙口
姿勢控制火箭
離陸用燃料箱
第二段（離陸的離分）
第一段（用於登月著陸）
離陸用火箭
梯子
登月著陸用的燃料箱
氧化劑箱
著陸用火箭

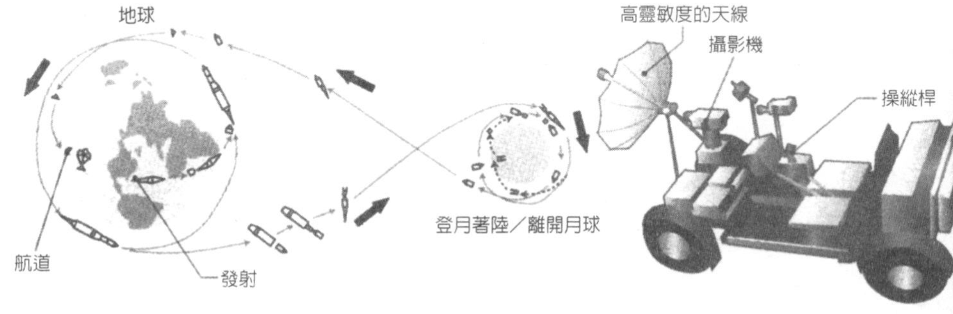
駛向月球的路線
月球巡迴車
地球
航道
發射
登月著陸／離開月球
高靈敏度的天線
攝影機
操縱桿

15 巨型運輸機

▼巨型運輸機是以波音747為代表的飛機。它的客艙與駕駛艙在第二層，有先進的電子裝置，不僅體積大而且速度快。波音747於西元一九七〇年登場，拉開巨型高速飛機的序幕。

生產這種體型巨大的飛機並不容易。長度增大兩倍，重量就會提高八倍，因此巨型運輸機為了發揮高性能，一定要使整體材料輕量化，開發高性能的引擎。

體積巨大的飛機，稱作 Wide-body Aircraft（廣體客機），除了波音飛機，還有麥克唐納道格拉斯飛機和空中巴士（大型噴射客機），特點是體積巨大，設計新穎，裝備高度自動化，只要機長和副駕駛員兩個人就可以駕駛。

未來巨型運輸機的發展方向將以空中巴士A300的廣體客機設計為主流。也就是說，裝有兩個大推力引擎的廣體客機，將代替以前的四引擎客機。這種飛機十分適合國際航線，會不斷發展壯大。

世界最大的運輸機 安東納夫 An-225（前蘇聯）

可裝載 250 噸的貨物，時速為 850 公里。最大離陸重量為 600 噸，可用於搬運太空船和火箭

其他廣體客機

空中巴士 A330（多國共同開發）

（雙引擎，440 個座位）

麥克唐納道格拉斯飛機 MD-11（美國）

（三引擎，405 個座位）

座位分配

橫排最多可達 10 個座位

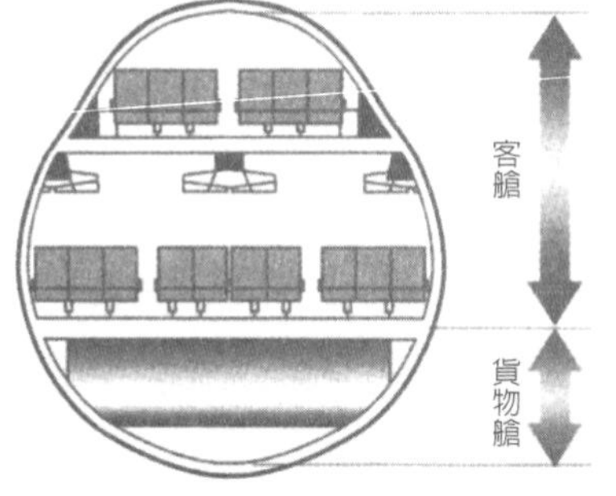
客艙
貨物艙

增壓間隔

高空飛行會使機內壓力上升，在駕駛員和乘客的周圍要有耐壓結構

巨型運輸機的內部

波音 747-400
（四引擎，500 個座位）

駕駛室
門
二樓客艙
雷達
油箱
主客艙
電腦室
前起落架
前部貨艙
主起落架
後部貨船
調整室
衛生間
輔助動力系統（APU）

第2章 生活中的機械

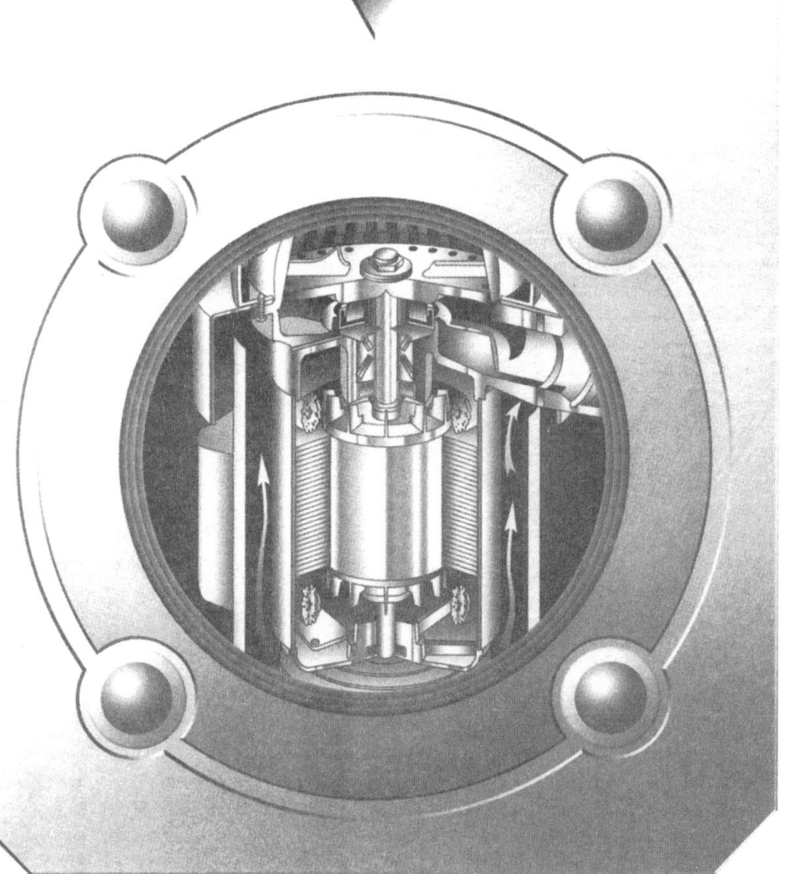

1 洗碗機

▼吃飯是件令人愉快的事，但洗碗卻很麻煩，而今我們可以用洗碗機來代勞。洗碗機將洗滌劑加入熱水，運用噴水器來洗碗，步驟是清洗、排水、沖洗、烘乾。

洗碗機內設置一個餐具架，用來放碗，餐具架中間有個灑水器會噴水。灑水器的兩側小孔，會噴出乾淨的水，灑水器一邊轉動，一邊清洗碗盤。

如果碗的油污很多，要用攝氏六十度的熱水與專用洗滌劑，在水壓和洗滌劑的作用下，才可去除油污。我們主要使用強力鹼性洗滌劑，來分解油污的蛋白質。

洗碗機分為立式、嵌入式與精巧的桌上型。有些洗碗機以熱水浸泡碗盤，並可噴水，將黏著飯粒的碗洗淨。有的洗碗機還可以清洗廚房用具，例如：菜刀。

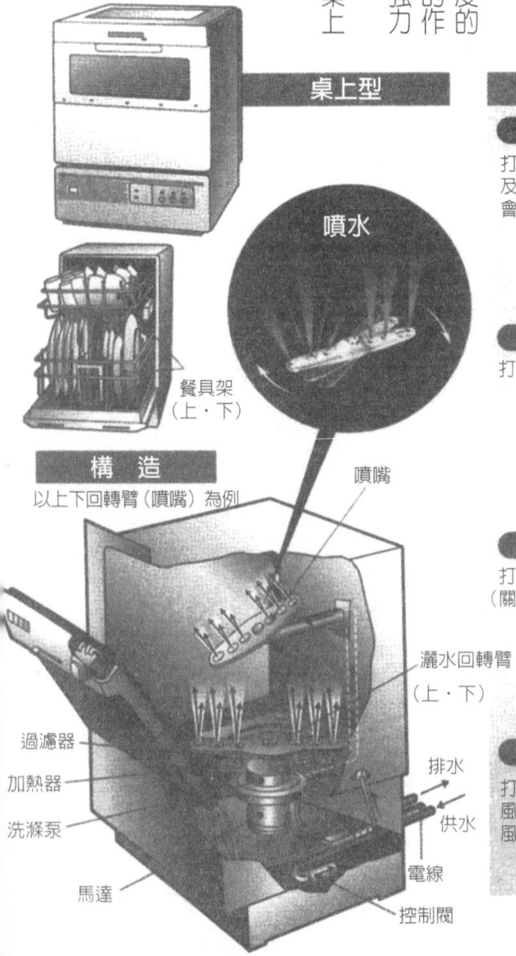

動作

清洗
打開供水泵及加熱器，會循環供水
噴水
加熱器
供水泵
排水泵

排水
打開排水泵
洗碗水的貯槽
排水泵

沖洗
打開供水泵（關上加熱器）
供水泵

烘乾
打開加熱器風扇，以熱風烘碗
排氣口
風扇

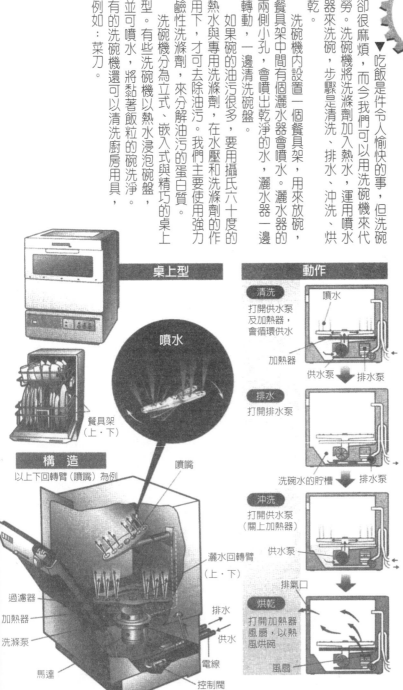

桌上型

噴水
餐具架（上・下）

構　造

以上下回轉臂（噴嘴）為例

噴嘴
灑水回轉臂（上・下）
過濾器
加熱器
洗滌泵
馬達
排水
供水
電線
控制閥

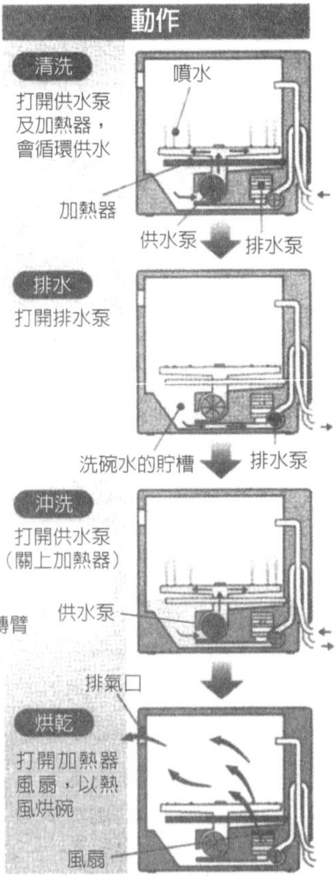

2

咖啡機

▼咖啡機有滴漏式、過濾式與虹吸式。每種咖啡機都要以熱水沖咖啡粉再過濾出咖啡。甚至有咖啡機以活性碳過濾熱水，以除去漂白劑的味道。

大多人使用的滴漏式咖啡機，由水罐、導水管和加熱器組成。咖啡機將水加熱，通入裝有咖啡粉的濾網，再滴出咖啡，滴入下方的玻璃壺。

過濾式咖啡機的外形有點像水壺，在底部有一個凹洞，中間的吸管將熱水吸到上方的咖啡籃，藉此沖泡咖啡。

有一種咖啡機，內附咖啡豆研磨機。

虹吸式咖啡機常見於西餐廳，深受雅痞、紳士喜愛。它由兩個玻璃罐，一上一下地組成，玻璃罐底部有一個特別設計的加熱器。

滴漏式咖啡機

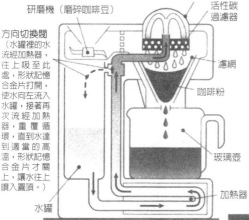

（具淨水功能，附加咖啡豆研磨機）

噴水圓頂

研磨機（磨碎咖啡豆）

活性碳過濾器

方向切換閥（水罐裡的水流經加熱器，往上吸至此處，形狀記憶合金片打開，使水向左流入水罐，接著再次流經加熱器，重覆循環，直到水達到適當的高溫，形狀記憶合金片才關上，讓水往上噴入圓頂。）

濾網

咖啡粉

玻璃壺

加熱器

水罐

美式咖啡機

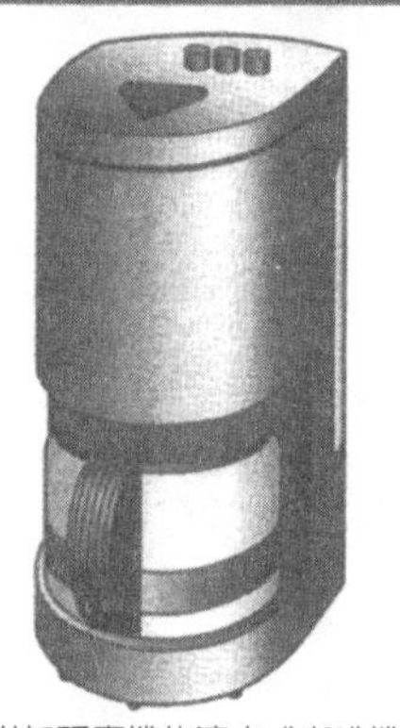

（附加研磨機的滾水式咖啡機）

虹吸式咖啡機

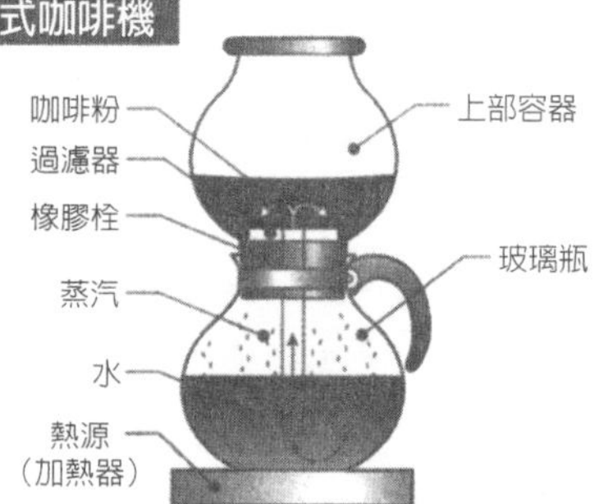
咖啡粉
過濾器
橡膠栓
蒸汽
水
熱源（加熱器）
上部容器
玻璃瓶

過濾式咖啡機

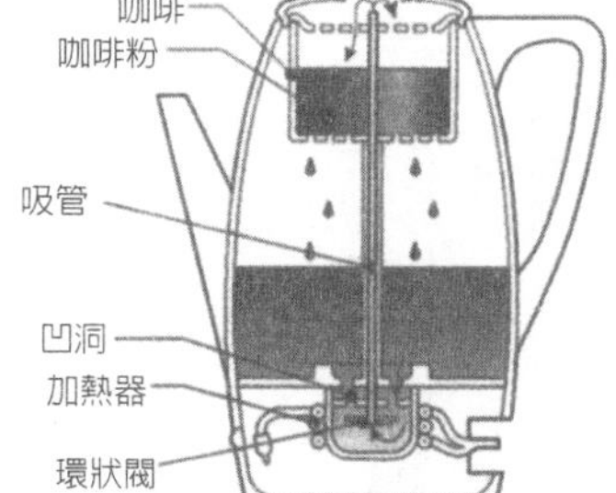
咖啡
咖啡粉
吸管
凹洞
加熱器
環狀閥

3 噴霧器

▼噴霧器能以霧狀微粒噴出液體，操作簡單，被大量運用於我們身邊的產品，例如：殺蟲劑、芳香劑、噴漆、清潔劑、保養品、藥劑等，只要輕輕一按，即可噴出霧狀微粒。

噴射閥是很重要的零件，噴霧器內裝有沸點稍微低於室溫、易汽化的液體，稱為推噴劑，但密封的噴霧器內部，氣壓高於外界氣壓，使推噴劑呈現氣液共存的狀態，而當我們按下瓶子上方的按鈕，啟動噴射閥，容易汽化的推噴劑即會使瓶內加壓，使液體以霧狀微粒噴出。

常用的推噴劑是氟氯烷（屬於氟氯碳化合物），它無色無味，但會破壞臭氧層，現在多以其他氣體來代替。而液化石油氣（LPG）、二甲乙醚（DME）等常用的推噴劑有易燃的缺點。

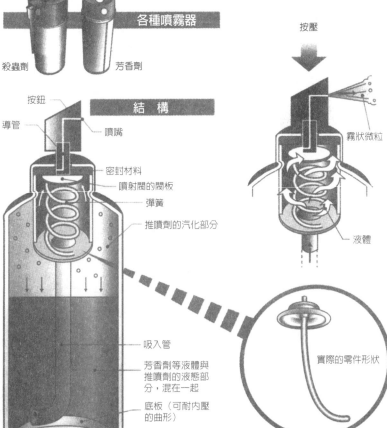

各種噴霧器

殺蟲劑
芳香劑

結　構

按鈕
導管
噴嘴
密封材料
噴射閥的閥板
彈簧
推噴劑的汽化部分
吸入管
芳香劑等液體與推噴劑的液態部分，混在一起
底板（可耐內壓的曲形）
按壓
霧狀微粒
液體
實際的零件形狀

4 十元打火機

▼打火機原本是豪華的奢侈品，直到十元打火機出現才使打火機成為用完即丟的產品。這種打火機出現於西元一九七二年，而往後的二十年裡它竟保持十元的價格，真是令人吃驚。

打火機的外殼是聚碳酸酯（強力樹脂）。大拇指往下壓，使打火打出火花，同時，控制桿會將燃料噴出口打開，進行點火。操作方式非常方便，只需一個動作即可點火。

雖然市面上也有壓電式打火機，但大部分的點火方式皆為機械式。打火石材料是鈰和鐵的合金。在摩擦力的作用下，被銼輪削掉的打火石粉末會發出火花，點燃氣態燃料。

氣態燃料是丁烷氣體，效果好又便宜。氣態燃料的重量比空氣重兩倍，所以若洩漏出來，很容易存留在某處，不易散逸，一定要小心使用。

電子打火機（壓電式）

以具有壓電性質的物質所產生的火花點火

各種十元打火機

（機械式）

構　造

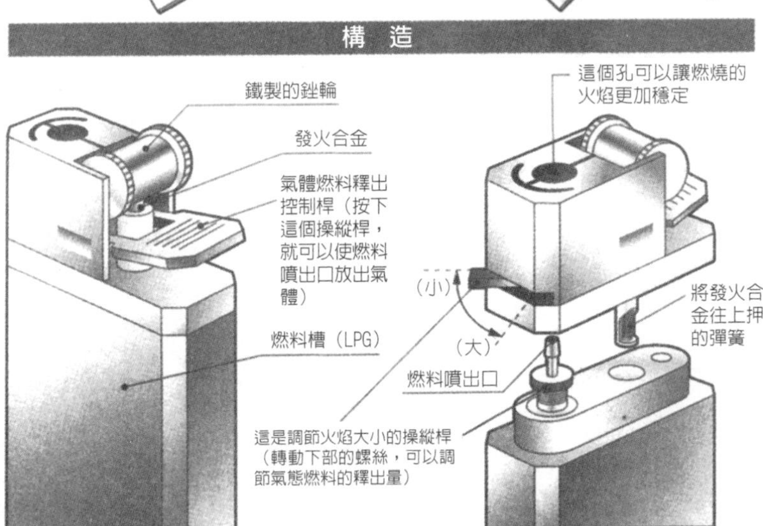
鐵製的銼輪
發火合金
氣體燃料釋出控制桿（按下這個操縱桿，就可以使燃料噴出口放出氣體）
燃料槽（LPG）
這個孔可以讓燃燒的火焰更加穩定
（小）
（大）
將發火合金往上押的彈簧
燃料噴出口
這是調節火焰大小的操縱桿（轉動下部的螺絲，可以調節氣態燃料的釋出量）

5 廚餘處理機

▼廚餘重量約有九成來自水分，除去水分，即可縮小廚餘的體積。除去水分的方法有很多，大部分都是利用微生物來分解碳水化合物和蛋白質。將分解的材料（以木屑為主）和廚餘混在一起，放入槽，均勻攪拌促進微生物的分解作用。處理好的堆肥，可以用於菜園。

另一種處理方法是乾燥法，以加熱器的熱風使廚餘的水分蒸發，減少體積。這種方法的特點是，不用木屑等材料，即可在短時間內看到效果。而且安裝除臭和強制排氣裝置，即可擺在室內。

粉碎式廚餘處理設備的做法是用內部的切割機，將廚餘殘渣切碎。當然，處理完的廚餘如果能夠直接倒入下水道沖走，是最方便的，但是因為下水道設備的限制，我們不可以用這種方法，所以粉碎的廚餘仍需做其他處置。

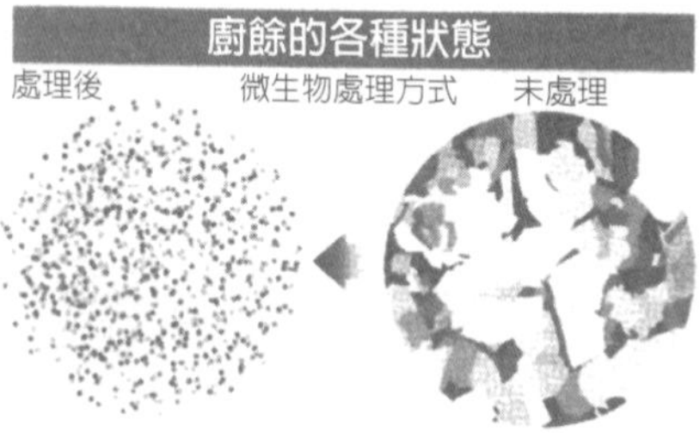

廚餘的各種狀態

處理後　微生物處理方式　未處理

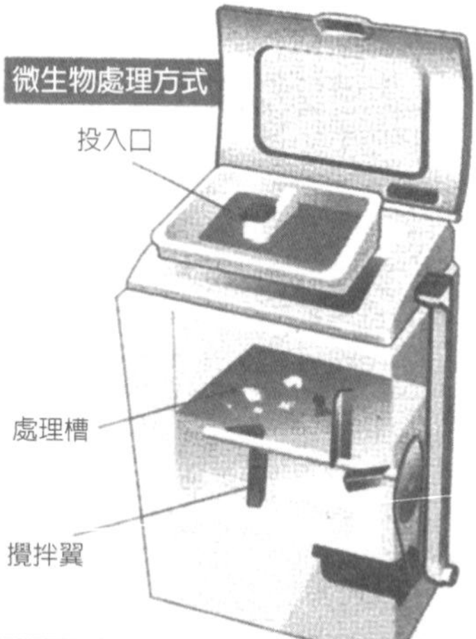

微生物處理方式

投入口
處理槽
攪拌翼

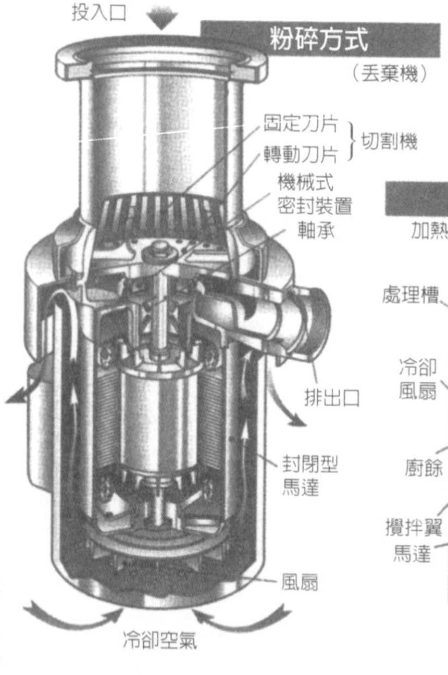

粉碎方式

（丟棄機）

投入口
固定刀片
轉動刀片
切割機
機械式密封裝置
軸承
排出口
封閉型馬達
風扇
冷卻空氣

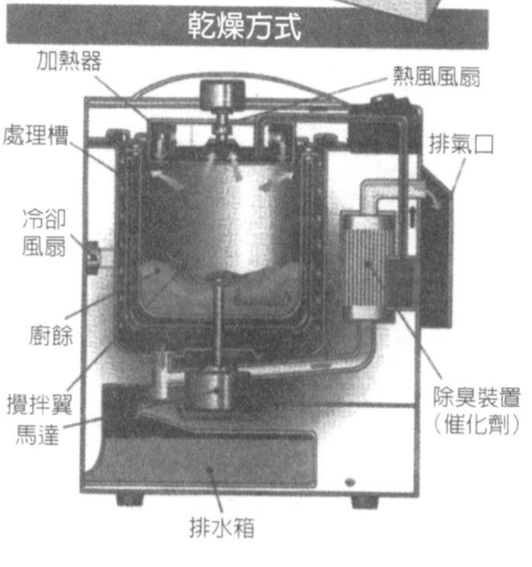

乾燥方式

加熱器
熱風風扇
處理槽
排氣口
冷卻風扇
廚餘
攪拌翼馬達
除臭裝置（催化劑）
排水箱

6 原子筆

▼原子筆的構想在十九世紀末就已出現，如今已是我們最常用的寫字工具。前端圓珠的轉動，讓筆芯內的墨流出來寫字。

原子筆前端的圓珠是由碳化鎢等超硬合金製成，一般的直徑為○・七公釐。包住圓珠的筆尖是不鏽鋼、青銅或黃銅等材料製成，為防止圓珠脫落，前端會稍微向內壓。

原子筆的墨，根據溶劑的性質可分為油性和水性。另外，根據用途又可分為細字、極細、粗字、彩色等。有時還裝有自動鉛筆和電子錶，形成複合型原子筆。

方式主要有兩種，一種是壓出式，一種是轉動式。壓出式的設計是將往復運動變成間歇迴轉運動，使筆尖移動，但圓珠會固定於特定位置，不會脫落。

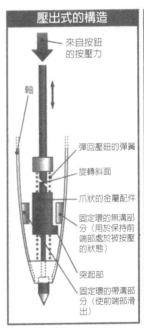

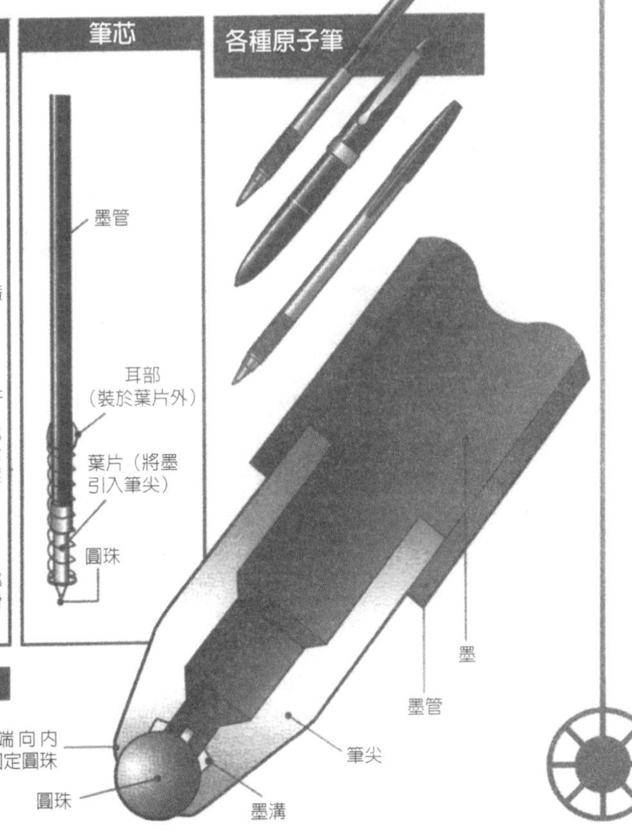
壓出式的構造
來自按鈕的按壓力
軸
彈回壓鈕的彈簧
旋轉斜面
爪狀的金屬配件
固定環的無溝部分（用於保持前端部處於被按壓的狀態）
突起部
固定環的帶溝部分（使前端部滑出）
筆芯
墨管
耳部（裝於葉片外）
葉片（將墨引入筆尖）
圓珠
各種原子筆
前端部的構造
筆尖前端向內壓，以固定圓珠
圓珠
墨溝
筆尖
墨管
墨

7 縫紉機

▼縫紉機是「縫製衣服的機器」。現今，縫紉機已由純手工操作與腳踏式，發展為電動式、電子式，甚至進一步發展成電腦控制式。

過去縫紉機的造型多是「圓弧形，黑色」，可是今天的縫紉機已發展為「有稜角，多彩」。此外，過去大多是直線式縫法，現在大多兼有曲線縫紉的功能。

無論哪一種縫法，都是從上往下縫，布料向前移動，針會上下運動，帶動上線，與下方梭心的底線穿在一起，將布料縫起來。

縫紉機最突出的部件是挑線桿和繞線裝置（梭殼、梭床、擺梭等）。挑線桿可調節上線的鬆緊度，分為凸輪式、連桿式和轉動式；繞線裝置將上線和底線纏在一起，內部有一個纏繞底線的梭心。

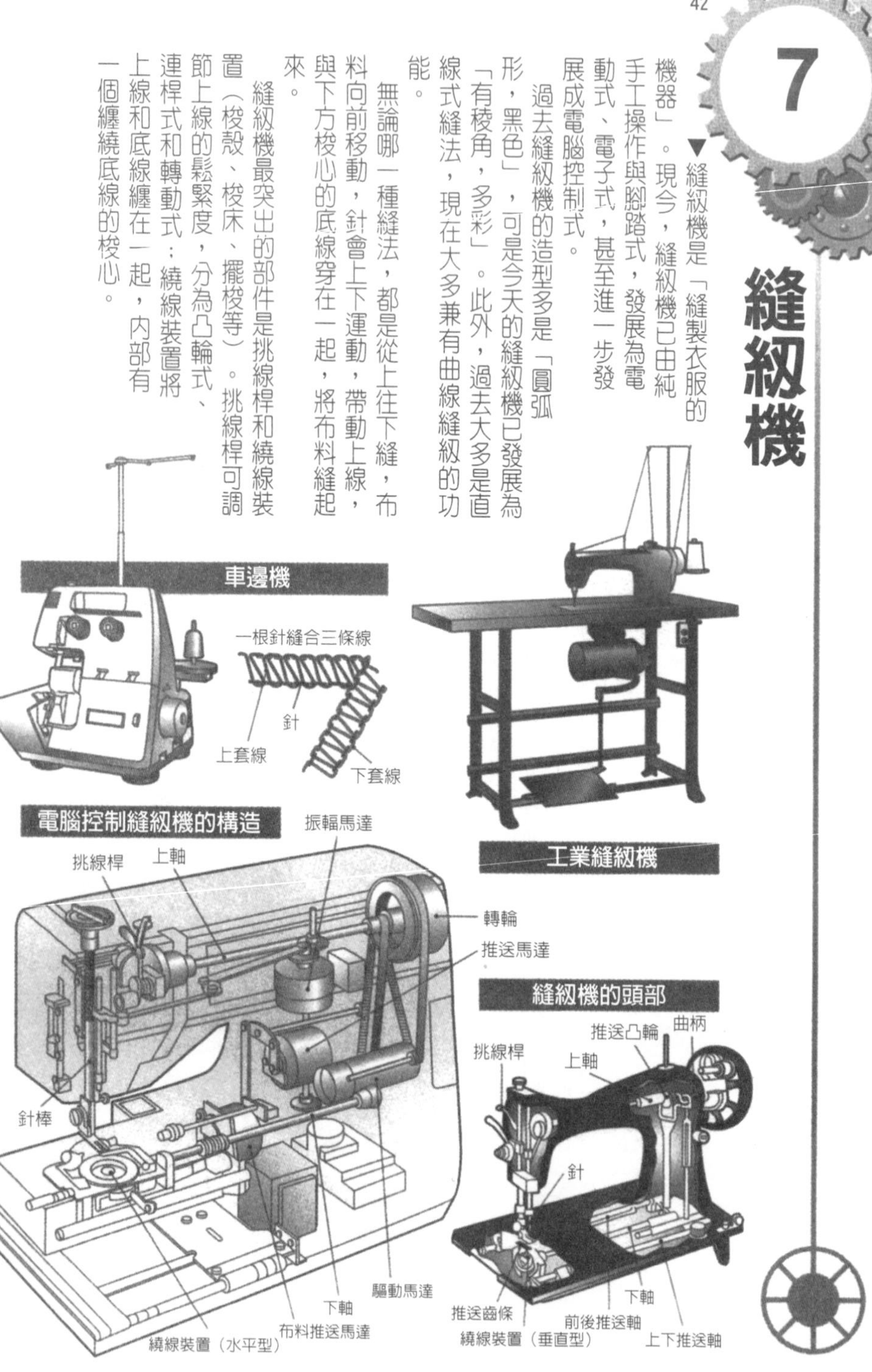
車邊機
一根針縫合三條線
針
上套線
下套線
工業縫紉機
電腦控制縫紉機的構造
振幅馬達
挑線桿
上軸
轉輪
推送馬達
針棒
驅動馬達
下軸
布料推送馬達
繞線裝置（水平型）
縫紉機的頭部
推送凸輪
曲柄
挑線桿
上軸
針
下軸
推送齒條
前後推送軸
繞線裝置（垂直型）
上下推送軸

梭床分為垂直和水平型，根據動作又可分為半旋轉式、全旋轉式和搖動式。普及的腳踏式縫紉機即採用「凸輪式挑線桿、垂直半旋轉式的梭床」。

縫紉機的動力，有的用腳踏，有的用馬達來帶動縫紉機的上軸傳動。上軸會帶動挑線桿、針棒和下軸，下軸會帶動布料推送齒條、梭床與梭殼。

在布料上縫Z字型縫線，要讓針左右移動，可用凸輪來移動針棒，也可為控制器裝記憶器，記住大量的縫法，輕鬆縫製。電腦控制的縫紉機是現代的主流，以步進式馬達來控制精密的動作。

縫紉機的種類很多，有專門的車邊機、縫釦機與縫衣袋機等，都是很普遍的專門縫紉機。

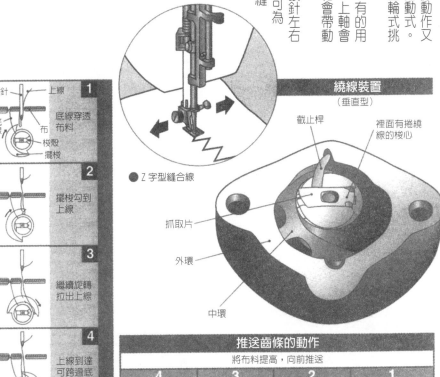

●Z 字型縫合線

繞線裝置

（垂直型）

截止桿
裡面有捲繞線的梭心
抓取片
外環
中環

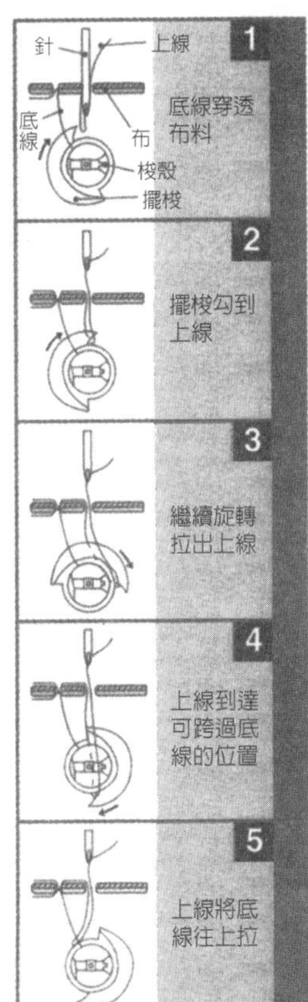
1
針
上線
底線
布
底線穿透布料
梭殼
擺梭
2
擺梭勾到上線
3
繼續旋轉拉出上線
4
上線到達可跨過底線的位置
5
上線將底線往上拉

推送齒條的動作

將布料提高，向前推送

1
針棒
針
壓板
布料
推送齒條
2
3
4
移動方向

8 折疊式嬰兒車

▼這是可以折疊的攜帶型嬰兒車，淨重只有三公斤。

這種嬰兒車的設計非常巧妙，按一下，即可收放自如。

只有七個月以上的嬰兒，才可以乘坐攜帶型嬰兒車。嬰兒車有許多類似這樣的限制。

最近嬰兒車的車身樹脂材料加入了抗菌劑，車上還安裝防曬罩，阻絕紫外線。

嬰兒車的主要結構是由兩組支架來支撐車輪和座椅，支架的截面是圓形或三角形。

以兩組X架為主體，用止動肘節組合在一起的構造，是最典型的嬰兒車結構，最容易生產。

X架某一側的間距被縮小，另一側的間距就會增大。嬰兒車打開的寬度決定座位的寬度；將腳踏桿（肘節構件）拉直，可使整個結構固定。

推腳踏桿，使腳踏桿折疊，它細長的支架會從中間折成兩節，使嬰兒車合起來，體積縮小。嬰兒車還有其他類型，有的支架可以被折成三摺。

用腳往下踩
止動肘節
肘節構件
腳踏杆
固定的狀態
X型構件

原理
擴張
收縮
側向折疊

用X部件材料來折疊的機構

支架
座位
安全帶
折疊部
側桿
靠背（X型構件）
關節接頭
腳踏桿（肘節構件）
底架（X型構件）
跨腳帶

嬰兒車的車輪一般為雙輪胎。前輪是小腳輪（自轉輪），可以幫助控制方向；煞車即使在斜坡也可使車停下，有的嬰兒車還可以自由調節座位的角度。

嬰兒車的安全性當然是最重要的，ＳＧ標準（安全商品標準），從嬰兒車的使用方法到所有技術，都有諸多限制與規定，攜帶式嬰兒車屬於ＳＧ標準的Ｂ型。

為了防止嬰兒將手指伸進折疊的關節縫隙而被夾傷，ＳＧ標準規定：「在嬰兒可以觸及的範圍內，不可以有五公釐到十三公釐寬的縫隙。」這種規定對其他嬰幼兒商品來說，也很重要。

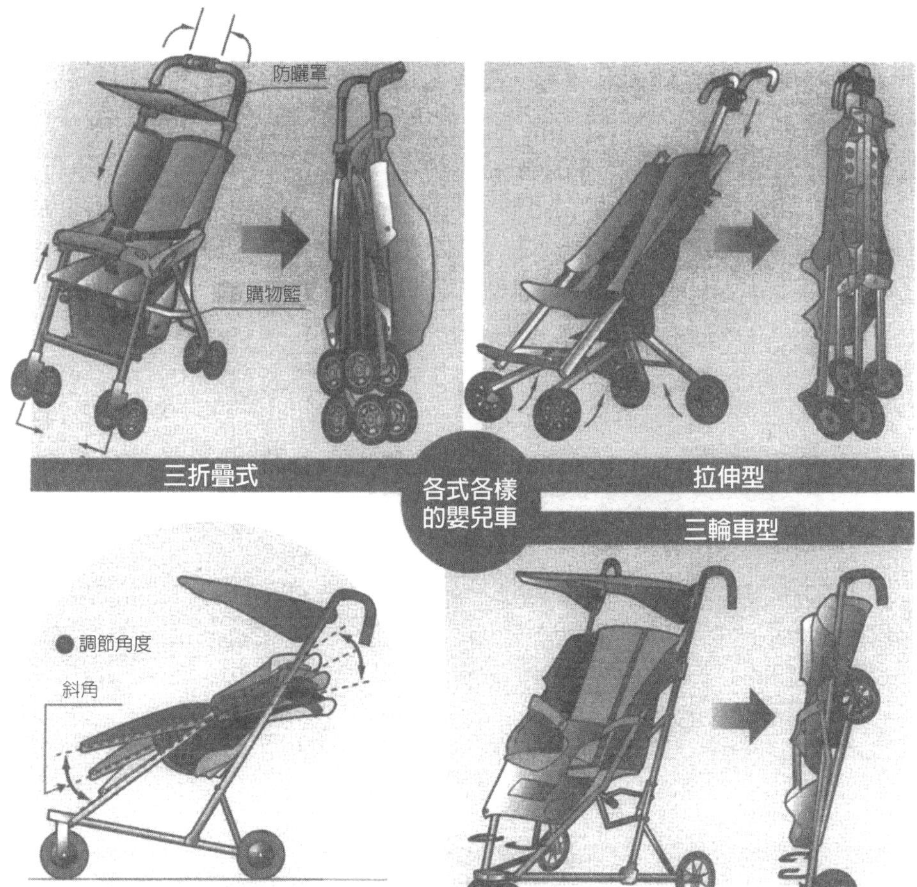
防曬罩
購物籃
三折疊式
各式各樣的嬰兒車
拉伸型
三輪車型
●調節角度
斜角

9 計步器

▼計步器又稱為萬步計，是健康生活不可缺少的工具。打開計步器，可看到多個橫向的振子，步行時，人體會上下振動，使振子得以計算行進的步數。

如果計步器安裝得不正確，或雙腳擦地走，力道不足，沒有踏步走，計步器顯示的步數和實際的步數會不相符。

有的計步器以指針顯示，有的用LSI（大規模積體電路），以數位顯示步數。現在也有可以顯示消耗熱量、行走距離、時間、溫度及其他數據的多功能計步器。

地球的周長為四萬公里，而人的步伐約有七十公分，想繞地球一圈，需走五千七百萬步，假如要花十年繞行地球一周，每天需走一萬五千步。請設定這個目標，充滿動力地使用計步器吧！

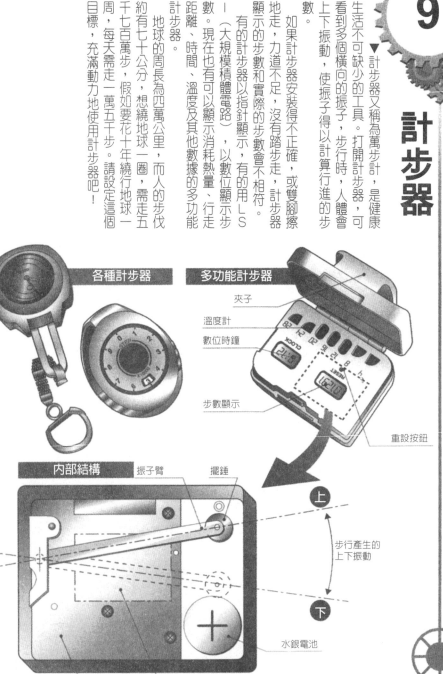

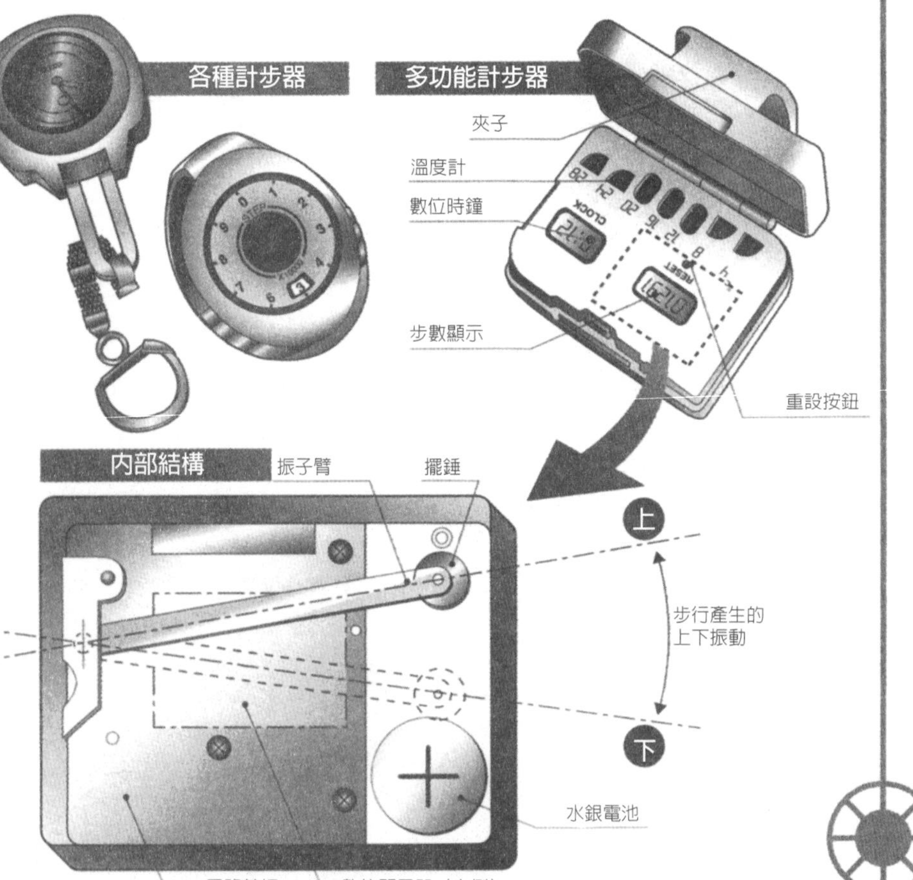
各種計步器
多功能計步器
夾子
溫度計
數位時鐘
步數顯示
重設按鈕
CLOCK
RESET
STEP
內部結構
振子臂
擺錘
上
步行產生的
上下振動
下
水銀電池
電路基板
數位顯示器（內側）

10 雷射手術

▼將雷射光聚焦成針頭的大小，即可像銳利的手術刀，切除人體組織。雷射的特點是出血少，可以使血管止血，適合做精細的手術。

最具代表性的手術刀是二氧化碳雷射和ＹＡＧ雷射，能量比較高，適於切除手術，效果好。此外，氬雷射可發出綠色的光，常用於眼部手術。

近年來，常用雷射手術刀做內視鏡手術。在內視鏡和光纖的引導下，導入雷射，病變的部位會被雷射燒除。在癌症病變治療方面，雷射手術刀的前景非常看好。

ＹＡＧ雷射一般使用石英系的光纖，二氧化碳雷射因石英光波太長，無法使用石英，所以二氧化碳雷射一般用反射鏡鏈的方式，或開發特別的可撓性光纖，以增加操作的自由度。

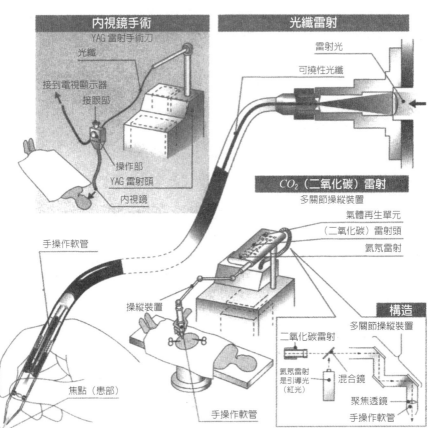

內視鏡手術

YAG 雷射手術刀
光纖
接到電視顯示器
接眼部
操作部
YAG 雷射頭
內視鏡

光纖雷射

雷射光
可撓性光纖
手操作軟管
焦點（患部）

CO_2（二氧化碳）雷射

多關節操縱裝置
氣體再生單元
（二氧化碳）雷射頭
氦氖雷射
操縱裝置
手操作軟管

構造

多關節操縱裝置
二氧化碳雷射
氦氖雷射是引導光（紅光）
混合鏡
聚焦透鏡
手操作軟管

11 人工器官

▼器官手術有時是「移植」別人提供的器官，有時會使用「人工器官」。

移植別人的器官，有些人會出現排斥反應，「人工器官」則不會發生這種情況。

此外，金屬和塑膠製的「人工器官」可以量產，不像「捐贈器官」受捐贈者數量的限制。現在已有人工的血液、皮膚、心臟、肺、腎、肝及胰腺等。

像心臟這樣的「精密幫浦」，需以擴張和收縮來產生壓力，輸送血液。「人工心臟」則是透過馬達和氣壓來輸送血液。現在的目標是要開發小型的心臟，放入人體。

肺排除血液的二氧化碳，增加新鮮的氧氣，是「加氧裝置」。為了交換氣體，「人工肺」有多種設計，有的將薄膜重疊，或將細中空管集束，有的採用多數並排的圓盤。

腎臟不好，人體無法排出體內廢棄物，會導致尿毒症，補救的辦法是使用透析裝置——人工腎臟。透析裝置有一個特別的

心臟的作用

肺動脈
主動脈
大靜脈
右心房
左心房
右心室
肺靜脈
左心室
擴張
收縮

手術使用的人工心臟和肺

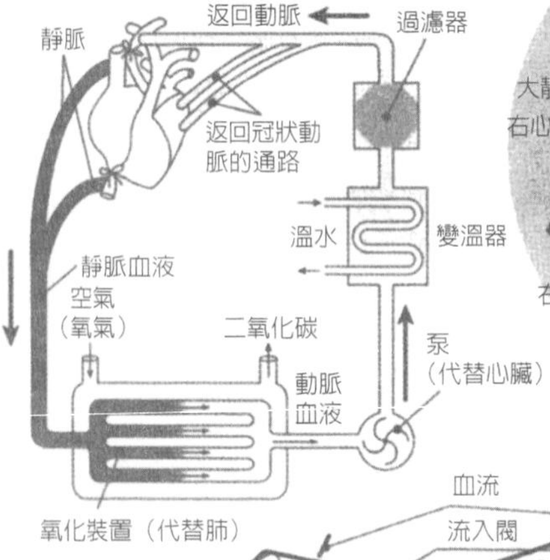

返回動脈
過濾器
靜脈
返回冠狀動脈的通路
溫水
變溫器
靜脈血液
空氣（氧氣）
二氧化碳
泵（代替心臟）
動脈血液
氧化裝置（代替肺）

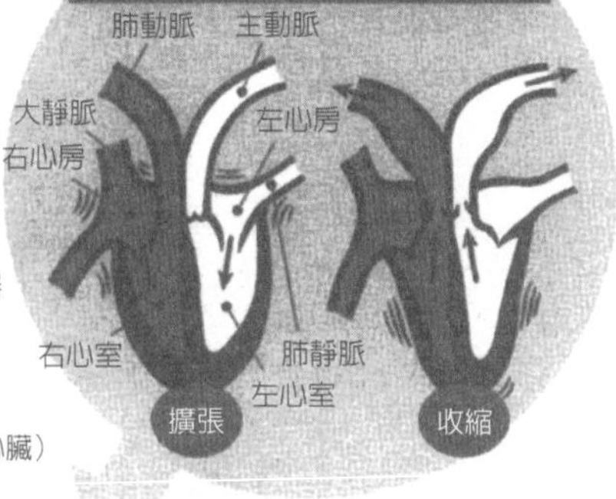

內置式人工心臟

血流
流入閥
支架（聚胺酯類材料）
柔軟可動的膜（合成橡膠製）
流出閥
軟管（鋁製）
右心室
左心室
驅動裝置

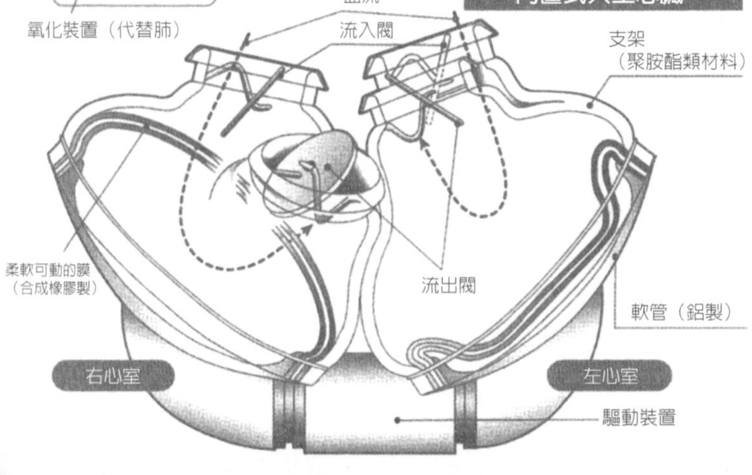

薄膜，隔開血液和透析液，反方向流動，將血液的老舊廢物滲入透析液，藉此排出體外。

這種透析治療要花幾個小時，且患者必須處於睡眠狀態。由於這種透析治療有許多不便之處，所以現在開發出新方法，利用人體的腹膜來淨化血液。將約兩公升的水放進腹腔再排出，這個水必須適時更換，但人體可自由移動，不必處於睡眠狀態。

肝臟的功能非常微妙，有時可用動物肝臟暫時代替，或用動物的肝臟細胞製造人工肝臟。

人體的胰腺與糖尿病息息相關，血糖過高，需注入胰島素來降低血糖。血糖是不斷變化的，必須配合此變化，適量注入胰島素。將雙重管插入靜脈，可一邊注射胰島素，一邊測量血糖的含量。

人工腎臟

透析器

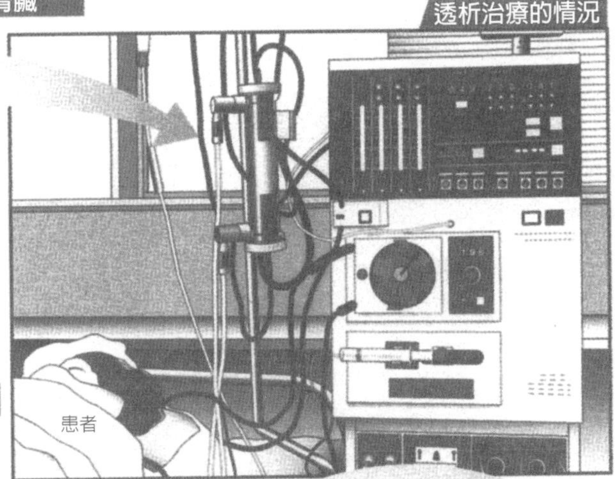
透析治療的情況
患者

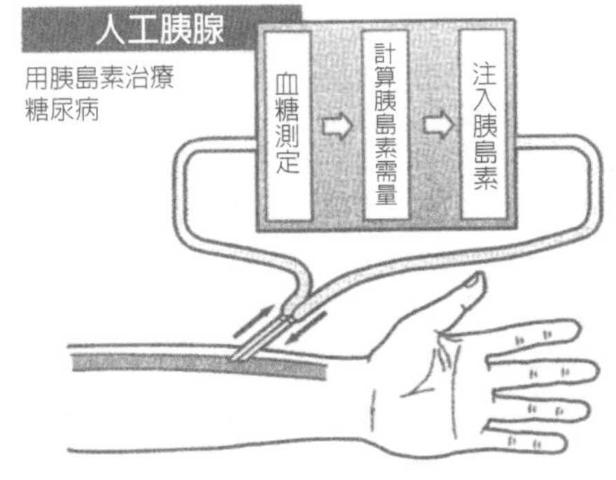
人工胰腺
用胰島素治療
糖尿病
血糖測定
計算胰島素需量
注入胰島素

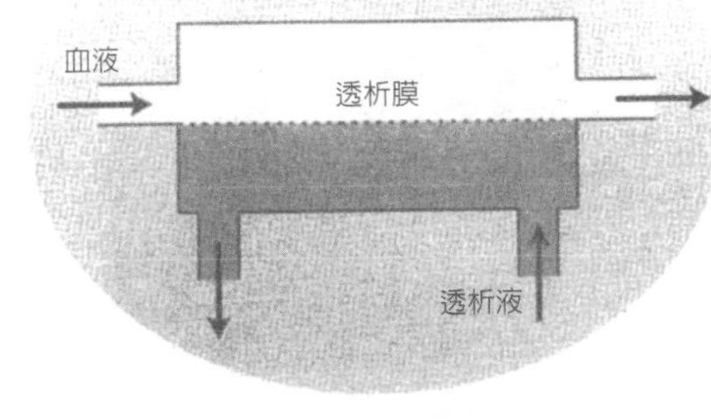
原理
血液的老舊廢物以透析液排出
血液
透析膜
透析液

12 結石粉碎機

▼以前只能用手術取出腎結石和膽結石，但現在已開發出新的方法——體外震波碎石機（ESWL），可以擊碎體內的結石，再排出體外。

治療時，患者要躺在床上，床邊配置水槽，水為震波傳遞媒介。先用X光確定體內結石的正確位置，然後集中發射。震波連續發射約數十分鐘，即可粉碎結石。

粉碎的結石會在一週內隨尿液排出。患者接受治療之後，可以像平常一樣工作，不必因接受開腹手術而修養數日，所以這種新方法備受關注。

ESWL是一個大規模的治療系統，由溫水槽、固定患者裝置、X光系統、震波裝置、操作盤、控制成像裝置等構成。

產生震波的代表性方法是水中放電法。為水中的電極輸入超高壓電力，使周圍的水在一瞬間熱膨脹，發出震波。

另外，震波是一種聲音，在空氣中傳播得比較慢，在水中傳播得比較快。而人體組織充滿了水分，所以震波在人體內傳播，能量不會喪失，可以集中能量，擊碎

體外震波碎石裝置（ESWL）

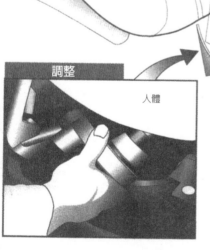

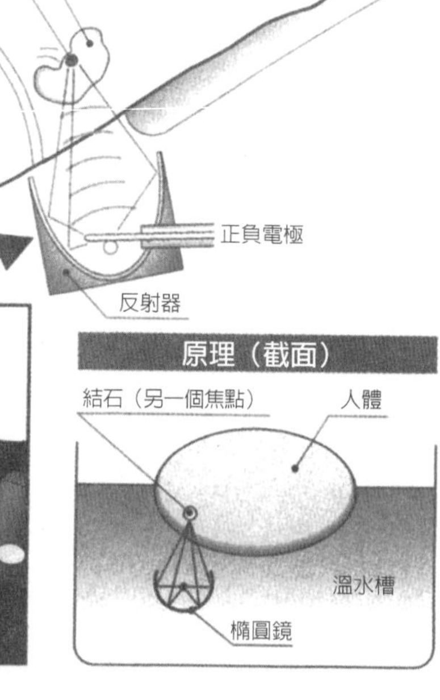
腎臟
結石
正負電極
反射器
調整
人體

原理（截面）

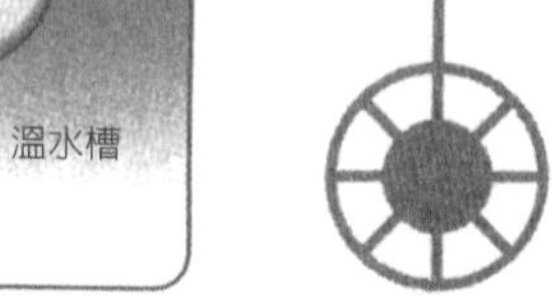
結石（另一個焦點）
人體
溫水槽
橢圓鏡

結石。

震波裝置是一個立式發射器，內部是鏡面，剖面為橢圓形。

橢圓內有兩個焦點，位於其中一焦點的電極所發出的震波會射向另一個焦點，如果結石正好處於這個焦點的位置，即可粉碎結石。

結石粉碎機裝置不會對結石周圍的人體組織產生負面影響，但不是所有的結石都可以用這種結石粉碎機擊碎，尿道的結石可以用它擊碎，但尿道以下的結石，例如膀胱的結石，不能用震波擊碎。

發射器震波發射示意圖

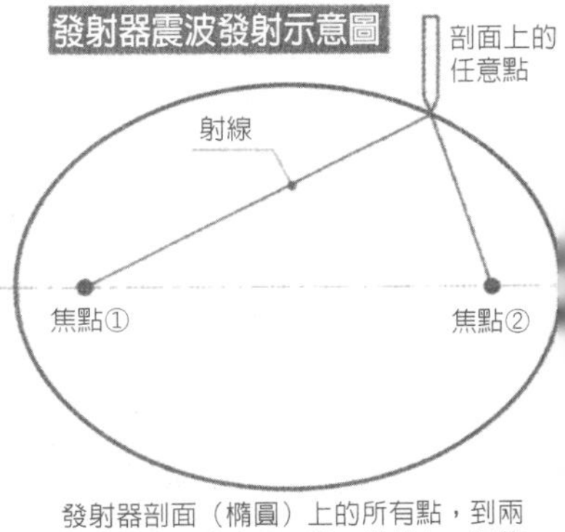

剖面上的
任意點
射線
焦點①
焦點②

發射器剖面（橢圓）上的所有點，到兩焦點的距離總合都一樣，從其中一個焦點發出的射線或震波，一定會撞到剖面上的一點，反射、聚焦於另一個焦點。

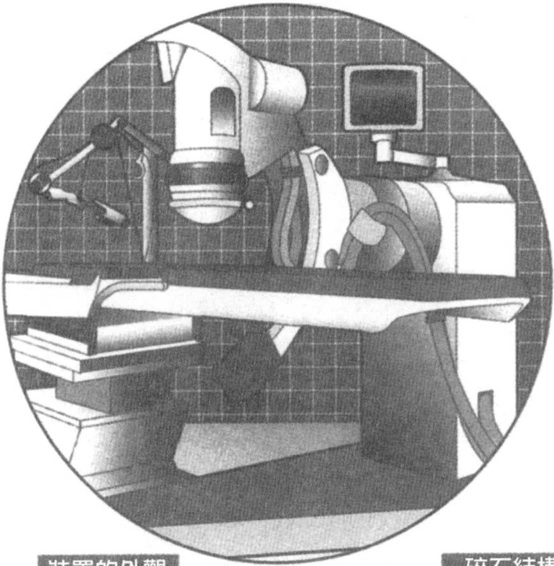

裝置的外觀

碎石結構

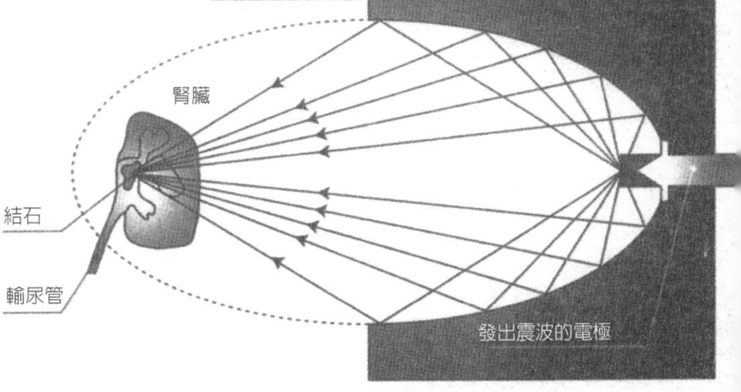

反射器（橢圓鏡）
腎臟
結石
輸尿管
發出震波的電極

13 空罐擠壓機

▼空罐的體積很佔空間、重量輕，以卡車運送很不划算，需以空罐擠壓機壓縮，把這些空罐轉變成高密度。

擠壓機的構造與衝壓機（沖壓機）相同，都是向同一方向施加壓力，使物體體積變小。按照驅動方式，擠壓機可以分為人力式擠壓機（用腳去踩等）、電動式擠壓機（螺旋壓力機等）和油壓擠壓機（油壓汽缸等）多種類型。

如何利用處理過的空罐是一門學問，尤其是鋁罐。鋁製品柔軟、熔點低，用擠壓過的鋁材製作新罐，只需原罐二十分之一的能源，所以如今鋁罐產品的回收使用率已達六成。

其他廢棄的塑料容器，同樣需要擠壓，因為性質與金屬不同，所以要先用熱風使塑膠變軟，再慢慢增加壓力，壓成方塊。

構造

以油壓立式擠壓機為例

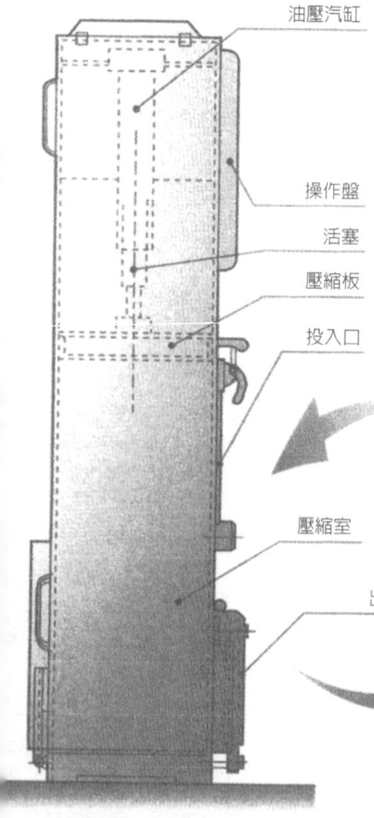

油壓汽缸
操作盤
活塞
壓縮板
投入口
壓縮室
出口

各式各樣的空罐擠壓機

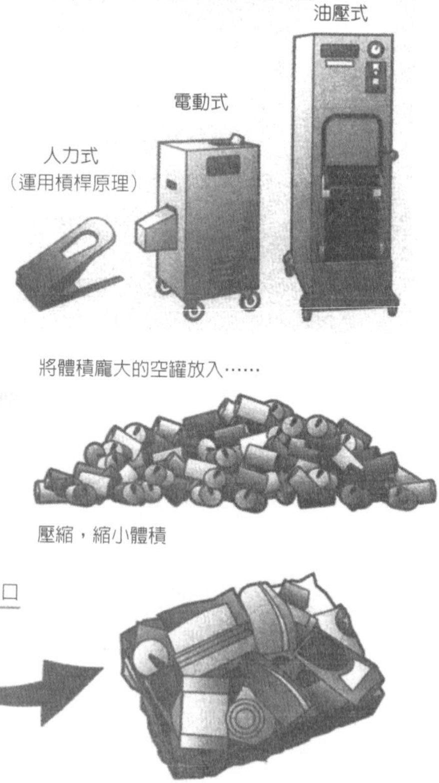

油壓式
電動式
人力式
（運用槓桿原理）
將體積龐大的空罐放入……
壓縮，縮小體積

14 自動點亮器

▼最近，路燈一到晚上就自動點亮，到早上便熄滅，因為燈裡面裝了感應器，可以感測周圍的亮度。有這個感應器，燈即可自動明滅。

有許多方法都可使燈自動點亮，最簡單的方法是用光感應器——硫化鎘光敏電阻（CDS光敏電阻），而電燈的開關使用雙金屬。CDS光敏電阻是一種半導體，會隨光線照射強度改變電阻。

CDS光敏電阻屬於電導型光感應器，此外，還有光起電型感應器，光電二極體、光電晶體、太陽能電池皆屬此類半導體。自動讀數器、警報器、複印機都應用這種感應器。

小型汽車的燈光控制系統，用前窗下緣的光感應器感測外界光線。當天色暗下來，小型汽車的尾燈會自動點亮，若對向有來車，則可以自動將大燈打向下方。

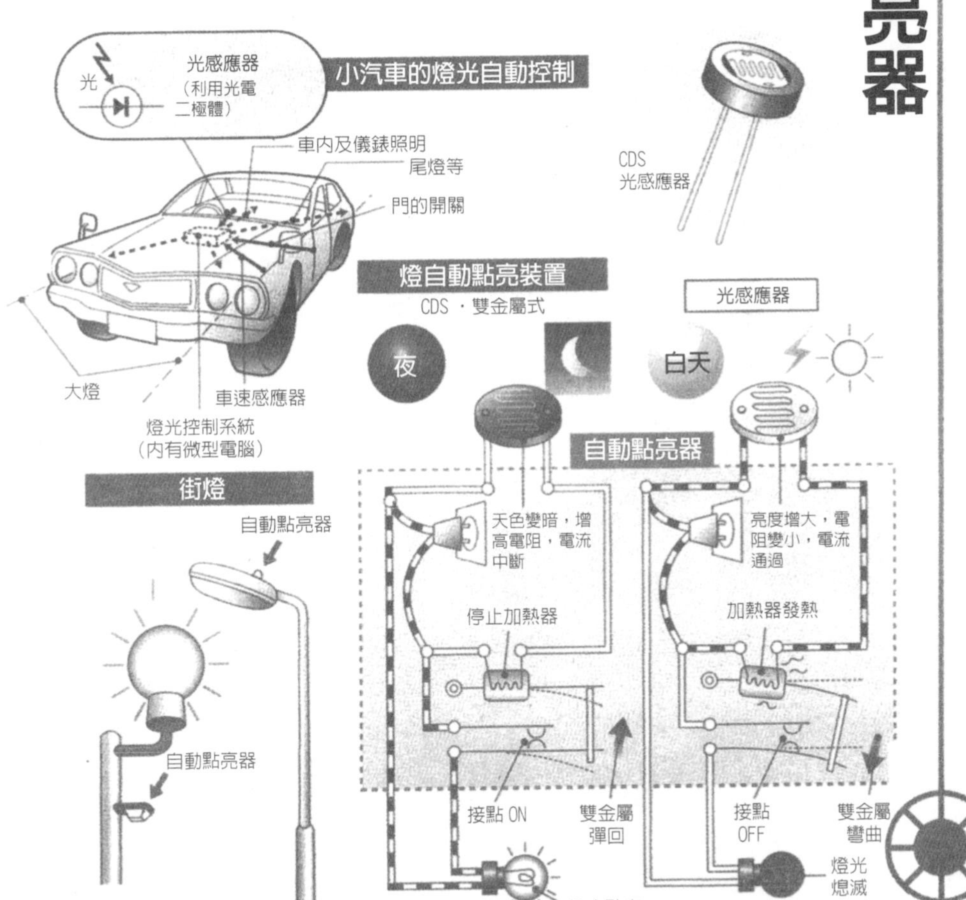
小汽車的燈光自動控制
光
光感應器
（利用光電
二極體）
車內及儀錶照明
尾燈等
門的開關
大燈
車速感應器
燈光控制系統
（內有微型電腦）
CDS
光感應器
燈自動點亮裝置
CDS ・雙金屬式
光感應器
夜
白天
自動點亮器
天色變暗，增
高電阻，電流
中斷
停止加熱器
亮度增大，電
阻變小，電流
通過
加熱器發熱
接點 ON
雙金屬
彈回
接點
OFF
雙金屬
彎曲
燈光點亮
燈光
熄滅
街燈
自動點亮器
自動點亮器

15 地震感測器

▼日本與台灣多地震，一年地震的總次數約為一萬次，其中約一成的地震人體感受不到，而五級以上的強震，一年會發生好幾次。地震的晃動可分為水平方向和垂直方向。

發生地震，放置於地面的機械會一起搖晃，因此一定要設一個不動的基準點，來量測地面的搖晃程度。因此，地震感測器以一個慣性大的擺錘來感測振動。

如今的地震感測器改以電子信號來感測，屬於電磁式感測器，內有速度與加速度的感測器（有分伺服式與動電式兩種）。

日本新幹線軌道沿線皆裝有地震感測器，可以直接感測地震，根據地震強度來控制列車的速度。地震常引發海嘯，一般在發生地震之後，有三成機率會發出海嘯警報。

伺服式感測器

同時感測東西／南北向

震波的傳遞

P S L

・P 波（第一期微動）……縱波（疏密波）
・S 波（第二期微動）……橫波（扭曲波）
・L 波　主要波動

P 波的速度很快

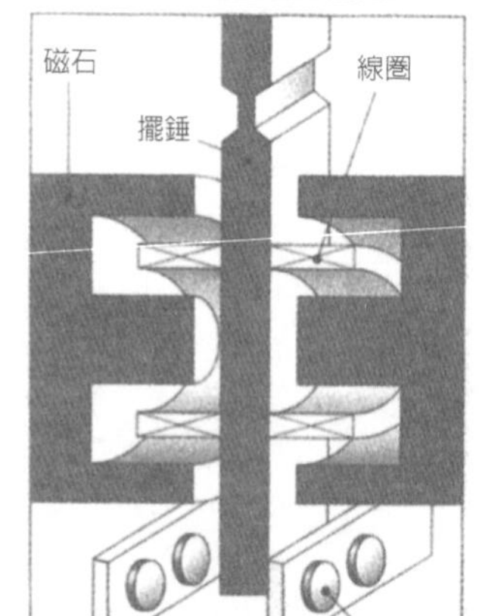

加速度的輸入方向
磁石
線圈
擺錘
位移檢測器

地震感測器原理

擺錘幾乎不動（不動點）所以可以測出周圍的振動

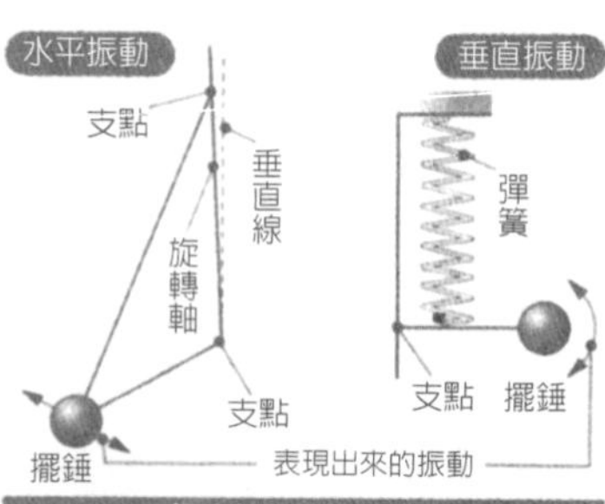

水平振動
支點
垂直線
旋轉軸
支點
擺錘
垂直振動
彈簧
支點
擺錘
表現出來的振動

動電式感測器

(用於水平振動測量)

線圈

擺錘

各種地震感測器

以設定的加速度來發出信號

用語

●magnitude：以數字表示地震的「規模」和「廣度」。
●震度：表示某地點的地震「強度」（根據地點的不同而有所不同。分為0～6級，七個級別）。

第3章 工廠生產機械

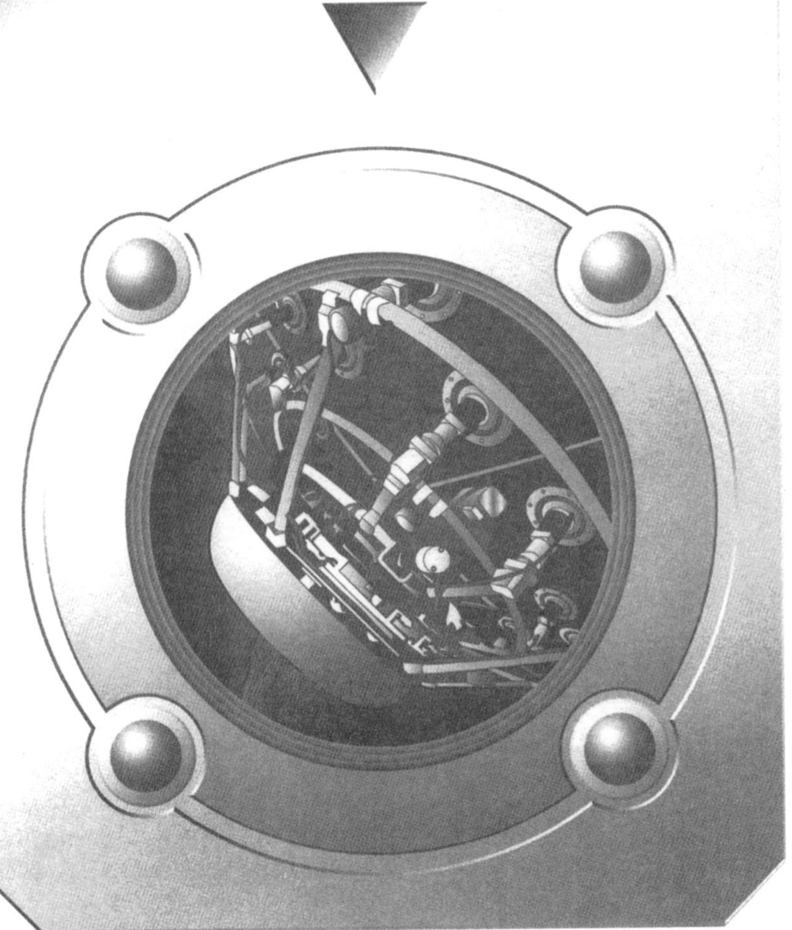

1 重量平衡器

▼使用重量平衡器，可輕鬆提起重物，操作者只需用手指的力量，即能將處於無重狀態的物體拉起，此工具是工業、製造業不可或缺的。

人可徒手搬起的重量約有十公斤，而重量平衡器利用物體的平衡狀態，提起沈重的機械與工具，經鬆突破人力的限制。重量平衡器分為彈簧式、氣壓式、電動式、油壓式等。

日常生活中常有運用定力彈簧的機械，定力彈簧與一般的線圈彈簧不同，可在固定範圍內，輸出大而穩定的力量。以外力拉伸定力彈簧，它會自然捲回，產生彈力，多用於機械的位置調節。

定力彈簧以硬質鋼帶捲製而成，拉伸一端，只會增加長度，拉伸的力量不會加大，功能同於以重錘配重。

工業、製造業的小型電動工具常用這種小型彈簧構成的重量平衡器來吊掛物體，而其他領域大多使用氣壓式重量平衡器。如此一來，這種手動裝載機便可幫助操作人員抬起、拆除幾百公斤重的物體。

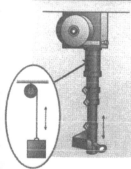

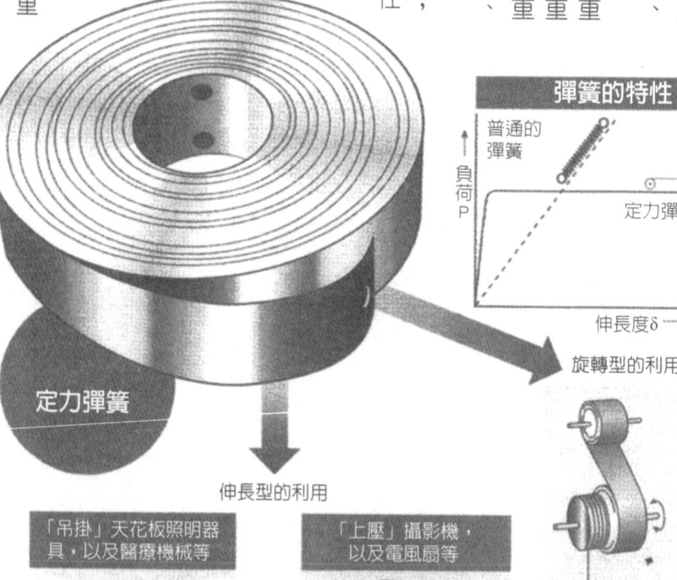
定力彈簧
伸長型的利用

彈簧的特性

普通的彈簧

↑負荷P

定力彈簧

伸長度δ →

旋轉型的利用

皮帶或電線的捲取

「吊掛」天花板照明器具，以及醫療機械等

「上壓」攝影機，以及電風扇等

氣壓式重量平衡器利用「天秤」的原理，將重物所引起的不平衡，交由氣壓缸的向上推力平衡，在此狀態下，只要一點點向上或向下的力量，即可使重物上下，相當於無重量狀態。

使用氣壓式重量平衡器，要先知道物體的重量。重物從地面上被抬起，平衡器即會自動測量物體，並改變氣壓缸的氣壓，使重物平衡。

重量平衡器與工業機器人不同，與無人化生產也沒有直接關係，只是節省體力的輔助工具，可看作增力裝置。有它的幫助，可防止工人的腰椎病變，是現代工業社會不可或缺的機械。

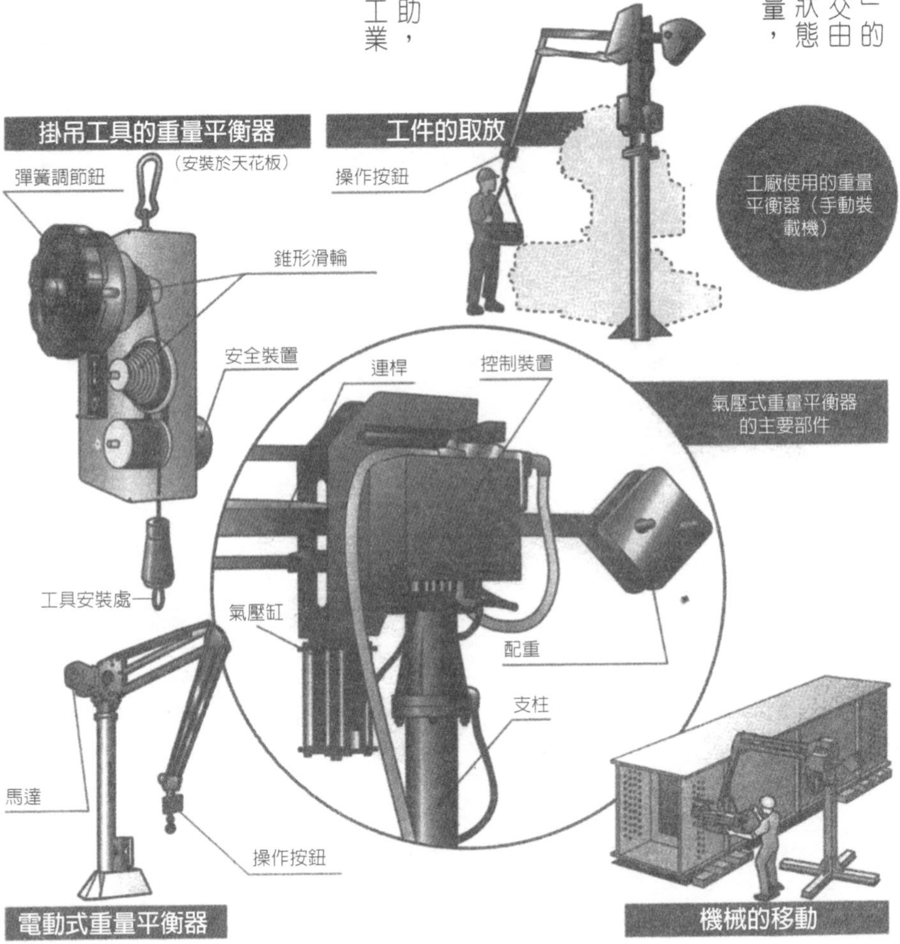

工廠使用的重量平衡器（手動裝載機）

掛吊工具的重量平衡器

（安裝於天花板）

彈簧調節鈕

錐形滑輪

安全裝置

工具安裝處

工件的取放

操作按鈕

氣壓式重量平衡器的主要部件

連桿

控制裝置

氣壓缸

配重

支柱

馬達

操作按鈕

電動式重量平衡器

機械的移動

2 自動化倉庫

▼自動化倉庫單位面積的容積大，倉庫內部以置物架放置物品，操作升降式起吊機來放入、取出物品，是一個機械化的空間。一般的置物架就像物品的合售住宅，物品與托物板一起由正面抽出、推入，如果入庫口和出庫口設計在不同邊，可依物品被放入置物架（入庫）的順序出庫。

升降式起重機由頂部的移動機械、支柱和取物叉（用於托板移載）所構成。起重機本身可以橫向或縱向移動，藉由橫樑，起重機可移動到相鄰的物架列。

自動化倉庫與在庫管理等工廠經營息息相關。此外，電腦的導入使其他設備也可以一起控制。在這個領域裡還有很多新技術，例如：條碼、自動取貨、自動分類、自動搬運車等。

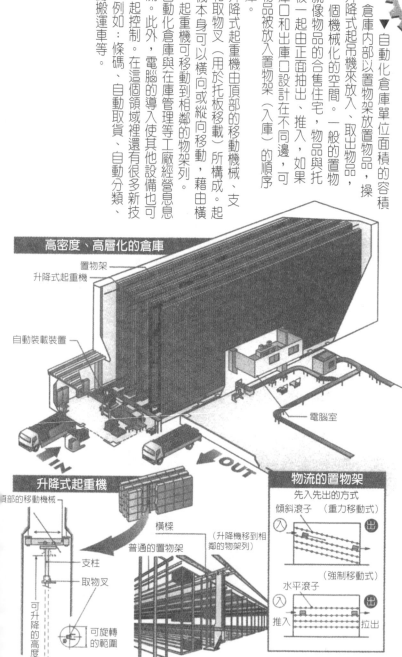

高密度、高層化的倉庫
置物架
升降式起重機
自動裝載裝置
電腦室
IN
OUT
升降式起重機
頂部的移動機械
支柱
取物叉
可升降的高度
可旋轉的範圍
橫樑
（升降機移到相鄰的物架列）
普通的置物架
物流的置物架
先入先出的方式
傾斜滾子 （重力移動式）
入
出
（強制移動式）
水平滾子
入
出
推入
拉出

水刀加工機

▼超高壓水刀加工機從一個細如針孔的噴出口，噴出高壓水流，切割物體。極細的水流集中了巨大的能量，可以切割物體。

此高壓水流的超高水壓，每平方公分約有數噸的壓力，施於直徑〇．一～〇．四公釐的極細噴嘴（噴出口），水流以每秒一千公尺的高速噴出。這樣的高速水流可迅速剝取原木的外皮。

水刀加工機的特點是安靜、乾淨，切出來的斷面平直，因為不用熱能，所以切斷痕跡很不明顯，可切割紙與布料，也可切斷厚重材料。

這種水刀加工機通常用來切割塑膠、皮革、布等軟質材料、電路基板與陶瓷。在水中添加矽石等微粒子的加工液，即可切割岩石、金屬等硬質材料。

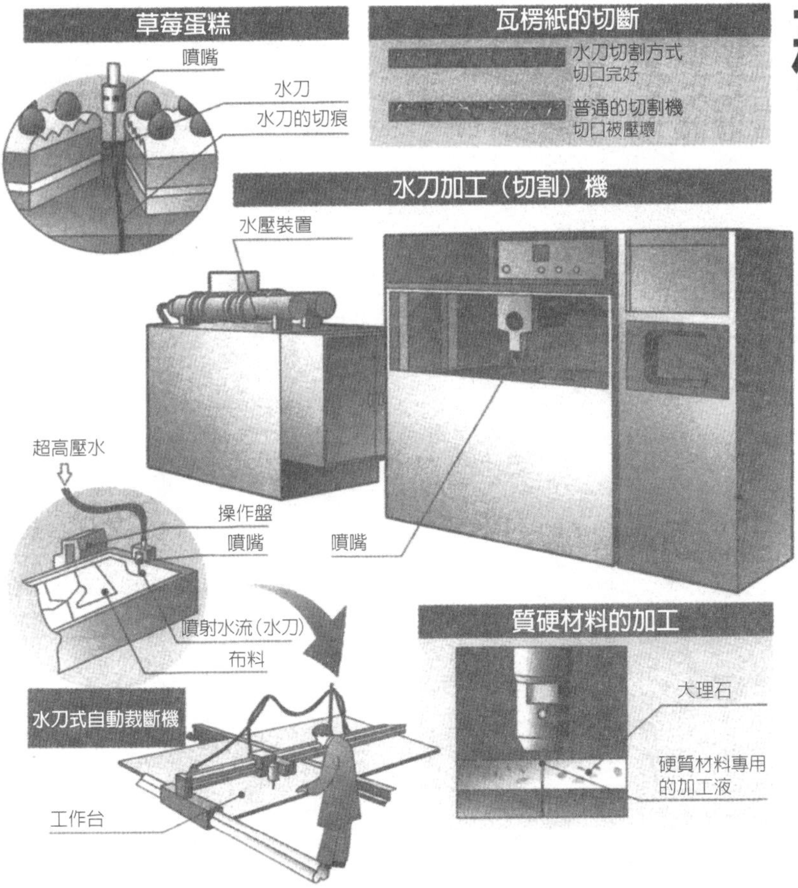

草莓蛋糕

噴嘴

水刀

水刀的切痕

瓦楞紙的切斷

水刀切割方式
切口完好

普通的切割機
切口被壓壞

水刀加工（切割）機

水壓裝置

超高壓水

操作盤

噴嘴

噴嘴

噴射水流（水刀）

布料

水刀式自動裁斷機

工作台

質硬材料的加工

大理石

硬質材料專用的加工液

4 零件供給機

▼工廠應用零件供給機來提供小零件和材料，運作原理是使裝有零件的容器振動，利用振動使零件移動（英文名稱是parts feeder）。

詳細的運作過程為：電磁鐵的吸引力將整個容器向斜後方移動，藉彈簧的反彈力使容器反彈，回到原來的位置；容器底面的高度變化，會使容器中的零件往一定的方向移動。

零件和容器底面的摩擦力，與零件自身的慣性作用，使零件向前移動，如果是斜面，零件還可以向上移動。此往復運動的振動次數大約是每分鐘幾千下，零件的移動如水流平順。

零件供給機的構造如下：裝零件的容器被下半部的磁鐵吸引，上下振動。且容器的上半部與下半部，以斜放的彈簧連結，可引起水平面的搖動。而運動部位的共振，則可加大振幅。

只有維持固定擺法的零件才能於容器的滑行道上移動，其他零件將中途掉下，藉此整列。為了區別零件的擺法，必須於滑行道上選擇適當的位置設置選

原理

材料（零件）移動的軌跡
振幅
反向作用
靜止
吸引
零件移動的距離

構造　電磁式

容器
振動的方向
滑行道
電磁鐵
線圈
可動磁心
板彈簧
蓋子
固定台
防振橡膠

容器（可動側）
主要構造
滑行道
行進方向
板彈簧
電磁鐵（固定側）

供給零件的流程

料斗
傾斜槽
振動容器型加料器
振動直進型加料器

別導板等。

零件供給機不只可整列，也可組合零件。將滑行道分為上下兩層，分別運作螺栓與墊片，即可進行組裝。

小零件很容易纏在一起，所以一般都會先改變零件的形狀，使它們很容易分離。

裝設電磁鐵的零件供給器會發出很大的噪音和振動，所以底部要加防振橡膠，或將整個裝置用隔音材料包起來。若用馬達或壓電元件來移動零件，噪音較小。

另外，直進型供給機的振動台裝有斜向軟毛，速度快，衝擊和噪音小，可以用來供給大的零件。移送和分類水果、蔬菜，大多用這種供給機。

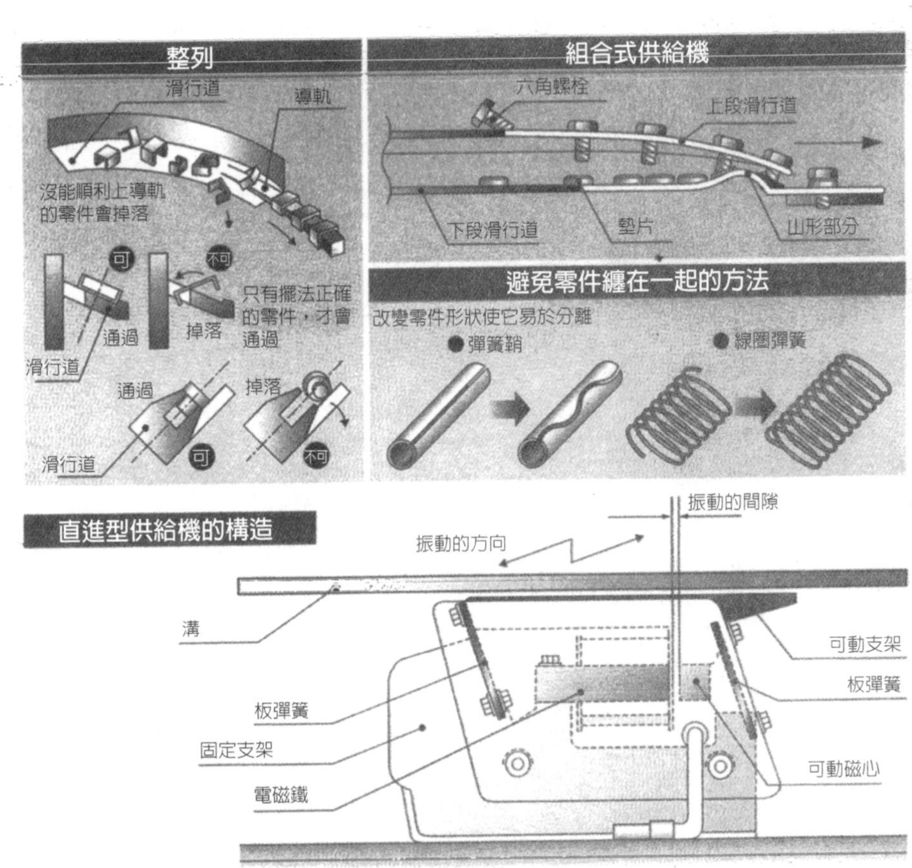
整列
滑行道
導軌
沒能順利上導軌的零件會掉落
可
不可
只有擺法正確的零件，才會通過
通過
掉落
滑行道
通過
掉落
滑行道
可
不可
組合式供給機
六角螺栓
上段滑行道
下段滑行道
墊片
山形部分
避免零件纏在一起的方法
改變零件形狀使它易於分離
●彈簧鞘
●線圈彈簧
直進型供給機的構造
振動的間隙
振動的方向
溝
可動支架
板彈簧
板彈簧
固定支架
可動磁心
電磁鐵

5 裝訂機

▼書的裝訂分為簡單的平裝（軟封面）與精裝（硬封面）。兩者的外觀不同。裝訂是指將印好的紙組合在一起，成為一本書的過程。

現代的裝訂方法是將很多頁的內容印在一張大紙上，一次印刷完畢，再將所有印好的紙集中在一起，用折紙機折疊，使頁數隨之增加，一般以十六頁算一摺。

釘合機可將折好的紙張按頁碼排列。釘合之後，精裝本的書脊用線裝訂，雜誌和週刊則用鐵絲裝訂，現在還流行用黏著劑裝訂的「無線裝訂法」。

裝訂書最重要的是每頁紙的尺寸要一致，因此要用裁斷機。它可以將紙整齊地切斷，對直線刀刃施加足夠的力量，就可將刀刃下面的一疊紙整齊切斷。

自動裁斷機

用直線刀刃切斷

自動裝線機

精裝本大多用線裝訂

自動折紙機

上部

封面折口

精裝本

書腰

書口

平面

扉頁

第一頁

溝

書籤帶

釘線處

書背（書脊）

下部

折疊

用托盤將紙一張張放進去

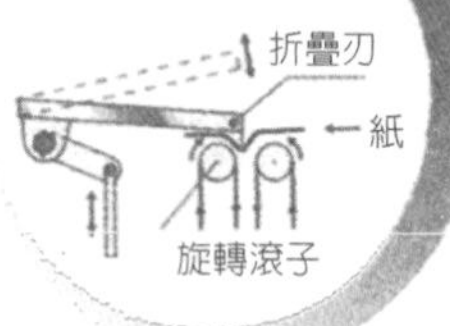
折疊刃
紙
旋轉滾子

自動釘合機

按頁碼疊在一起

6 製茶機

▼茶葉摘下來後一定要搓茶，早期是用獨特的手工方法來搓茶，製茶機則以機械化代替「手工方法」，製茶機的中心部件是茶葉搓製機。

製茶過程如下：先將茶葉放入「蒸菁機」，一邊攪拌，一邊透過蒸汽使茶葉組織軟化，接著以「粗搓機」、「攪拌器」和「模擬手」的腕部，搓製茶葉，並以「揉捻機」為茶葉加壓，一邊旋轉，一邊揉茶。

接下來以「中搓機」、「精揉機」來處理。茶葉乾燥，體積會變小，形成獨特的針狀物，亦即我們在市面上買到的「茶葉」產品，所以最後一道工序要用「乾燥機」使茶葉乾燥。

採茶需用裝有旋轉刃的「動力採茶機」。為了防止霜凍，茶園裝設很多風車，但是無論怎樣現代化，製茶產業仍越來越重視傳統的「手工製茶」，保留茶的精緻風味。

搓製鍋內部
排氣網
調速門
攪拌器
模擬手

蒸菁機
茶葉蒸製室
調節筒
攪拌軸
鐵網筒
一邊攪拌
一邊通入
蒸汽

粗搓機
茶葉的
貯存處
熱風機
在熱風中搓茶
搓茶部位

揉捻機
揉捻盤
容器
一邊加壓，一
邊旋轉搓茶

中搓機
開關
旋轉筒
模擬手
熱風機
輕輕搓揉
去除水分

精揉機
一邊從下面加
熱，一邊進行
茶葉的搓製、
乾燥和整形
搓製鍋

乾燥機
(自動式)
傳送帶
料斗
乾燥溝
風道
風扇
燃燒器

7

手持印碼機

▼手持印碼機可在商品上標示價格和類別。手持印碼機不僅用於超市和物流業，也廣泛用於圖書館與工廠。它的重量輕，便於攜帶，可印刷和黏貼。

以前的機械式印碼機，為了將數字和記號印到標籤上，使用橡膠的印字帶、樹脂的活字輪和速乾油性墨，只要握住手動把手，就可將字體印在標籤上。而標籤用紙的背面塗上感壓性的接著劑，可將剝離紙撕掉，貼於物品。

最近有很多可以印製編碼的電子印碼機，採用感應式或熱轉寫式印字。這種印碼機可同時標示價錢、庫存等資訊，而且可與電腦連結。

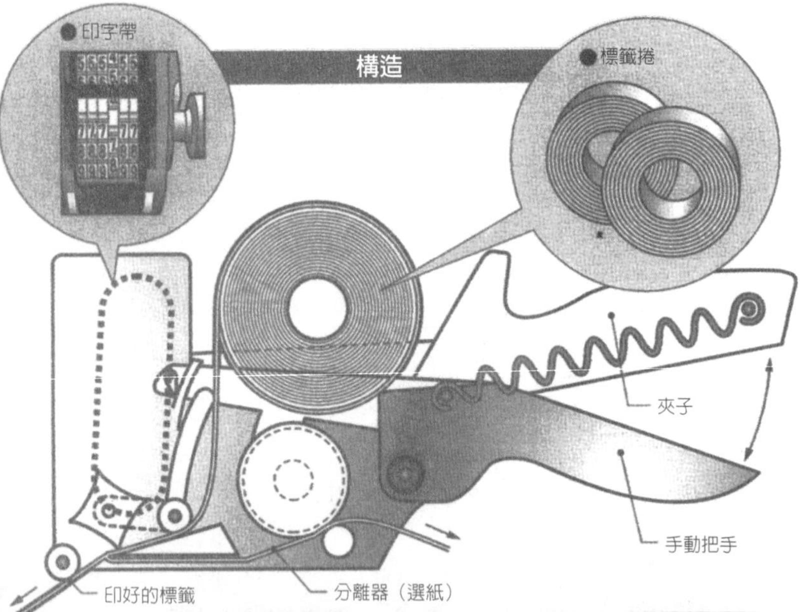

構造

●印字帶

●標籤捲

夾子

手動把手

印好的標籤

分離器（選紙）

電子式

用於條碼的手持印碼機

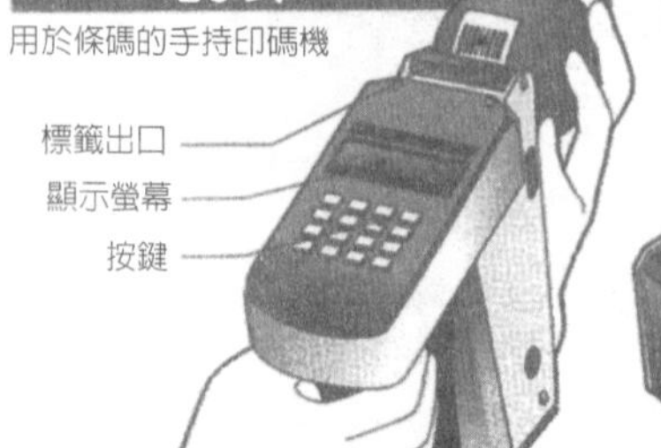
標籤出口
顯示螢幕
按鍵

各種手持標籤印製機

機械式

8 捆綁機

▼每到互贈禮物的節日，捆綁機即隨處可見。它是一種包裝機，把包裝箱放到工作台上打包捆綁。工作的程序是：繞繩，結繩頭，最後剪下多餘的繩子。

繞繩的方法有繞兩次、繞三次，也有繞十字形的方法。拉住包裝繩的頭部，用引導繩子的捆綁機臂在行李的四周轉一圈、綁緊，再由內部凸輪機來結繩頭，剪去多餘的部分。一秒鐘即可捆綁完成。

另一種捆綁機是包裝帶捆綁機。包裝帶的材料有聚丙烯（ＰＰ）、紙及鋼材，一般多用聚丙烯材料。依拱柱的引導來捆綁，再將包裝帶端部加熱、接合，熔接在一起。

另外，捆束機也是與此類似的機械，多用於捆蔬菜、管子和棍子等。市面上有一種輕便的捆束機，使用市售的膠帶，將物品捆在一起，再用釘書機接合。

捆綁的機制
包裝繩捆
包裝繩通過的間隙
工作台
保護蓋
繩子鉤出臂（調節鬆緊）
包裝繩固定處（與切刀結合的凸輪零件）
旋轉軸
繞繩臂（在物品的周圍繞繩）
拉緊包裝繩
包裝繩
包裝繩容器
兩次繞綁的實例
結繩頭
捆綁方法

包裝帶捆綁機
構造
送帶滾子
拱柱
綁帶
拉緊器（拉緊裝置）
黏接器（連接裝置）
物品
凸輪軸
綁帶預存箱
綁帶捲
拱柱
包裝帶通過的間隙
聚丙烯包裝帶
加熱接合
物品
電源線

9 碎紙機

▼碎紙機廣泛應用於辦公室，可防止機密外洩，把用過的文件徹底銷毀，將文件粉碎成數公釐的細條。

將文件投入碎紙機投入口，切割刀就會轉動，將文件切成細條，可以選擇橫切和縱切，將文件切成不同形狀的碎片。若夾紙，應將切刀逆轉，排出異物，再轉為正轉，繼續切紙。

切割刀由特殊的鋼材製成，切紙的速度快，只需幾秒鐘，也有一些碎紙機可將文件的夾子、別針與紙張一起切碎，也有X光底片專用的碎紙機。

有些碎紙機可將切斷的碎紙片，做成再生紙。此外，有一種自動化裝置可以壓縮碎紙片，裝入袋子，使碎紙體積變小，易於運送。也有可以兼作紙屑筒的家庭用簡易碎紙機。

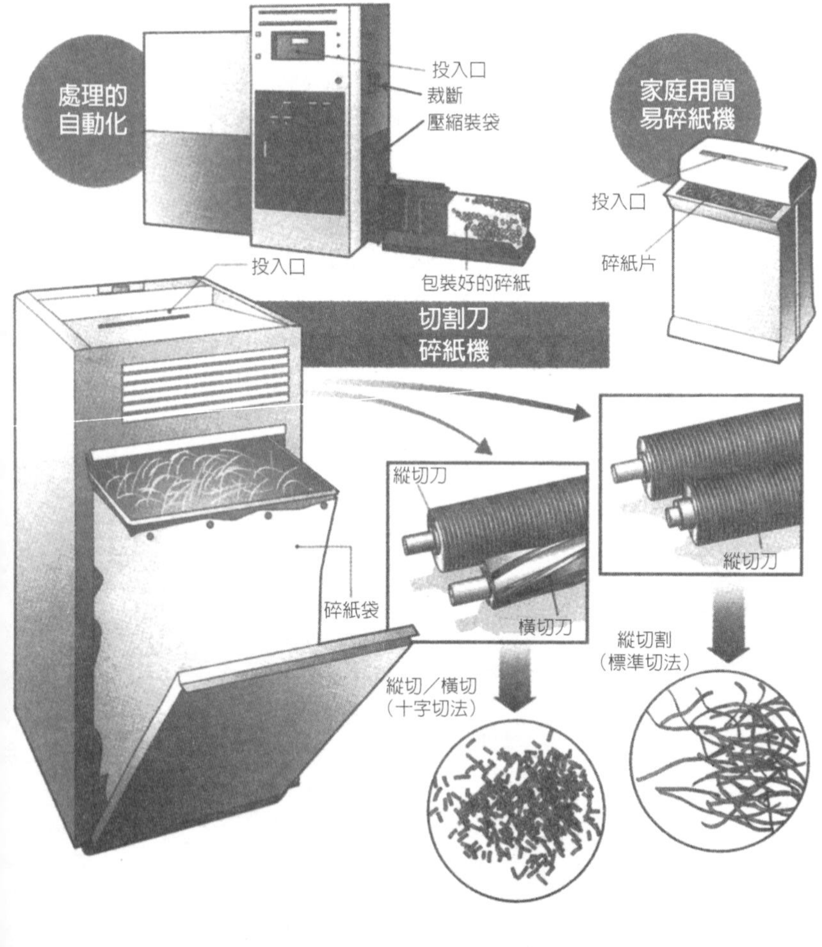

處理的自動化
投入口
裁斷
壓縮裝袋
包裝好的碎紙
家庭用簡易碎紙機
投入口
碎紙片
投入口
切割刀碎紙機
縱切刀
橫切刀
碎紙袋
縱切刀
縱切割（標準切法）
縱切／橫切（十字切法）

10 推土機

▼推土機是托拉機附加施工附屬裝置，廣泛用於開墾、整地等土木工程，經常使用於不平整的地面，所以本體的驅動器採履帶構造。

推土機有各式各樣的附屬裝置，其中最具代表性的是前方擋板（推土板），會依汽缸油壓而上下運動。另外，有一種附切裂裝置的推土機，以油壓為動力，具有強大的破壞力，可粉碎硬石和混凝土。

這種推土機以履帶行走，接地面積大，可在惡劣的道路和軟質的道路上行走。小型推土機用的是橡膠環形履帶，但一般機種用金屬複合式履帶，方向操作由左右兩邊的煞車與離合器來進行。

最近出現以無線電波操縱的無線電遙控推土機，操作者可以在遠離現場的安全範圍，透過無線電波指揮作業。淺水區可用水陸兩用推土機，深水區可用電動式推土機。

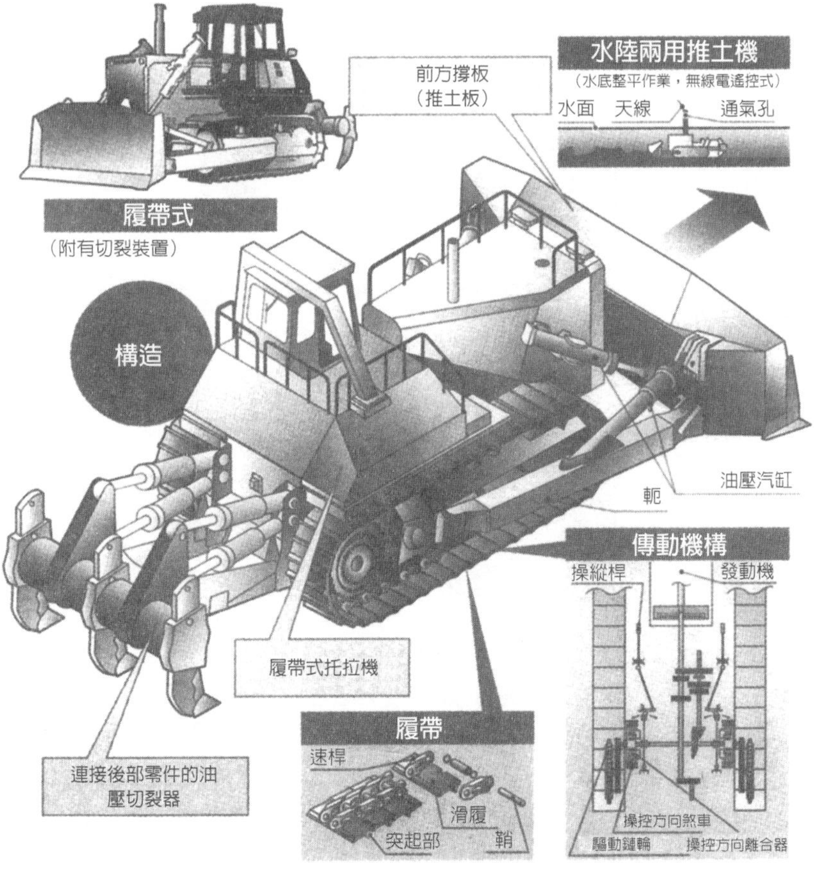

履帶式
（附有切裂裝置）

水陸兩用推土機
（水底整平作業，無線電遙控式）
水面
天線
通氣孔

構造
前方撐板
（推土板）
油壓汽缸
軛
履帶式托拉機
連接後部零件的油壓切裂器

履帶
速桿
滑履
突起部
銷

傳動機構
操縱桿
發動機
操控方向煞車
驅動鏈輪
操控方向離合器

11 打釘機（釘槍）

▼木造建築工程需進行大量的打釘作業。打釘機的工作效率極高，可以在一分鐘內打幾百個釘子。最初的打釘機是電磁式，後來發展為氣動式。氣動式打釘機比較輕便，已成為主要的打釘工具。

打釘機與切岩機的構造類似，按扳機就會起動，在汽缸內反覆導入、釋出壓縮的空氣，使活塞高速進行往復運動，將料斗中的釘子一根根射出。

打釘機的釘子不是單根的鐵釘，而是將多數釘子成排熔接於鐵絲，或用樹脂將很多根連在一起，有的捲成一圈，有的排成一列，像機關槍的子彈可連續射出。

日本的住宅建築大多採用2×4工法，此工法的基本作業是將板材釘於木條，做成牆壁，需進行多種打釘作業，因此，打釘機是很重要的。

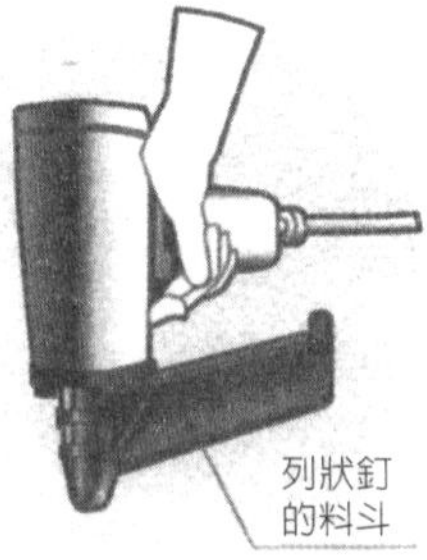

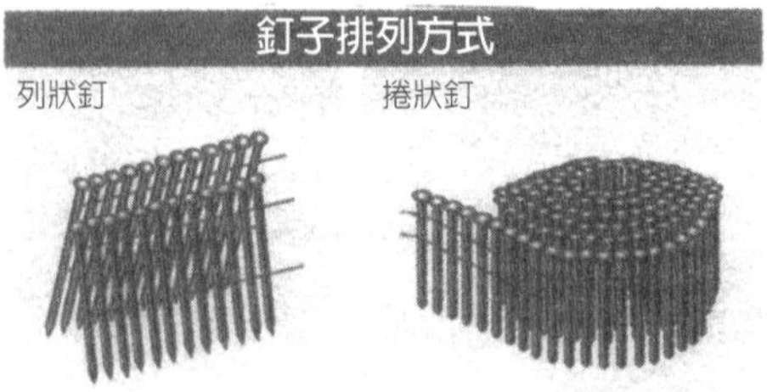

釘子排列方式

列狀釘

捲狀釘

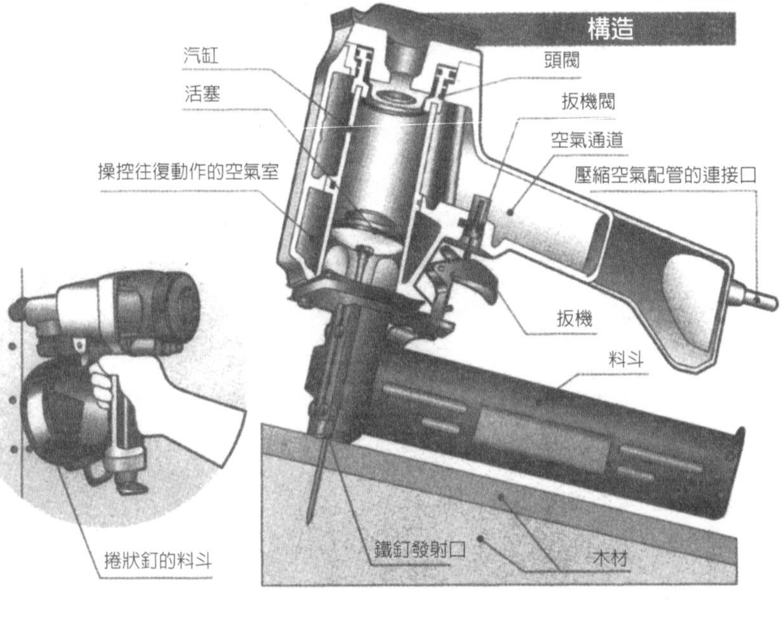

列狀釘的料斗

構造

汽缸
活塞
操控往復動作的空氣室
頭閥
扳機閥
空氣通道
壓縮空氣配管的連接口
扳機
料斗
鐵釘發射口
木材
捲狀釘的料斗

12 牆壁上的工業機器人

▼在牆壁上作業，首先要解決作業機器人如何穩固立於牆面的問題。磁鐵可以達到這樣的目的，但如果磁鐵表面生鏽，作用就會不穩定。所以現在主要是利用大氣壓力（吸盤），使機器人固定於牆壁。

吸盤作用力的大小，決定於真空的程度，有的機器人可以任意控制吸盤的吸力。一般牆壁會有很多裂痕、凹凸，所以多採用複數並列吸盤的牆壁作業機。

逆轉氣墊船的空氣流向所產的吸力，雖不比吸盤的吸力大，但負壓使機器人得以吸附在牆面。機器人在牆上的移動方式，除了利用輪子或履帶，也可用兩足移動的方式（兩足交互吸附、脫離牆面，進行步行運動）。

這樣的機械一般稱為機器人，不僅可以在垂直牆面、天花板作業，也可在火災等危險環境工作。為了在牆面上檢查、清掃和塗漆，這種機器人的開發相當熱門。

吸盤
底部吸附面
負壓
輪子
檢查作業
用吸盤在球面上行走，以超音波探傷法檢查焊接面
球形油槽
救助作業
以逆向氣墊的方式吸附、移動，可運送梯子等物
焊接的焊縫
修理作業
採用吸盤，檢查磁磚是否有脫落，補上脫落處

13 綜合收割機

▼綜合收割機（聯合收割機）

用於稻、麥等農作物的收割。

顧名思義，綜合收割機結合收割和脫穀，兩者可以同時進行，還可將穀粒裝袋，將稻草捆束。

根據不同脫穀方式，綜合收割機分為普通型綜合收割機和自動脫穀型綜合收割機。普通型綜合收割機為割下的作物進行整體脫穀；自動脫穀型綜合收割機只為作物的稻穗脫穀。在日本，這種自動脫穀型綜合收割機被廣泛應用，肩負收割稻穀的重任。

普通型綜合收割機用捲軸集合割下來的農作物，自動脫殼型綜合收割機則會先用扶正裝置將農作物立起，再割下。兩者皆用切刀來收割，像剪髮一樣，以往復運動的三角形刀刃來切割，將農作物從莖部切斷。

此外，脫穀機的原理與腳踏式稻粒機的原理一樣。高速旋轉的脫穀機四周有許多突起（脫穀齒），送進的稻穀一碰到脫穀齒，就會脫穀，莖和稻粒分離。

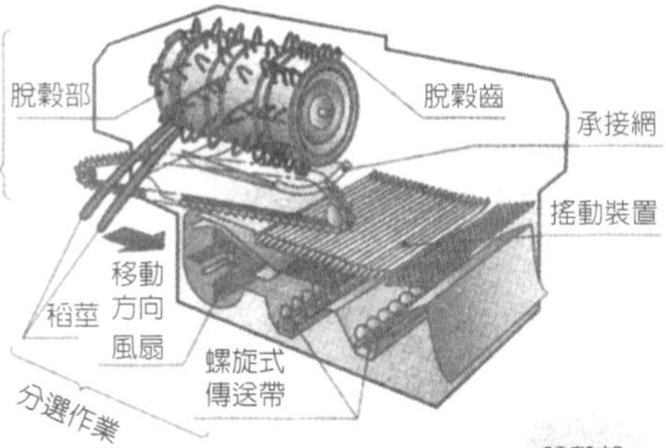

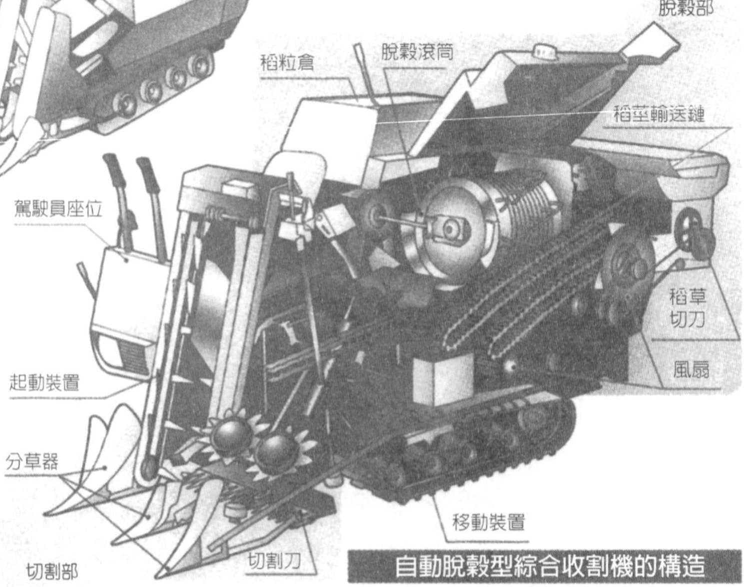

脫穀部
脫穀齒
承接網
脫穀室
搖動裝置
移動方向
稻莖
風扇
螺旋式傳送帶
分選作業

雙列收割的小型自動脫穀型綜合收割機

脫穀部
脫穀滾筒
稻粒倉
稻莖輸送鏈
駕駛員座位
稻草切刀
風扇
起動裝置
分草器
移動裝置
切割刀
切割部

自動脫穀型綜合收割機的構造

接著必須分選穀粒、稻糠和稻草。一般多利用搖動與風的力量（風扇）來分離穀粒與雜質，再用螺旋式傳送帶移動穀粒。

最後，處理稻草的方法有好幾種，可以用切割機切斷稻草，散布於稻田；用捆束機把稻草捆成束；收集成一小堆、一小堆，放置在農場。

有的綜合收割機需要牽引車，但大部分皆為自走式。

有些普通型綜合收割機用輪胎移動，但自動脫穀型大多以履帶來移動，它接觸地面的面積大，壓力小，所以可用於水田作業。

如今，收割機的自動化已有所進展。有的機種可配合作物調整高度，也可配合脫穀機的負荷情況，調整行進速度。有的機種在傾斜地面作業，會控制機器的水平狀態。

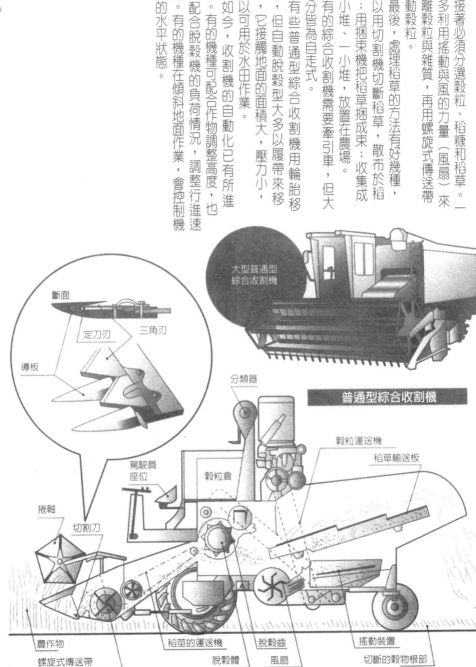

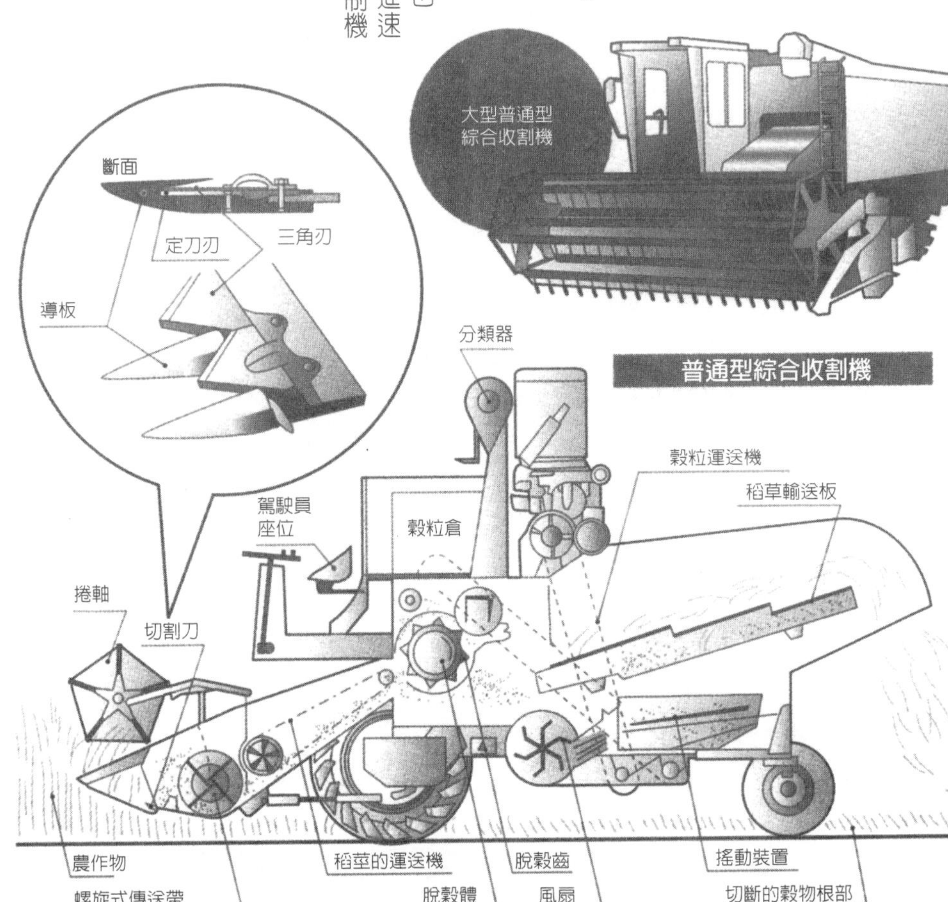
大型普通型
綜合收割機
斷面
定刀刃
三角刃
導板
分類器
普通型綜合收割機
穀粒運送機
稻草輸送板
駕駛員
座位
穀粒倉
捲軸
切割刀
農作物
螺旋式傳送帶
稻莖的運送機
脫穀體
脫穀齒
風扇
搖動裝置
切斷的穀物根部

14

14 自動釣魚機

▼鰹魚與墨魚的釣捕作業可使用自動釣魚機。

漁業分為網漁業與釣漁業，而釣漁業已有實用化的自動釣魚機。

釣不同的魚需用不同的餌和釣鉤，釣鉤相較於漁網，構造較簡單，應用範圍更廣。

鰹魚釣是指噴水混淆鰹魚群（鰹魚多群聚游動）視線，一面拋出魚餌（丁香魚），一面拋出假餌，以釣取鰹魚的捕漁法。

自動釣鰹機可代替人力，進行鰹竿釣作業。首先，機械會拋出釣竿，輕輕晃動釣竿吸引魚群（鰹魚易受晃動的物體吸引，非常敏銳），等魚吞下餌，再增加釣線張力，收回釣竿。

被釣上船的鰹魚有時會因晃動自動脫離釣鉤，有時需人工取下。

自動釣鰹機的油壓式馬達力量十足，可釣起二、三十公斤的魚。相對的，釣線也必須更加堅固，以不鏽鋼絲纏繞尼龍釣線。

鰹竿釣

釣竿

油壓式馬達

隔壁
（汽缸側固定）

葉片
（軸側固定）

自動釣鰹機

（釣台側）

此外，釣墨魚則需利用墨魚的向光性，以一盞招魚燈吸引墨魚，而且自動釣墨魚機的餌應投入不同深度的海中。

接著，以多角形的釣線捲軸（釣鉤滾輪）為中心，控制釣線的旋轉速度與方向，輕輕晃動釣線，猶如技術高超的釣魚者，吸引墨魚上鉤。

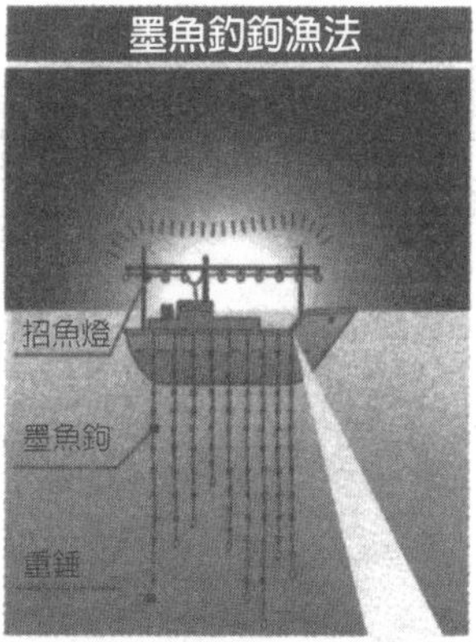

墨魚釣鉤漁法

招魚燈

墨魚鉤

重錘

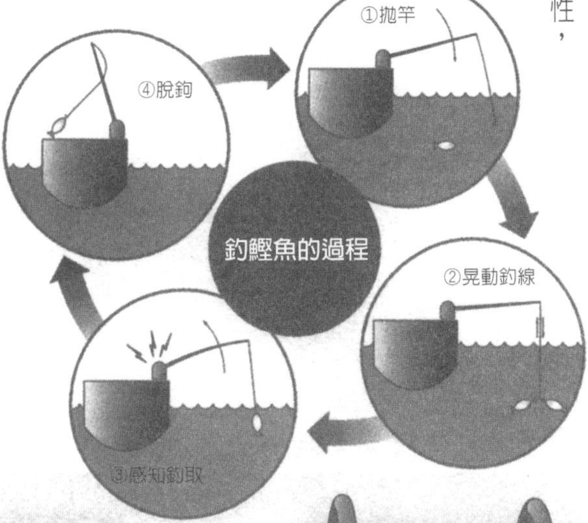

釣鰹魚的過程

①拋竿

②晃動釣線

③感知釣取

④脫鉤

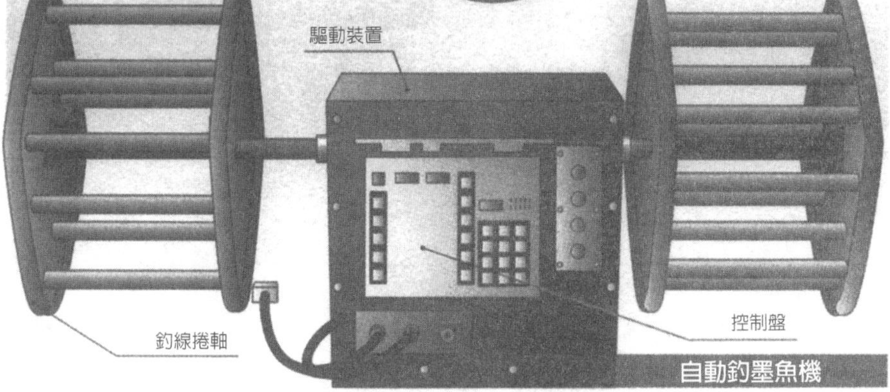

驅動裝置

釣線捲軸

控制盤

自動釣墨魚機

15 自動灑水機

▼自動灑水機在水壓的作用下，會自動旋轉噴射管，進行灑水，灑出來的水像人工降雨一樣，由上往下降至地面，不沖刷土壤，即使是傾斜的地面也不會流失土壤，可用以預防土壤鹽鹼化與作物霜凍。

自動灑水機的主要零件是Y型噴射管，運作原理如下：噴出的水柱被反推板擋住，產生反作用力，使Y型噴射管偏轉，接著，反推臂因彈簧的作用力，轉回原本的位置，水柱再次被反推板擋住……因此，自動灑水機會邊旋轉邊灑水。而噴嘴位在Y型噴射管的兩端，兩側灑水範圍的半徑相同，農場的灑水機大多使兩台灑水機的灑水範圍重疊一個半徑，讓整片農場都可以灑到水。

草地與大廈用於滅火的自動灑水機亦是相同原理。

噴射部
反推臂
反推板
彈簧
噴嘴
Y 型噴射管

農場的配置

灑水範圍
供水泵
閥
送水管
灑水管
垂直灑水管

草坪用灑水機

灑水管
減速齒輪
水車
支架
振動曲柄
送水管

大樓的灑水設備

天花板
控制盤
泵
電磁閥
電力
室內
感應器
噴頭

第4章 休閒機械

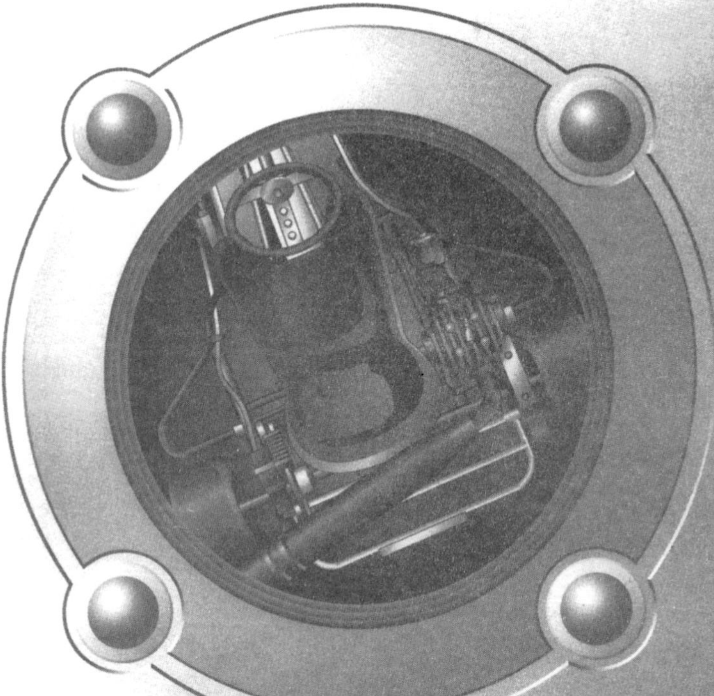

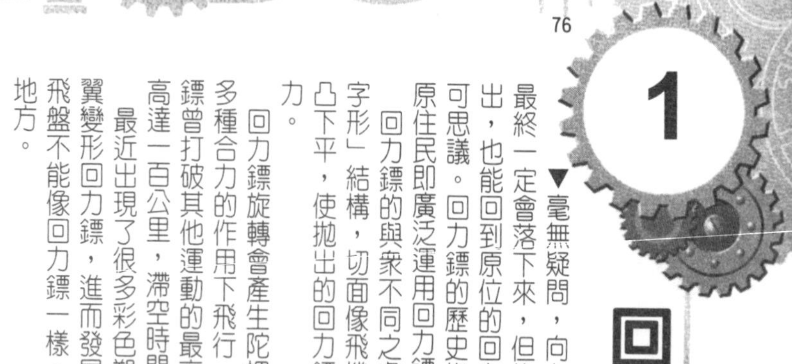

1 回力鏢

▼毫無疑問，向上拋出的木塊最終一定會落下來，但往水平方向拋出，也能回到原位的回力鏢就有點不可思議。回力鏢的歷史悠久，澳洲的原住民即廣泛運用回力鏢。

回力鏢的與眾不同之處，在於「く字形」結構，切面像飛機翼一樣，上凸下平，使拋出的回力鏢旋轉產生升力。

回力鏢旋轉會產生陀螺儀效應，在多種合力的作用下飛行。這樣的回力鏢曾打破其他運動的最高記錄：時速高達一百公里，滯空時間近三分鐘。

最近出現了很多彩色塑料製成的多翼變形回力鏢，進而發展出飛盤，但飛盤不能像回力鏢一樣，飛回原來的地方。

拋出方法

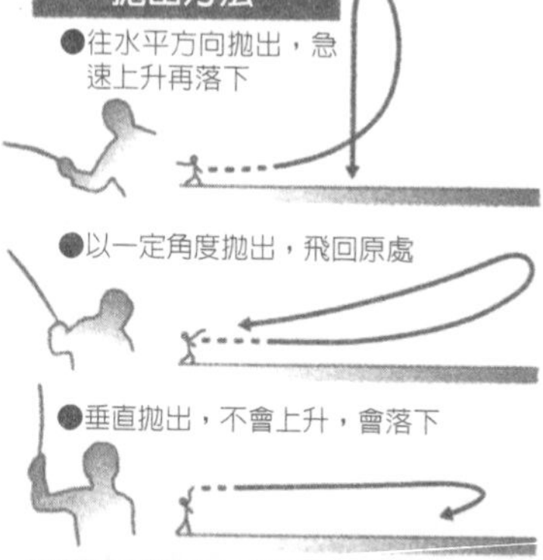

●往水平方向拋出，急速上升再落下

●以一定角度拋出，飛回原處

●垂直拋出，不會上升，會落下

複雜的運動

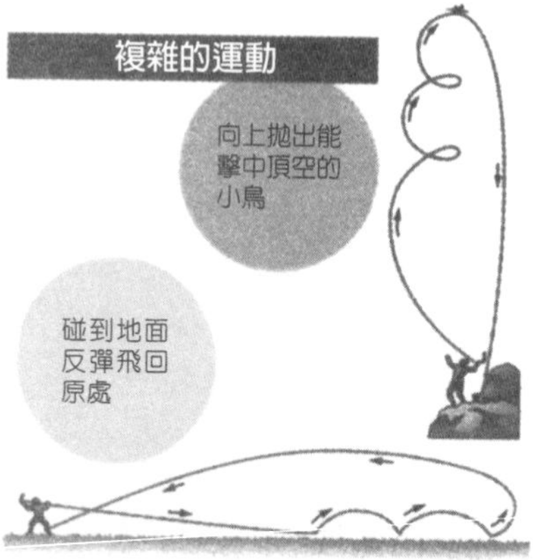

向上拋出能擊中頂空的小鳥

碰到地面反彈飛回原處

各種形狀

回力鏢的原型

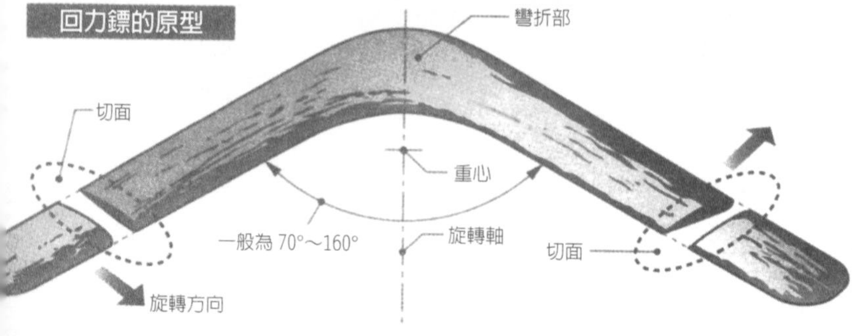

彎折部
切面
重心
一般為 70°～160°
旋轉軸
切面
旋轉方向

2 小型賽車

▼小型賽車（卡丁車）不同於一般賽車，但也能高速飛馳，性能幾近F1賽車，駕駛小型賽車的感覺就像駕駛時速兩百公里的賽車。

小型賽車的車身是簡單的開放式結構，引擎的功率很強，一般採用空冷二衝程引擎，排氣量為一〇〇毫升，燃料為混合潤滑劑的汽油。直接以鏈條驅動，沒有起動馬達，必須以人力推動來起動引擎。

有些車種裝有離心式離合器，可用起動器起動，但主流還是需以人力推動的車款。

小型賽車的車身由管架構成，沒有懸吊結構，所以底盤必須經得起多次扭轉、彎曲，仍可保持原來的形狀。煞車則多用安裝於後輪，圓盤狀的油壓式制動器。

競速的小型賽車
車身低，使人覺得速度更快
小型賽車構造
前保險桿
煞車踏板
油門踏板
煞車主汽缸
油壓式制動器
壓板
拉桿
轉向節臂
油箱
方向盤
圓背座椅支架
引擎
空冷式二衝程
鏈條
鏈輪
內部
煞車器
側保險槓
消音器
鏈條保護蓋
後保險槓

3 火箭模型

▼火箭模型使用固體燃料，像真的火箭一樣，發射場面非常壯觀。

美國超市早有販賣火箭模型，日本政府則於一九九〇年才認可這種使用火藥的推進器。

火箭模型由頭部的鼻錐、本體和尾翼構成，本體裝有搭載物和降落傘，火藥則從尾部插入本體。

主要由輕木、硬殼紙和塑膠等材料構成，輕而堅固。

火箭推進器是一個圓筒，內有燃料（推進劑）、可打開降落傘的火藥，以及讓火箭在指定時間內慣性飛行的延時推進劑，形成三層結構。

發射步驟：將鎳鉻線拉入引擎的噴嘴，用電力點火；讓推進器燃燒一兩秒；火箭模型依慣性飛行數秒，再啟動回收裝置，打開降落傘，慢慢著陸。

有些機體裝有攝影機，可在下降途中，進行空中攝影。

如今，已有各種實用的小型火箭，有的可以搭載昆蟲進行生物實驗，有的可以採集大氣，調查汙

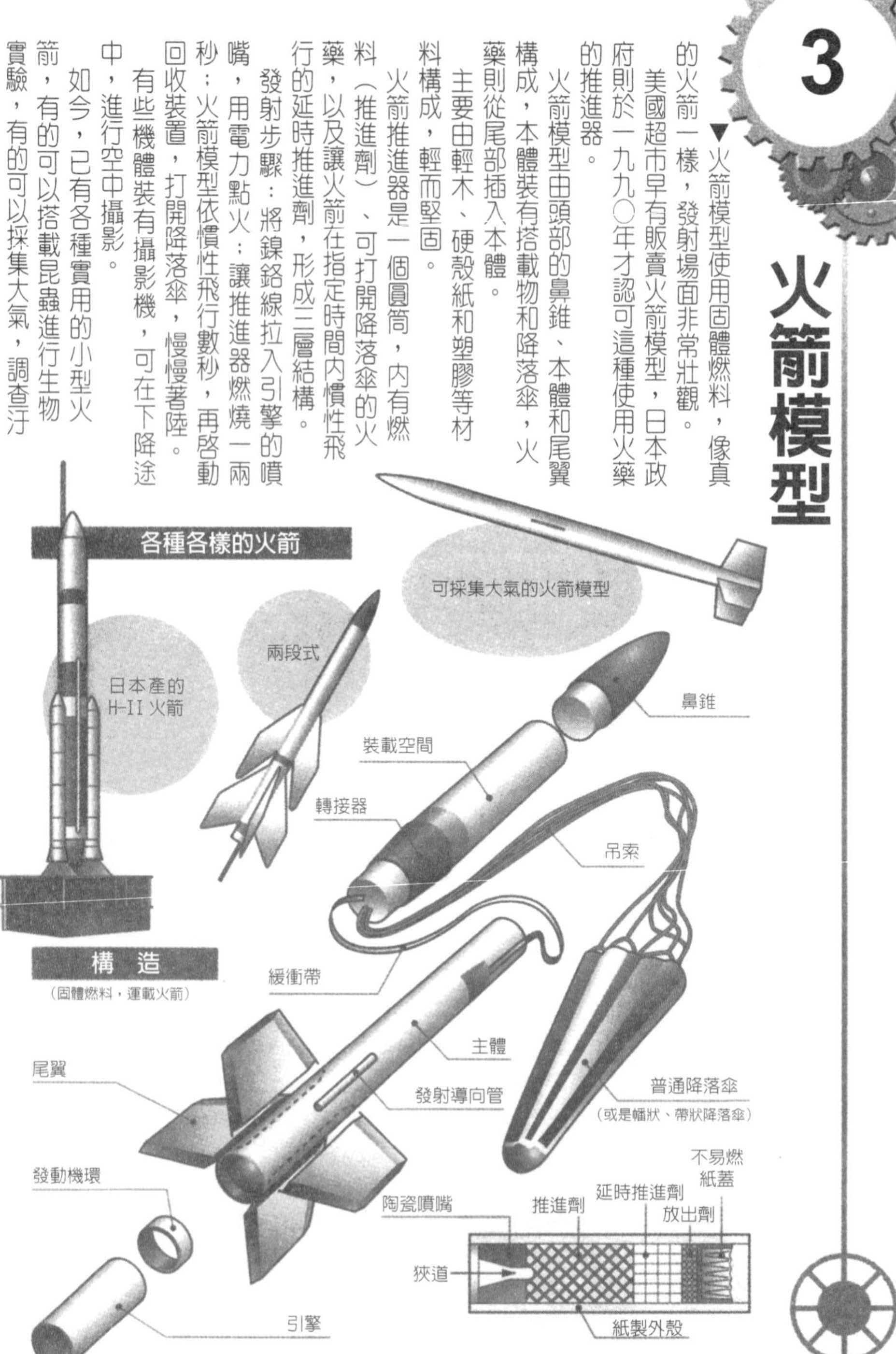
各種各樣的火箭
可採集大氣的火箭模型
兩段式
日本產的
H-II 火箭
構　造
（固體燃料，運載火箭）
鼻錐
裝載空間
轉接器
吊索
緩衝帶
主體
尾翼
發射導向管
普通降落傘
（或是幡狀、帶狀降落傘）
發動機環
不易燃
紙蓋
延時推進劑
陶瓷噴嘴
推進劑
放出劑
狹道
引擎
紙製外殼

染程度。

火箭模型的種類為數眾多，包含：多節式、無線電操控式、裝機翼的款式……運用各種火箭模型，將雞蛋搭載在火箭模型上，想辦法不讓雞蛋破掉，應該是很有趣的實驗吧。

水火箭是不用火藥的火箭模型，操作如下：箭體加入水，以打氣筒打入空氣，再打開噴嘴栓，使水瞬間噴出，發射火箭。

此外，水動力火箭也很受歡迎，只需將裝有碳酸飲料的寶特瓶（一．五公升）加入三分之一的水，據說可飛行一百公尺。

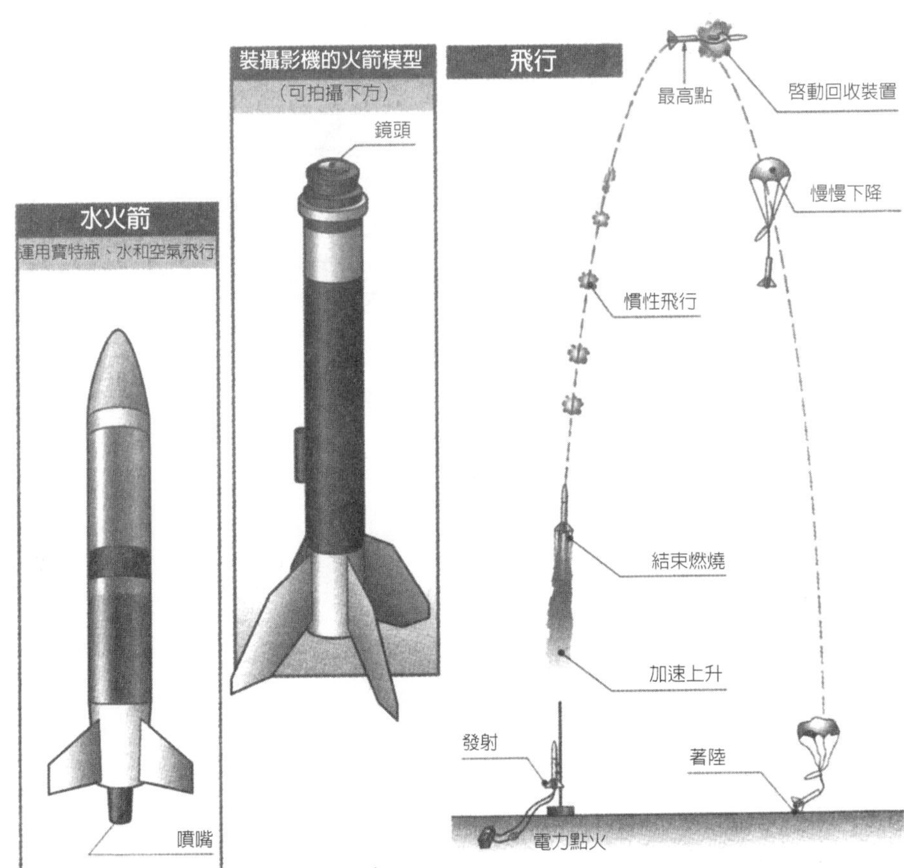

水火箭
運用寶特瓶、水和空氣飛行
噴嘴
裝攝影機的火箭模型
（可拍攝下方）
鏡頭
飛行
最高點
啓動回收裝置
慢慢下降
慣性飛行
結束燃燒
加速上升
發射
著陸
電力點火

4 健身器材

▼現代人大多運動不足，而健身器材可彌補這個缺點。健身器材有許多種類，有的用於步行，有的可局部鍛鍊肌肉（例如腰部），藉此活動、舒展平常不易鍛鍊到的身體部位。健身車是形似腳踏車的健身器材，顯示器會顯示時間、距離、速度……等數據。

此外，划船機是類似健身車的機器加上可前後運動的槳，助人鍛鍊手腕和腹部。

滑雪機讓人進行全身運動，劇烈活動手腳，熱量消耗大，減肥效果佳。

倒立機可輕鬆改變人體姿勢，使身體上下顛倒，促進全身的血液循環，改善胃下垂，校正彎曲背脊。

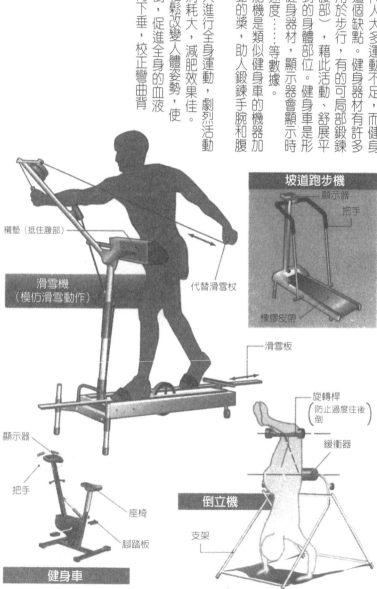

坡道跑步機

顯示器
把手
橡膠皮帶

滑雪機
（模仿滑雪動作）

襯墊（抵住腹部）
代替滑雪杖
滑雪板

倒立機

旋轉桿
（防止過度往後倒）
緩衝器
支架

健身車

顯示器
把手
座椅
腳踏板

5 摩天輪

▼摩天輪是具代表性的遊樂器材，它像浮在空中的巨大車輪，人們可藉此觀賞地面的景色，是極受大眾歡迎的遊樂器材。

摩天輪的構造與自行車的車輪一樣，圓心相當於自行車車輪的盤心；圓心周圍的金屬條相當於自行車的輪輻，與旋轉支架（相當於自行車胎環）連接，撐起整個轉盤。

摩天輪由支柱下方的橡皮輪驅動旋轉，以橡皮輪夾住支架邊緣，推動轉盤。因為難以從圓心驅動旋轉，所以採取此輪緣驅動方式。

摩天輪的直徑約數十公尺，裝載許多吊車，十幾分鐘才轉一圈，速度緩慢，所以不停止旋轉，乘客也可上下車，載客量大。

構成

鋼條
吊車
旋轉支架
支柱
搭乘台

旋轉中心（圓心）

用密集的鋼條支撐旋轉支架

遊樂場的摩天輪

輪緣驅動

安裝於支柱的四個驅動輪，可帶動旋轉輪

支柱
油壓馬達
旋轉輪
橡皮輪
作業台

6 高爾夫練習機

▼很多人喜歡打高爾夫球，因此出現了各式各樣的高爾夫練習機，從輔助工具到模擬練習機，應有盡有。高爾夫球桿打中高爾夫球的瞬間，作用於球的力量和旋轉力，使球的時速高達兩百多公里，每分鐘可旋轉幾千次。

許多高爾夫練習機可自動測量擊球速度，計算球的軌跡，因為它們安裝了光感應器或磁性感應器，可觀測球桿擊球的動作。

高爾夫練習機為了提升性能，需裝設感應器，或為球做適當的記號，以電腦計算球的軌跡，顯示於螢幕。有的機種會以攝影機拍攝擊球動作，再以電腦分析，對擊球動作加以評分。

最簡單的高爾夫練習機是利用地面磁性感應器，檢測擊球的聲音，看球桿頭部的傾斜動作是否一致，如果動作一致，蜂鳴器就會響，告知使用者此為正確動作。這種安裝在球桿頭部的練習機，重量輕、便宜，方便好用。

推球練習台

使球慢慢彈回

作用於球的力

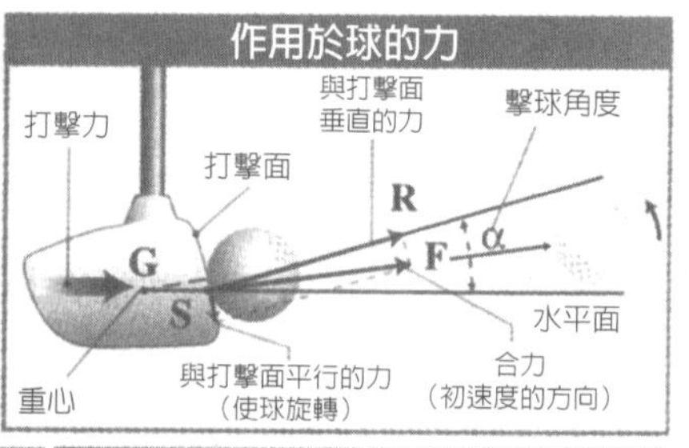

打擊力
與打擊面垂直的力
擊球角度
打擊面
R
G
F
α
S
水平面
合力（初速度的方向）
與打擊面平行的力（使球旋轉）
重心

高爾夫模擬器

感應器
顯示器
電子裝置

螢幕顯示

50
飛行距離
201 216 右
0 100 200 300
球的飛行軌跡（計算值）

揮桿練習機

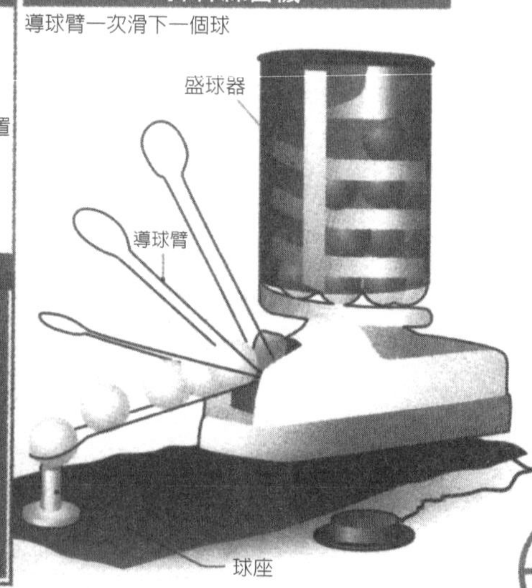

導球臂一次滑下一個球
盛球器
導球臂
球座

7 打地鼠遊戲機

▼玩打地鼠遊戲機可消除工作壓力，用力揮動小槌令人精神振奮。地鼠出現的順序是數學的亂數，無法預測，因此令人覺得好玩。

地鼠的出現和骰子一樣，全靠機率決定順序。使用產生亂數信號的電路，驅動線圈或電磁閥，使地鼠以不同順序探出頭。

打地鼠遊戲機最重要的構件是使地鼠探出頭的裝置，分為兩種：一種是利用電磁閥的電磁式，一種是利用空氣的氣壓式。兩者皆以地鼠造型的中心軸上下移動，非常堅固，可以承受重擊。

打擊成績由電子迴路來計算。打擊夠快，線圈或電磁鐵的上升信號與槌子打擊產生的向下信號一致，即可得分，如果打得太慢，在線圈或電磁閥下降時擊中，會因信號不合而不予計分。

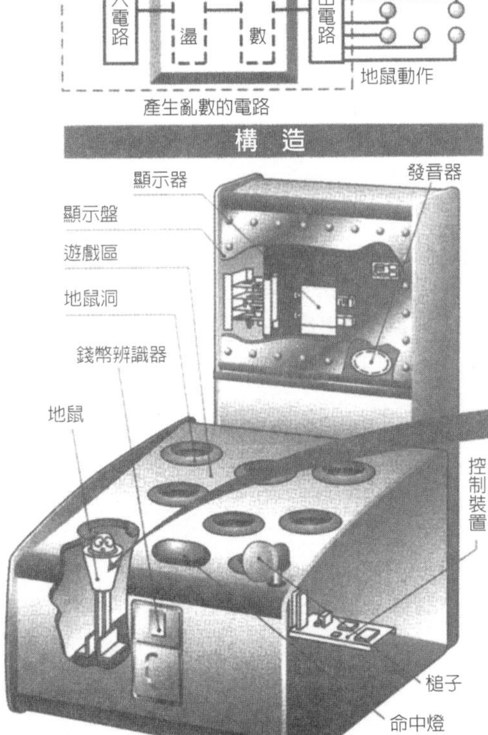
亂數操作
輸入電路
振盪
計數
輸出電路
地鼠動作
產生亂數的電路
構　造
顯示器
發音器
顯示盤
遊戲區
地鼠洞
錢幣辨識器
地鼠
控制裝置
槌子
命中燈

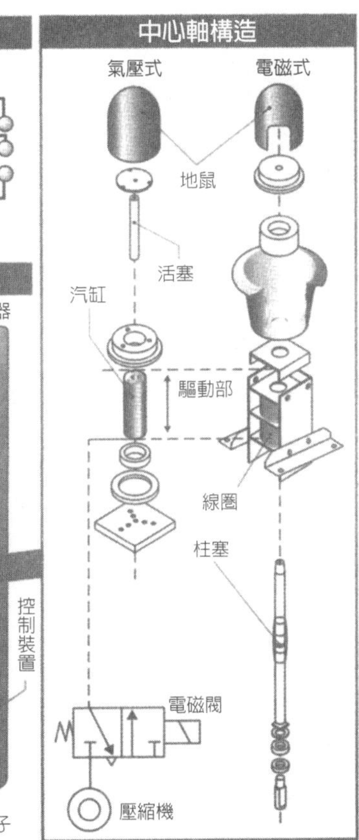
中心軸構造
氣壓式
電磁式
地鼠
活塞
汽缸
驅動部
線圈
柱塞
電磁閥
壓縮機

8 趣味機器人

▼工廠的機器人主要用來替代人的雙手，而用於競技、娛樂和遊戲的機器人多具備可以移動的雙足。

機器人與人類的合作關係，令人充滿幻想。

電腦鼠迷宮競賽設定一個複雜的迷陣，讓自製的電腦鼠（機器人）去試走。電腦鼠必須憑自己的記憶和判斷來尋找路線，看誰走的路線能最快到達終點。這比賽在世界各地都很受歡迎。

當然，此比賽禁止用無線電搖控。電腦鼠為了檢測前方是否有牆壁，會配備感應器、電腦、電池、馬達、車輪等，是自律型智能機器人。

此外，擊球、擊劍和比力氣等機器人比賽，由獨特的自製機器人參賽，以有線控制系統來操作。看著機器人手舞足蹈，真是有趣。

如今，有一種超小型機器人，稱為「木休」，大小約一立方公分，創下世界金氏記錄。它有一個光感應器，可以向著光源自行前進。

「木休」是自律型智能機器人，利用

主要構件

微處理機

感應器

電池

車輪

構造

外部感應器

反應動作

紅外線，
超音波觸動

電腦

界面

控制

機械

內部確認感應器

電腦鼠

走自律型智能機器人

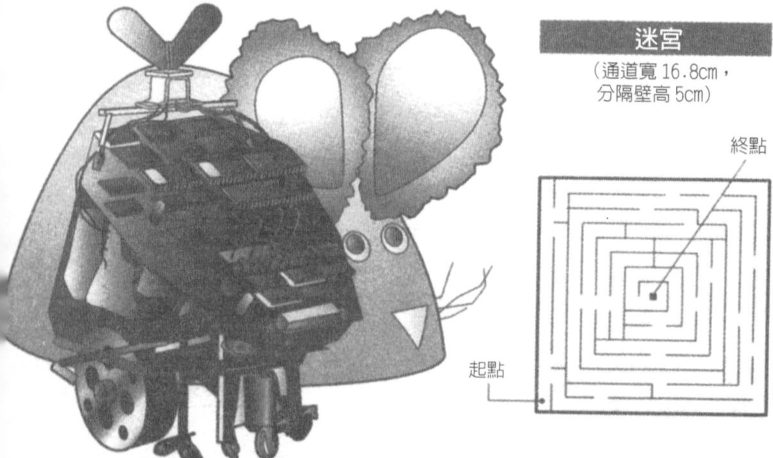

迷宮

（通道寬 16.8cm，
分隔壁高 5cm）

終點
起點

感應器、控制電路來做判斷，步進馬達等的電源不是普通的電池，而是大容量電容器，可以隨時充電，非常獨特。

機器人不只可用車輪行進，還可像動物一樣用腳走路。有種機器人可用六隻腳走路，它的三隻腳著地，另外三隻腳在空中交替行走（以三點為支撐點），模仿六足昆蟲的行走方式。

與此相比，用兩隻腳走路的玩具機器人不只需要增加自動穩定系統，還得在腳底加陀螺，或增加腳底與地面的接觸面積。玩具機器人的構造雖然簡單，但是行走方式需下很多工夫。

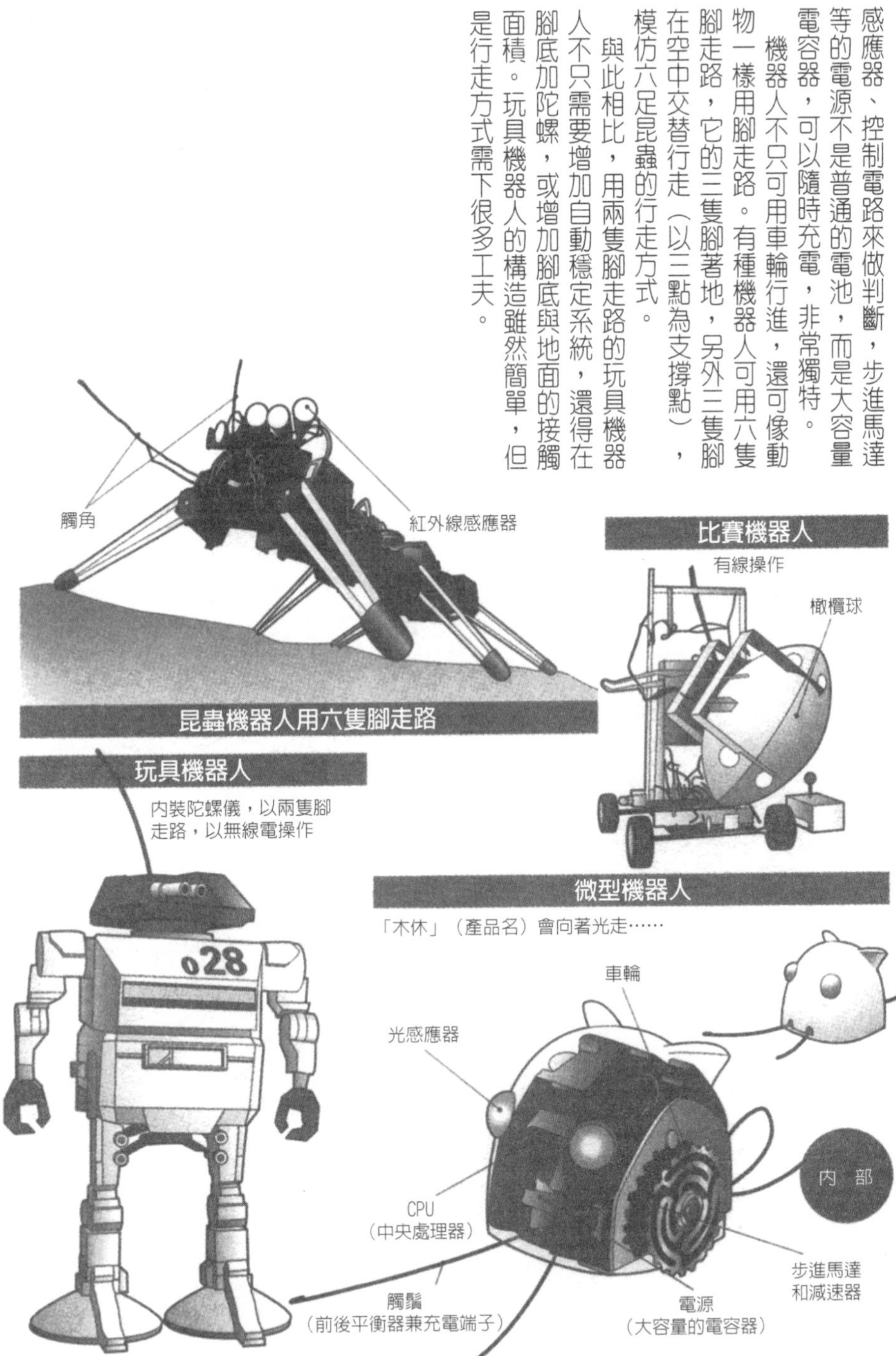
觸角
紅外線感應器
昆蟲機器人用六隻腳走路
比賽機器人
有線操作
橄欖球
玩具機器人
內裝陀螺儀，以兩隻腳走路，以無線電操作
028
微型機器人
「木休」（產品名）會向著光走……
車輪
光感應器
內部
CPU（中央處理器）
步進馬達和減速器
觸鬚（前後平衡器兼充電端子）
電源（大容量的電容器）

9 樂器自動演奏機

▼古代歐美的手搖風琴和自動鋼琴，是自動演奏的先驅，今天，人們依然非常想聽那種樂器自動演奏的音樂。

過去的自動化樂器，將樂譜轉換成有很多短針的圓筒（似音樂盒原理），或有孔的記錄紙（有捲曲、折疊等形式）。這些短針和孔，使空氣閥門發出特定的音調。

現代的自動化樂器則充分運用電腦和氣動技術，例如，為了使小提琴的弓與弦接觸且拉奏，需利用電腦；長笛則像肺一樣，控制氣流的進出。

雖然合成音響、CD等技術已有顯著發展，但樂器的自動演奏仍有難以替代的魅力，今後，自動演奏機的開發會朝越來越精密的方向發展。

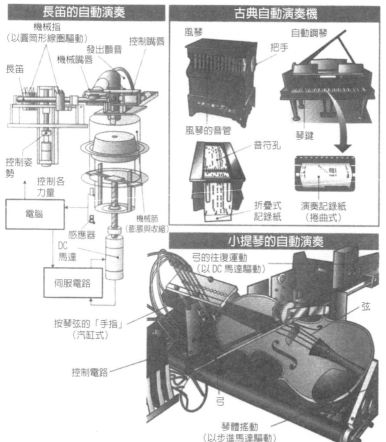

長笛的自動演奏

機械指（以圓筒形線圈驅動）
控制嘴唇
發出顫音
機械嘴唇
長笛
控制姿勢
控制各力量
電腦
機械肺（膨脹與收縮）
感應器
DC馬達
伺服電路

古典自動演奏機

風琴
自動鋼琴
把手
風琴的音管
琴鍵
音符孔
折疊式記錄紙
演奏記錄紙（捲曲式）

小提琴的自動演奏

弓的往復運動（以DC馬達驅動）
弦
按琴弦的「手指」（汽缸式）
控制電路
弓
琴體搖動（以步進馬達驅動）

10 自動麻將桌

▼打麻將要先用手洗牌，每人拿三十六枚麻將，堆成兩層的「山」。自動麻將桌可以省掉這些麻煩，僅以數十秒即可準備好一切，節省洗牌的時間。

自動麻將桌分為磁鐵式與落下式等，但以磁鐵式為主流，藉磁鐵的吸力分辨麻將的正反面，再利用通道的形狀判別麻將的姿勢。

整理好、準備堆成「山」的麻將，以輸送帶由下往上送，放上環繞牌桌的輸送帶，每隔十八個麻將分成一段，以升降機堆成上下兩層，再送到台面上。

目前，自動麻將桌正不斷向著更小型、快速的方向發展。電腦麻將甚至不需麻將，看影像就可以玩，但可能是因為缺少手的觸感，所以不太受歡迎。

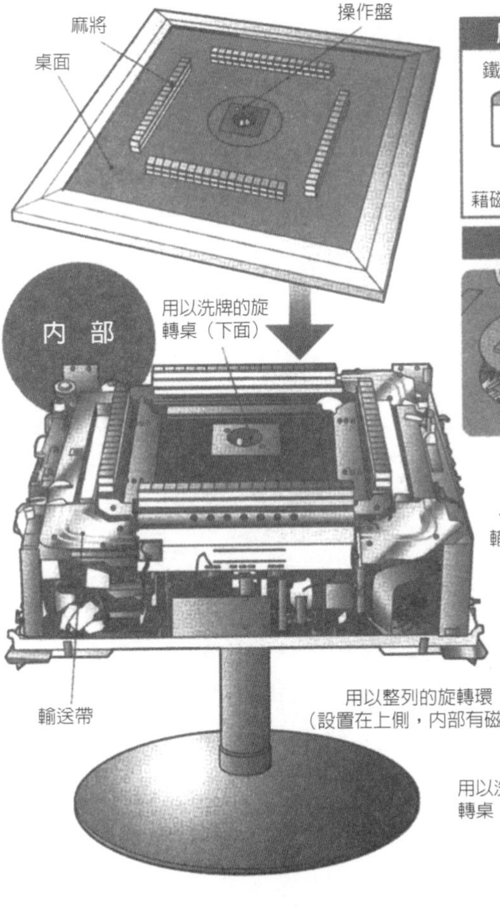

麻將
桌面
操作盤

麻將的正反面判斷方式

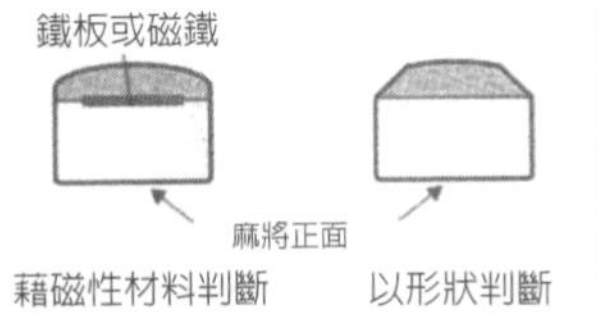

鐵板或磁鐵
麻將正面
藉磁性材料判斷
以形狀判斷

操　作

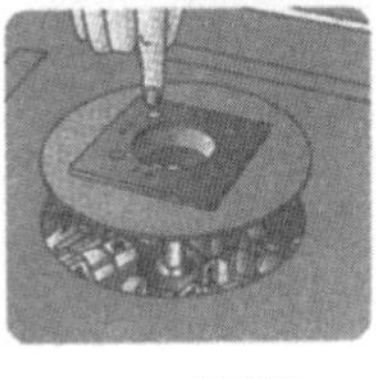

操作盤往上升，把麻將推入中央的孔洞，完全自動操作

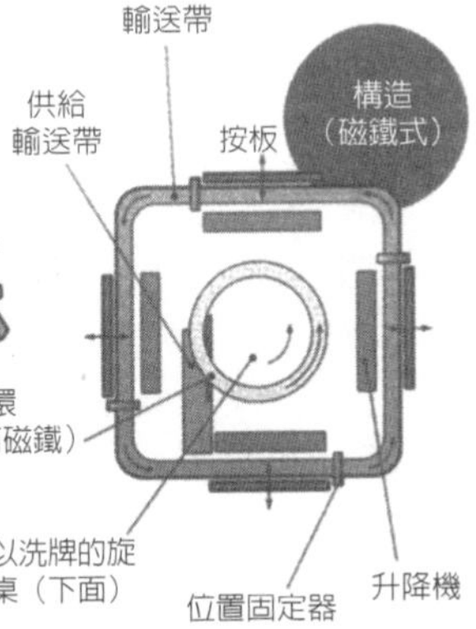

內　部
用以洗牌的旋轉桌（下面）
輸送帶

構造（磁鐵式）
輸送帶
供給輸送帶
按板
用以整列的旋轉環（設置在上側，內部有磁鐵）
用以洗牌的旋轉桌（下面）
位置固定器
升降機

11

垂直風洞

▼垂直風洞讓人在地上體驗跳傘的自由落體，送風機由下往上吹風，風的時速高達一百多公里，使人體因強風的力量，向上浮起，體驗沒有任何支撐點的飛行滋味。

此設備的構造就是開發飛機及汽車所用的實驗設備──風洞。開放型風洞的結構簡單，但易產生亂流；氣流循環式風洞的體積較大，但效果較好。

有的圓筒形垂直風洞可將人吹到五～六公尺高。飄浮室的周圍是織網或柔軟的壁面，底下是彈性網狀結構，像體操及雜技表演用來翻觔斗的彈簧床，不用擔心墜落。

體驗垂直風洞要戴安全帽、風鏡及手套，還要穿特別的飛行服。飛行服是不合身的連身服，腋下和腳尖處有進氣孔。

從孔進來的風使飛行服像氣球一樣膨脹，表面積增大，較容易飄浮，也具有氣墊的作用，可降低受傷的可能。

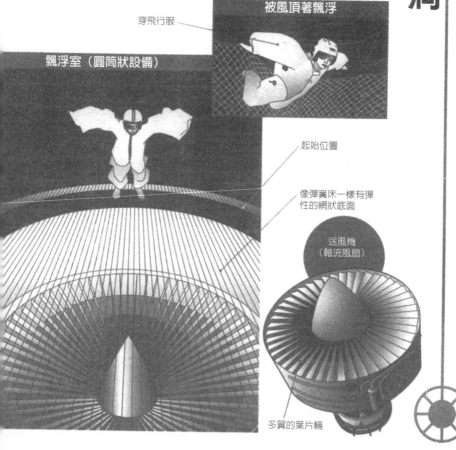

被風頂著飄浮

穿飛行服

飄浮室（圓筒狀設備）

起始位置

像彈簧床一樣有彈性的網狀底面

送風機（軸流風扇）

多翼的葉片輪

飄浮時，你可以做各種動作，扭轉身體、翻肋斗、表演雜技等。但初學者要用輔助繩索。風洞中央的風力大，周圍的風力小，使用者可於周圍暫時休息。

跳傘訓練也用過類似的裝置，但與此文介紹的垂直風洞不盡相同，據說跳傘訓練的風洞可使人升到二十～三十公尺的高度，在空中停留達五～十分鐘。

飄浮的姿勢與飛鼠張開兩手兩腳的飛行姿勢相似。牠們的滑翔出於本能，而人類利用高速氣流和飛行服的飄浮，卻是智慧的結晶。

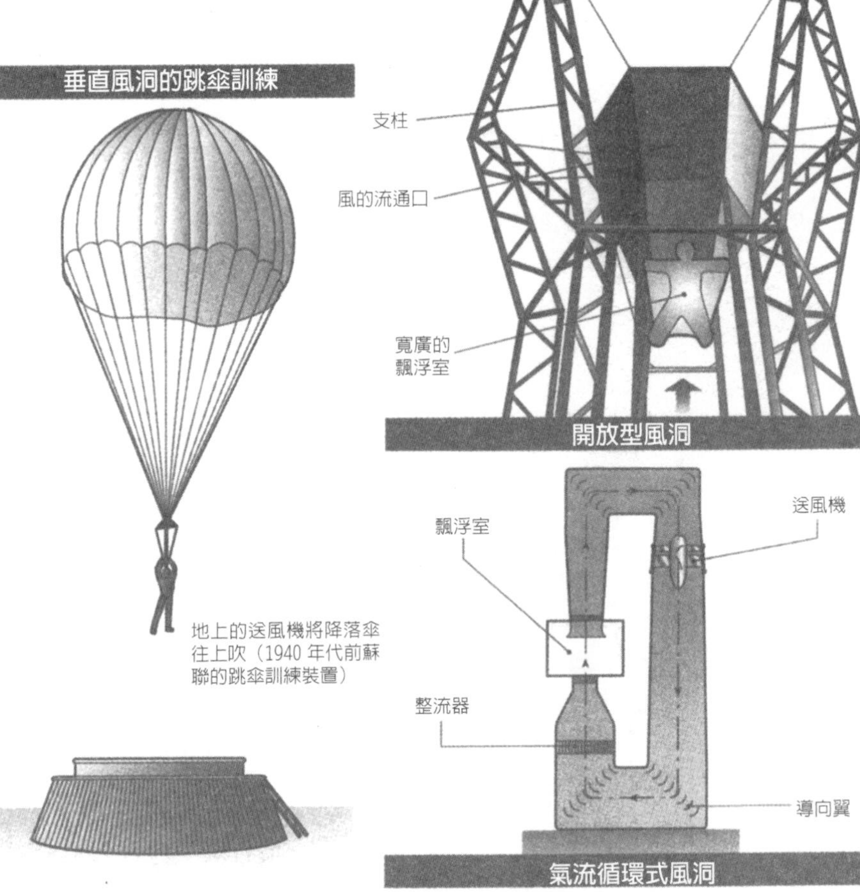
垂直風洞的跳傘訓練
地上的送風機將降落傘往上吹（1940 年代前蘇聯的跳傘訓練裝置）
支柱
風的流通口
寬廣的
飄浮室
開放型風洞
飄浮室
送風機
整流器
導向翼
氣流循環式風洞

12 保齡球排瓶機

▼球於專用球道上滾動，並擊倒球瓶的保齡球，需不斷將倒掉的球瓶重新排列成陣。

以前由專人將倒下的球瓶擺好，現在則全面自動化，由機械來完成這項繁瑣的作業，球道上一個人也沒有。

自動化的排瓶機有許多種，有的將球瓶繫繩，有的固定球瓶頭部，使球瓶向上彈起，其中，將散落的球瓶全部收集起來，再排列至準確位置的方式是今日的主流。

球碰倒球瓶後，會和倒下的球瓶一起掉進瓶坑，接著，球和球瓶被分開，球通過回送球道，送回比賽者身邊的回球架。

留在球瓶台的球瓶被降下的清理臂，推進瓶坑。這些球瓶被輸送帶以橫抱的方式運走，送到球瓶台上面。

被放到球瓶台上方的球瓶呈縱向平躺狀態。接著排瓶機將球瓶分成幾列，送到各自的指定位置。

確定位置的球瓶，在球瓶把持器的支撐下，由水平狀態變為垂直狀態，

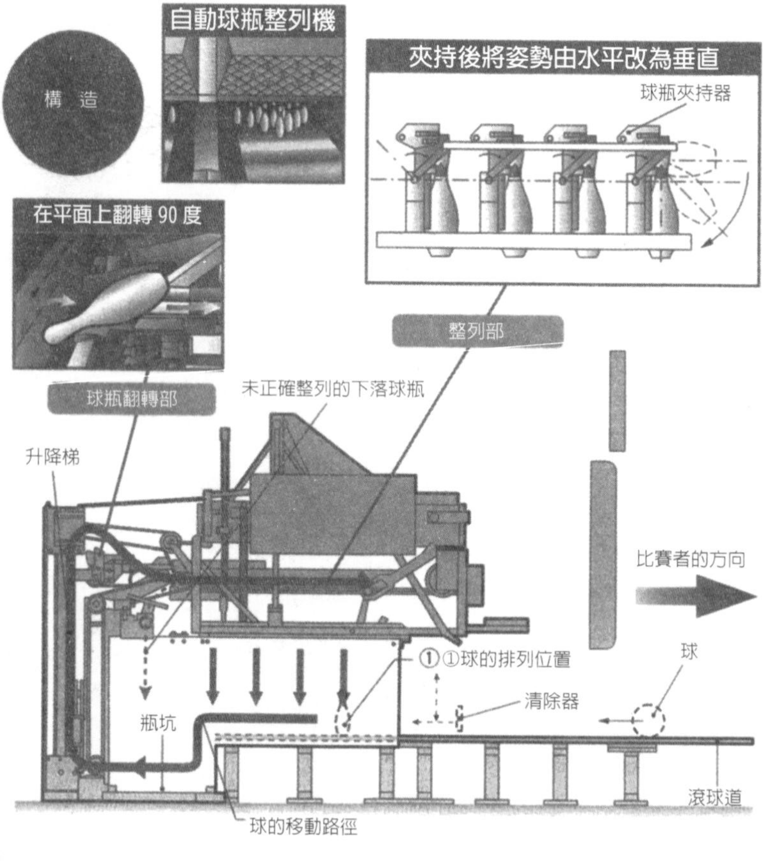

構造

自動球瓶整列機

夾持後將姿勢由水平改為垂直

球瓶夾持器

在平面上翻轉 90 度

整列部

球瓶翻轉部

未正確整列的下落球瓶

升降梯

比賽者的方向

①①球的排列位置

球

清除器

瓶坑

滾球道

球的移動路徑

球瓶定位器由上而下的動作與此連動，將球瓶立起，放在球瓶台上。

球瓶的形狀頭細體粗，適於整列，若垂直落下，重的瓶體會朝下，有利於機器區別球瓶的擺放方向。

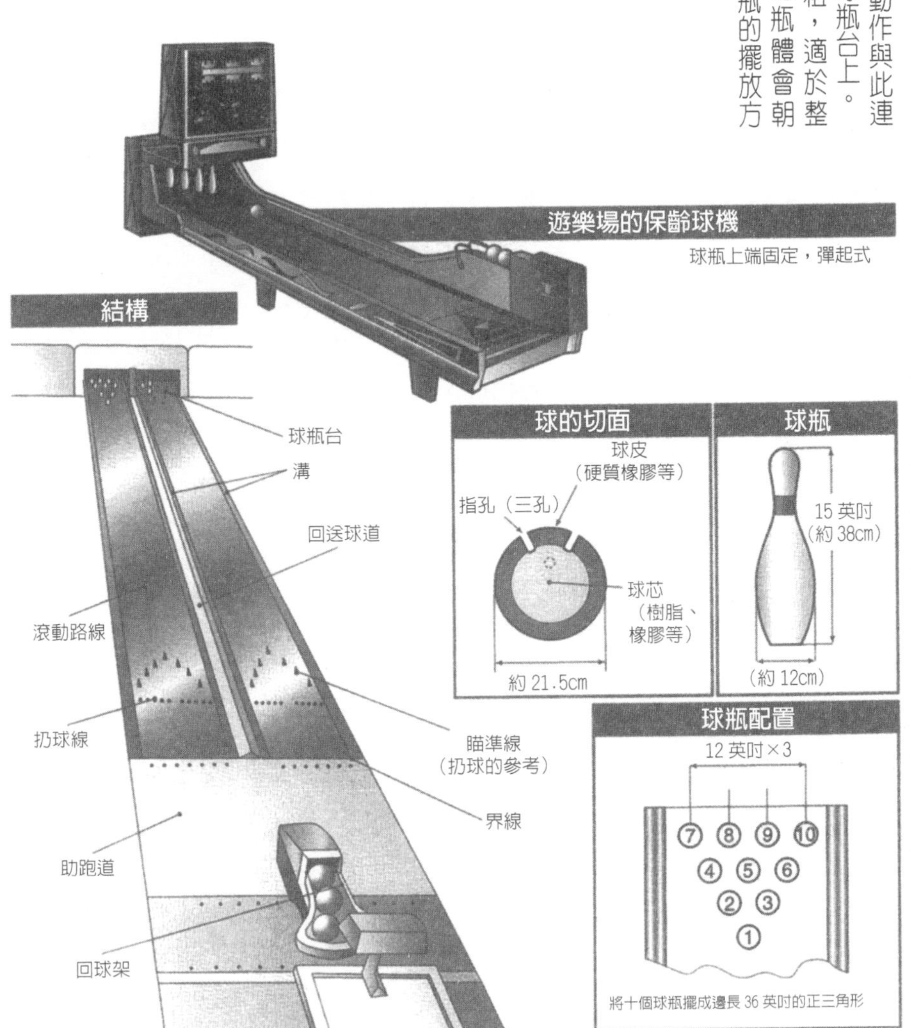
遊樂場的保齡球機
球瓶上端固定，彈起式
結構
球瓶台
溝
回送球道
滾動路線
扔球線
瞄準線
（扔球的參考）
界線
助跑道
回球架
球的切面
球皮
（硬質橡膠等）
指孔（三孔）
球芯
（樹脂、
橡膠等）
約 21.5cm
球瓶
15 英吋
（約 38cm）
（約 12cm）
球瓶配置
12 英吋×3
⑦ ⑧ ⑨ ⑩
④ ⑤ ⑥
② ③
①
將十個球瓶擺成邊長 36 英吋的正三角形

13 蒙太奇影像重組

▼蒙太奇是法語「組合」的意思，一般指將各片段接合在一起，形成一個畫面。

例如，依幾個目擊者的描述，抓出歹徒特徵，描繪成畫像即為蒙太奇手法。

畫像重組的技術發展至今，已能以電腦進行合成，自動化的程度很高。將人臉依額、眼、口、輪廓的相似度分類，即可預想描繪對象的容貌。如今還有人以頭骨為原形，用電繪加上肌肉，以此推斷古人的容貌。

畫像重組技術可應用於日常生活，將你的照片與不同的髮型、服飾、飾品……重組在一起，可助你挑選適合自己的造型與商品。

用電腦合成畫像

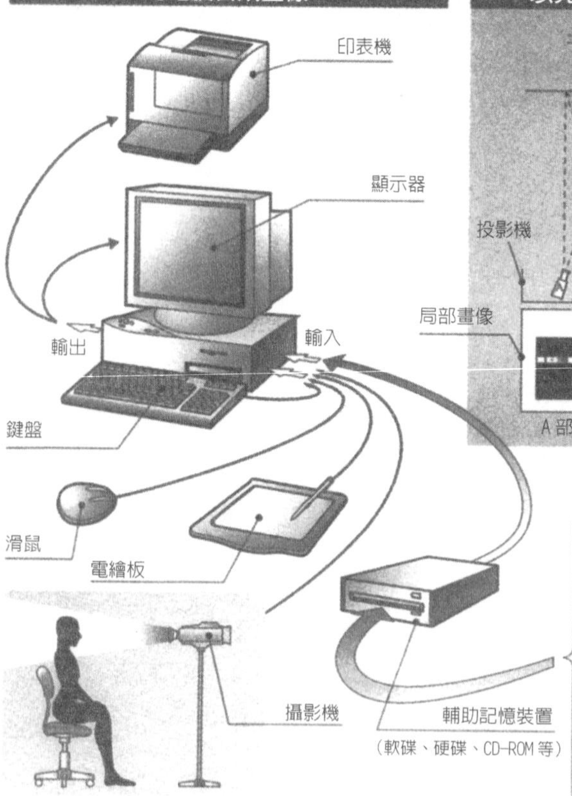

印表機
顯示器
輸出
輸入
鍵盤
滑鼠
電繪板
攝影機
輔助記憶裝置
（軟碟、硬碟、CD-ROM 等）

以光學重組畫像

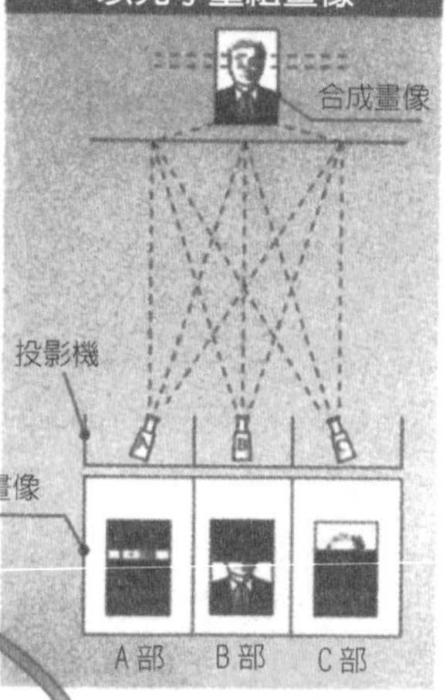

合成畫像
投影機
局部畫像
A部
B部
C部

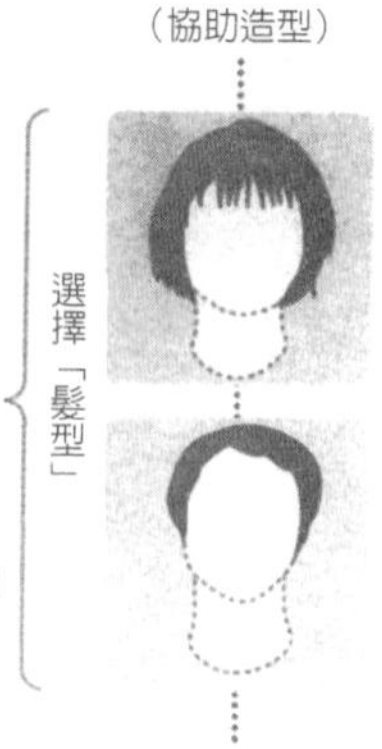

（協助造型）
選擇「髮型」

14 舞台裝置

▼舞台劇與電影拍攝場景，使用許多舞台、佈景機關，建構不可思議的場景，就像巨型玩具一樣有趣。例如：將人影投影到玻璃板上，讓演員與影像進行對手戲，這種舞台裝置由來已久呢！

日本傳統的舞台劇（例如：歌舞伎）常用旋轉舞台，以及上移、下撤（電梯）的裝置。將地板豎起改變場景，或演員吊鋼絲等方法也常被使用。

魔術表演經常應用平面鏡及曲面鏡。利用外側為平面鏡的門，將某空間圍住，觀眾會覺得剛才還在的人突然消失了。

使人消失的魔術

這一側與箱內壁面相同

這一側全部是平面鏡

（平面）

觀眾方向

（正面）

使人消失在牆壁中的舞台裝置

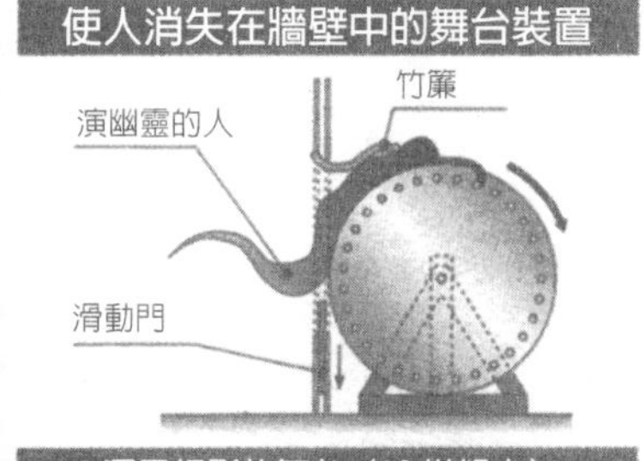
竹簾
演幽靈的人
滑動門

更換佈景

歌舞伎

豎立地板轉換場景

運用幻影的舞台（19 世紀末）

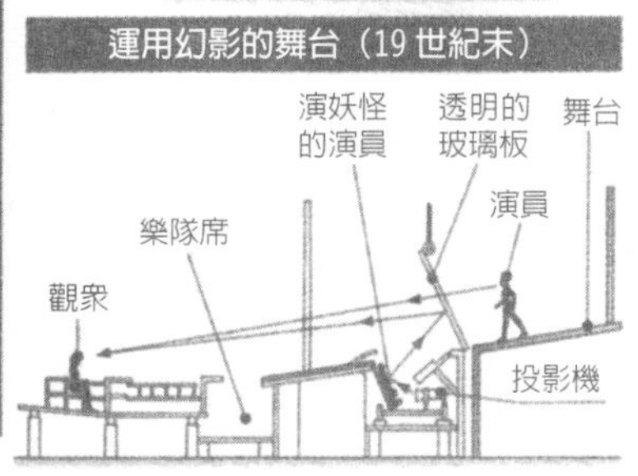
演妖怪的演員
透明的玻璃板
舞台
演員
樂隊席
觀眾
投影機

15 立體影像顯示

▼以兩眼看物體，右眼的成像和左眼的成像不同，會有視差，而視差越大越有立體感。如今已有許多戴特殊眼鏡改變成像的方法，包含：紅綠色眼鏡或偏光過濾眼鏡，使左右眼看到的影像在大腦合成為一個立體圖像；液晶護目鏡左右眼的液晶片則像眨眼一樣，輪番開闔，讓人看到不同的影像。

此外，利用透鏡亦可形成立體影像，立體影像明信片即是利用柱狀透鏡，3D電視則利用液晶投影機和透鏡螢幕達到此效果。

前景看好的全像攝影技術則利用雷射拍攝實景，再處理成立體影像。

凸透鏡

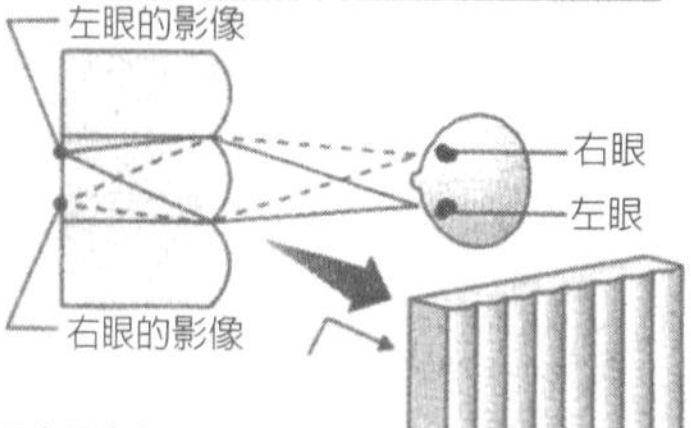

左眼的影像
右眼
左眼
右眼的影像

因右眼和左眼看到的影像不同，所以有立體感

眼鏡的原理

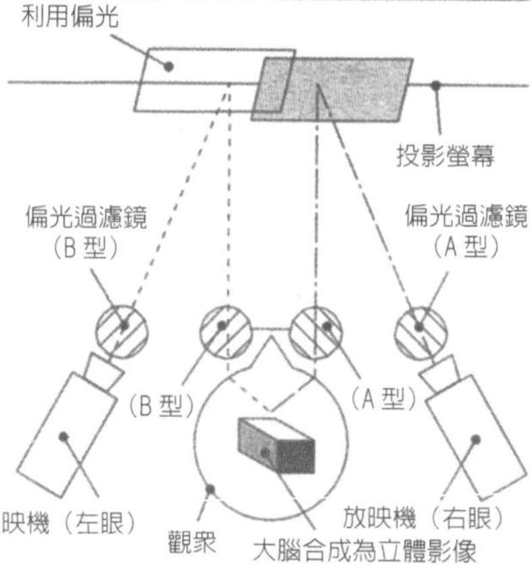

利用偏光
投影螢幕
偏光過濾鏡（B型）
偏光過濾鏡（A型）
（B型）
（A型）
放映機（左眼）
觀眾
大腦合成為立體影像
放映機（右眼）

全像攝影

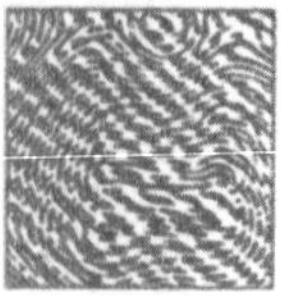

以雷射光（再現光）照射全像攝影的底片，可形成立體影像

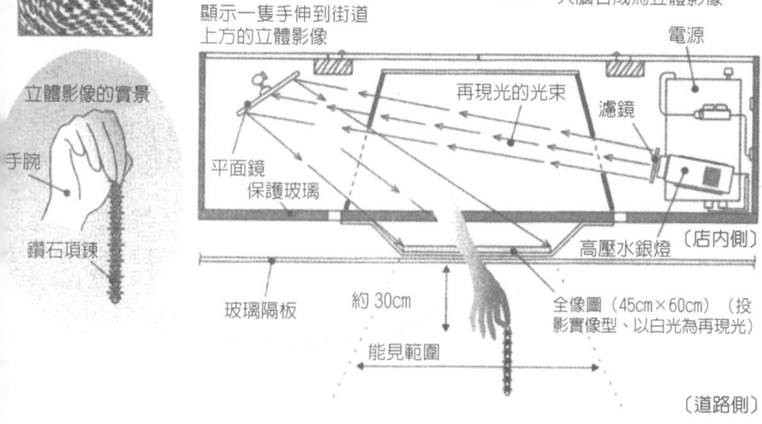

立體影像的實景
手腕
鑽石項鍊

顯示一隻手伸到街道上方的立體影像
電源
再現光的光束
濾鏡
平面鏡
保護玻璃
〔店內側〕
高壓水銀燈
玻璃隔板
約 30cm
全像圖（45cm×60cm）（投影實像型、以白光為再現光）
能見範圍
〔道路側〕

第5章
交通機械

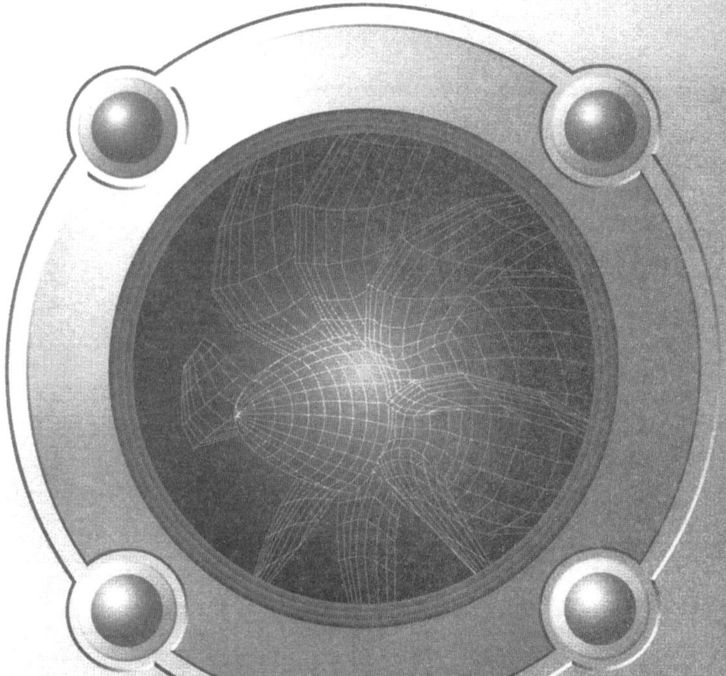

1 電動自行車

▼自行車是很方便的交通工具，但處於上坡與逆風的情況，騎自行車會很辛苦，要拚命踩才能前進。加裝電動輔助裝置，配合人力來起動馬達，會省力許多。

早期的電動自行車與現在的電動自行車不同。現在的電動自行車裝設微電腦控制系統，可控制速度，還可藉感應器測出腳踏板的扭轉力度，調節馬達的輸出功率。

若行駛速度太慢，必須加大力量去踩踏板，這時，電動自行車的引擎可以分擔一半的力量。若速度加快，人力的比例會增加，馬達系統會自動切斷，全部由人力來踩。

騎電動自行車不用考駕駛執照，且車款有很多種：折疊式、前輪驅動、後輪腳踏板驅動等，方便實用。

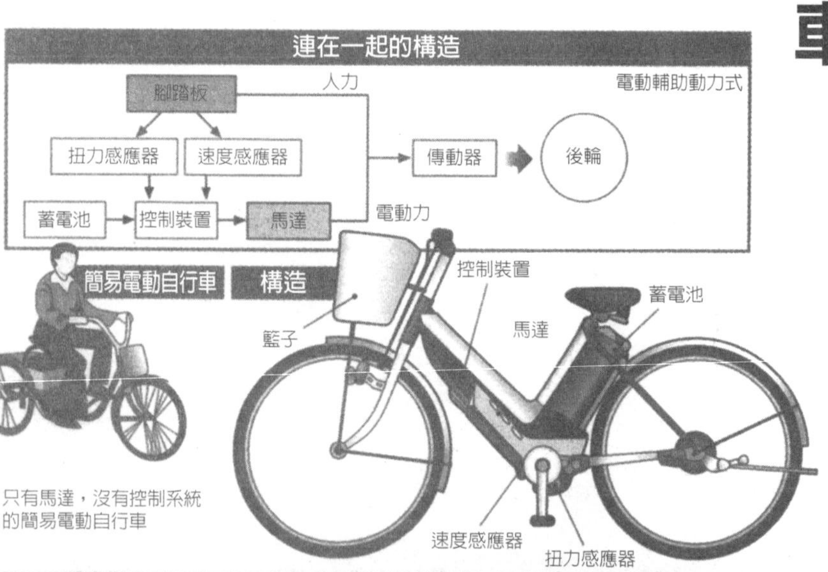
連在一起的構造
電動輔助動力式
腳踏板
人力
扭力感應器
速度感應器
傳動器
後輪
蓄電池
控制裝置
馬達
電動力
簡易電動自行車
構造
控制裝置
蓄電池
馬達
籃子
速度感應器
扭力感應器

只有馬達，沒有控制系統的簡易電動自行車

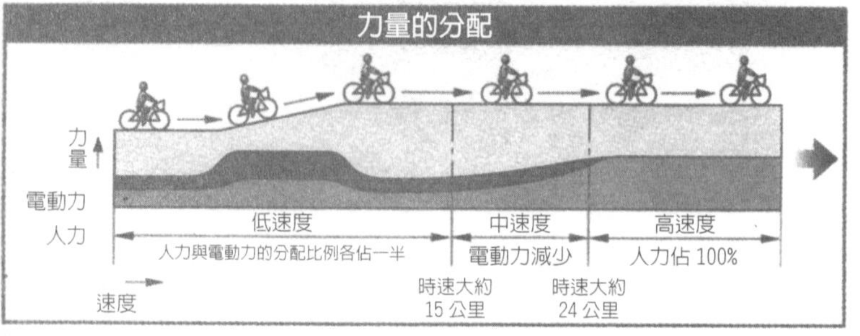
力量的分配
力量
電動力
人力
低速度
中速度
高速度
人力與電動力的分配比例各佔一半
電動力減少
人力佔 100%
速度
時速大約 15 公里
時速大約 24 公里

2 空中纜車

▼空中纜車像架在空中的橋樑，一般設在地形險要之處，用鋼絲擰成鋼纜，搭載車廂，供人搭乘或裝載貨物。由於構造簡單，所以建設費用低，工期短。

除了架在空中的支索，還要有曳索才能夠讓車廂行駛。運作方式為：曳索拉動車廂，使車廂的滑輪於支索上移動。

支索與曳索合而為一、不停止運轉的單線自動循環式纜車是目前的主流。

滑雪吊椅是將座位固定於支索，不停地運行。當高速的吊椅進入站台，吊椅上面的握索裝置會自動脫離曳索，停下吊椅，要出發時，再自動抓住曳索。

空中纜車可以做到毫不誤點，非常適合通勤，是新的交通形式。在國外，許多大城市已開始嘗試將空中纜車當成日常交通工具，但它不能抵抗強風，易於搖晃，所以可使用的範圍有限。

新型都市交通工具

對駛式

結構（以循環式為例）

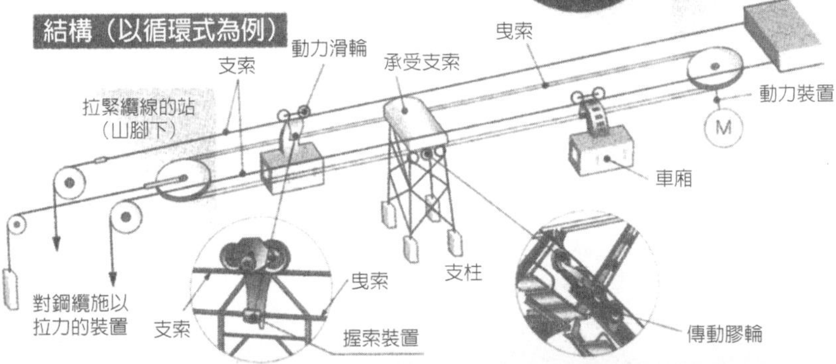

動力站（山頂）
曳索
動力滑輪
承受支索
支索
動力裝置
拉緊纜線的站（山腳下）
M
車廂
曳索
支柱
對鋼纜施以拉力的裝置
支索
握索裝置
傳動膠輪

方式	
纜線	單線…支索和曳索合成1根 雙線…支索1根，曳索1根，合計2根 3根線…支索1根，曳索2根，合計3根 4根線…支索2根，曳索2根，合計4根
運行	對駛式…車廂交錯運行 循環式…曳索為環狀連續循環

滑雪吊椅（單線循環式）

1人座
4人座

3 新式交通系統

▼新式交通系統有各種類型，其中以輪胎式捷運系統（RTRT，又稱膠輪路軌系統）為主，在混凝土的路面，行駛橡膠輪胎的車輛，由導引軌來控制行進方向。新式交通系統一般為無人駕駛，噪音小。

輪胎式捷運系統的軌道為高架化，用電腦控制，可以安全運行。車體重量輕，加速能力佳，可急速轉彎。

輪胎式捷運系統的動力和電車一樣，由馬達驅動，所以不會排廢氣，不造成空氣污染。

導引軌分為側式導引與中央導引兩種方式，日本大多採用側式導引。轉彎則像小客車一樣，用轉轍器來改變輪胎方向。

對此系統來說，使橡膠輪胎不爆破，是最重要的。對策如下：使用氨基甲酸乙酯輪胎與鋁芯。

此系統的動力與電車相同，卻用四個輪子行走，猶如一台馬達，裝上差動齒輪，來驅動前後車輪，傳動方法與小客車一樣。

沿著導向軌行駛

導向方式

側向導向方式

中央導向方式

構造

車輛

集電裝置

動力線

行駛導向輪

導向軌

分岔路導向輪

控制系統線

橡膠輪胎

行駛路線（混凝土）

那麼，它如何轉向呢？辦法有好幾種，日本採用標準可動導向板，在行駛導向輪的下部裝設分岔導向輪，使行駛導向輪接觸到側面的導向板，即可轉換方向。

此系統的月台會設置自動門，在列車入站時，月台的自動門與車廂的門同時打開，供乘客上下車。如此一來，月台即可用牆圍起來，不用採開放式月台，避免月台上的乘客淋到雨。

此系統由中央指揮中心統一管理，以電腦統一控制，而不以信號燈控制車輛的運行，改以感應器來檢測是否有爆胎，成功達成無人駕駛。

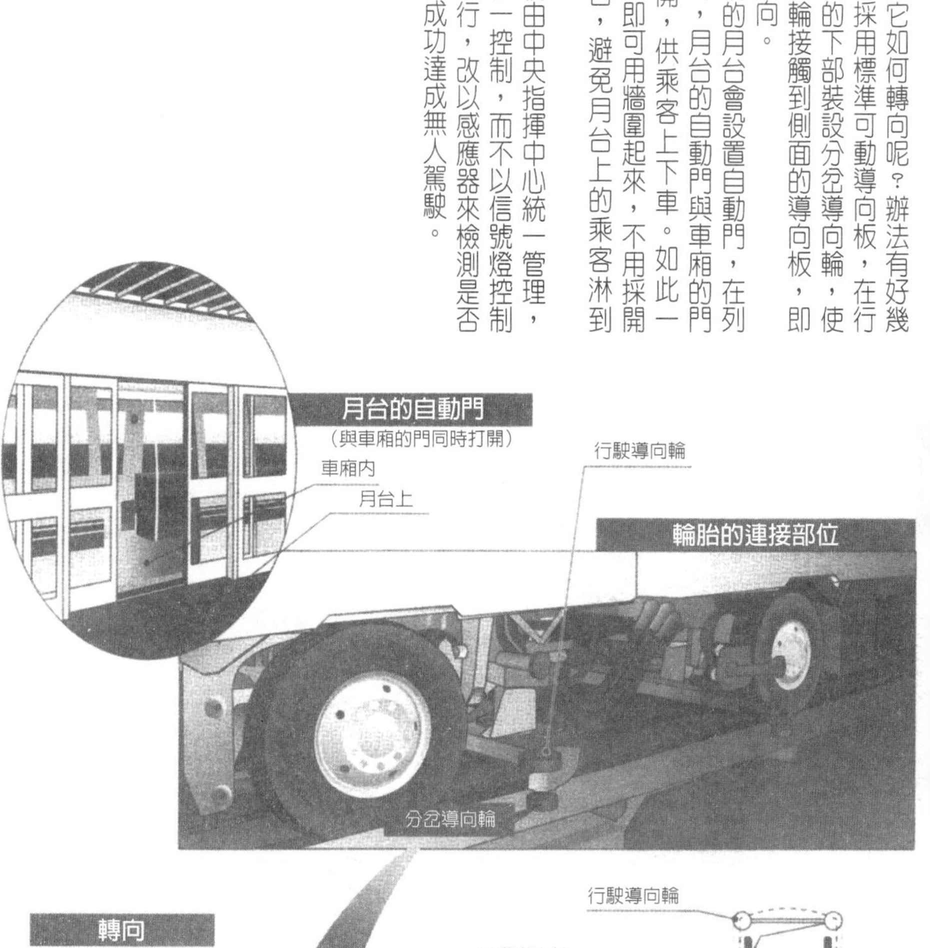
月台的自動門
（與車廂的門同時打開）
車廂內
月台上
行駛導向輪
輪胎的連接部位
分岔導向輪
轉向
固定導向板
可動導向板
分岔點
分岔導向輪
行駛導向輪
導向軌面
轉向機制

4 自動連結器

▼一九二五年七月，日本全國的鐵路車廂皆由螺絲連結，改成自動連結器，工程浩大，史無前例。

以前用人力去解開、掛上車廂之間的連結器，非常危險，而自動連結器的動作又快又準，保證安全。自動連結器的構造是由下一車廂的鉤爪和這一車廂的軛所組成，用鎖固定兩者，且兩者都是以強韌的鑄鋼製成。

鉤爪與軛中間有間隙，行駛會發出噪音，因此電車需用緊密型連結器，這種連結器不只連結車廂，也可藉此連結空氣管和控制電線。

緩衝器能以橡膠和油壓的作用，緩和連結器的振動。此外，有的調車場會使用助人解開連結器的機器人，也有可由駕駛室遙控操作的連結器。

動　作

●開始連結　連結車廂的鉤爪

●完成連結　鎖

舊式螺絲連結裝置

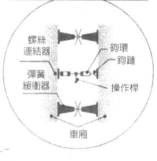

螺絲連結器

鉤環

鉤鏈

彈簧緩衝器

操作桿

車廂

貨車等的並列型自動連接器

間隙

鐵製鎖具

緩衝器

鉤爪

軛

車廂側

電車的緊密型連結器

連結動作

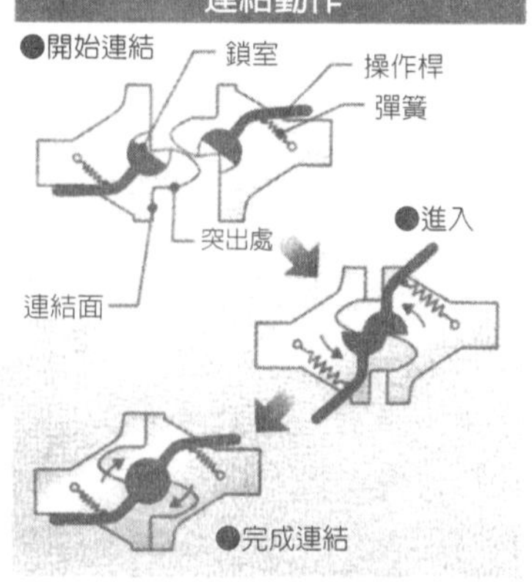
●開始連結
鎖室
操作桿
彈簧
突出處
連結面
●進入
●完成連結

5 防止橫向滑動的煞車器

▼小客車在雨中或雪地緊急煞車，雖可停下車輪，卻易打滑，無法以方向盤控制車的方向。

在鎖定輪胎前，慢慢踩下煞車，或是不要一下子踩到底，而是斷斷續續地輕踩煞車，皆可防止車輪打滑。此外，也可使用專門防止橫向滑動的煞車。

這種煞車的主要零件是速度感應器，以及檢測加速度的G感應器。電腦系統接到信號便會算出最適合的油壓，發出指令，調節煞車的油壓。

這種方式原本用於防止飛機打滑與控制飛機滑行距離，多虧電子電路與控制閥的進步，如今已應用於一般的汽車。

飛機防止打滑（橫向滑動）的方式

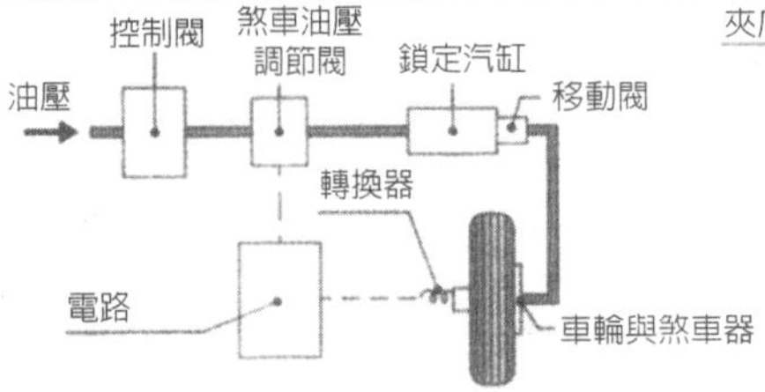

油壓
控制閥
煞車油壓調節閥
鎖定汽缸
移動閥
轉換器
電路
車輪與煞車器

煞車器

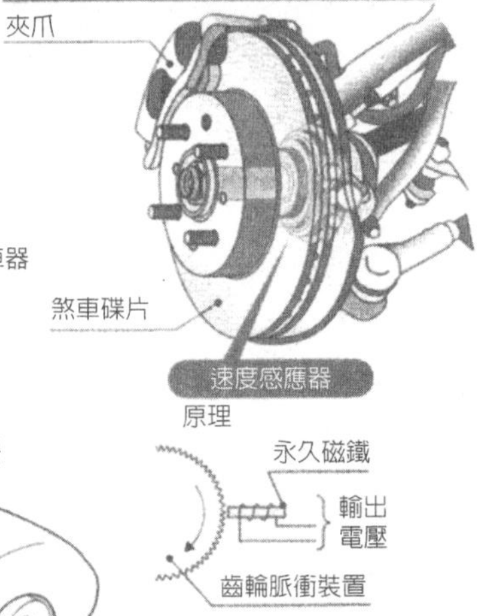

夾爪
煞車碟片
速度感應器
原理
永久磁鐵
輸出電壓
齒輪脈衝裝置

轎車的防鎖死煞車器

（以三感應器．三頻道為實例）

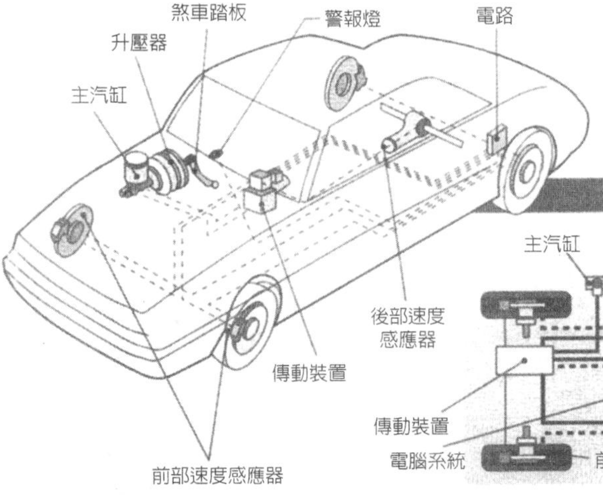

煞車踏板
警報燈
電路
升壓器
主汽缸
後部速度感應器
傳動裝置
前部速度感應器

一般的連接

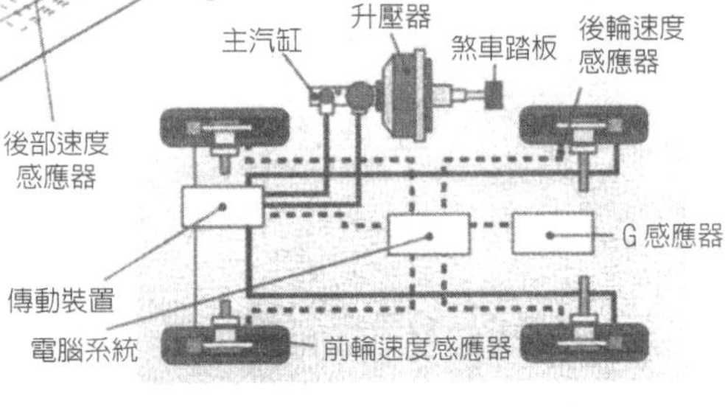

升壓器
主汽缸
煞車踏板
後輪速度感應器
G 感應器
傳動裝置
電腦系統
前輪速度感應器

6 電子控制燃料供給裝置

▼汽油引擎將空氣和燃料混合成混合氣，以此燃燒運轉。為了達到最佳的燃燒狀態，燃料比例需微調，而電子控制燃料供給裝置能做到這點。

開發此裝置的目的有二：提高引擎性能，以及減少空氣污染。

其中，以電子控制燃料噴射器為主流，但也有比較便宜的電子控制化油器。

電子控制化油器是傳統化油器的電子化，基本的構造沒變，一樣可以測排氣的氧氣濃度，起動的條件仍用感應器來判斷，再決定氣和燃料的適當比例。

電子控制燃料噴射器不用化油器，直接將汽油噴射入吸氣管或汽缸，且猶如柴油引擎，以普通的電氣火花來點火。

電子控制燃料噴射器的系統主要由感應器、電子控制單元（ECU）、噴射裝置構成。感應器會將空氣的量、水溫和轉數等條件傳給電子控制

燃料噴射方式

噴射閥
吸氣閥
火星塞
吸氣
排氣
噴射閥
噴射吸氣管
噴射汽缸

原理

空氣
吸氣管壓力
吸氣管
轉速
各種應感器
引擎
噴射裝置
燃料
電子控制單元
控制噴射量

構造

噴射閥
燃料泵
燃料暫存室
燃料壓力調整器
控制器
水溫感應器
空氣調整器
節流閥的開關
冷天用起動閥

單元，再根據這些信息操控燃料噴射閥。

電子控制燃料噴射器比電子控制化油器，更會控制空氣與燃料的比例，不僅可以提高輸出與加速能力、節省燃料，還可以降低廢氣的有害物質濃度，備受好評。

此噴射裝置由燃料泵、調整器（能使燃料保持一定壓力）及噴射閥構成。噴射閥由內部電磁線圈的電流來控制，藉打開上部針型閥的時間長短，來控制噴射量。

小客車引擎的電子控制燃料供給裝置不只可以控制噴射的燃料，還可以控制點火進角、慢車轉速等，它所搭載的微電腦已由二位元發展成十六位元，今後用於減少汙染的噴射裝置，處理的數據量大增，所以會達到三十二位元。

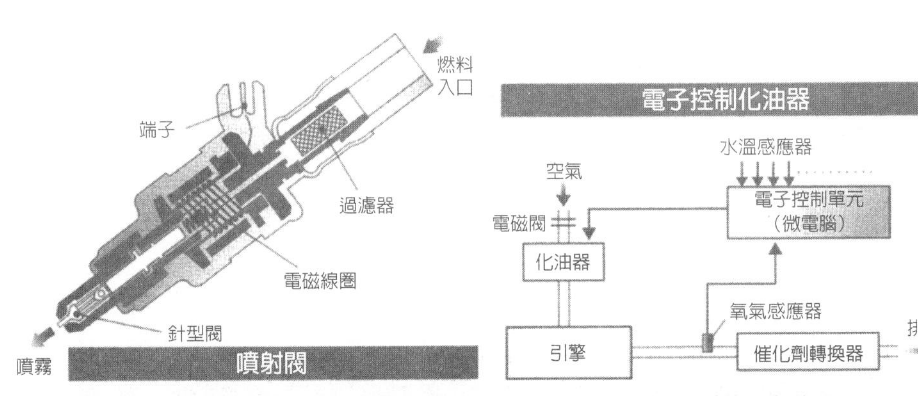
燃料入口
端子
過濾器
電磁線圈
針型閥
噴霧
噴射閥
電子控制化油器
水溫感應器
空氣
電子控制單元（微電腦）
電磁閥
化油器
氧氣感應器
引擎
催化劑轉換器
排氣

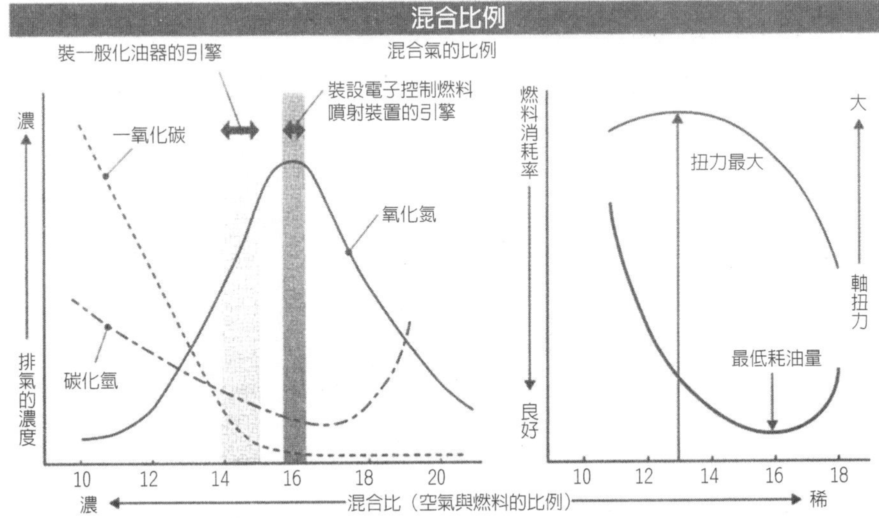
混合比例
裝一般化油器的引擎
混合氣的比例
裝設電子控制燃料噴射裝置的引擎
濃
一氧化碳
氧化氮
碳化氫
排氣的濃度
燃料消耗率
良好
大
扭力最大
軸扭力
最低耗油量
10
12
14
16
18
20
10
12
14
16
18
濃
混合比（空氣與燃料的比例）
稀

7

鐵道號誌

▼號誌用不同的顏色、聲音等來表示指令，現在多用各色燈號來表示，此外，因為鐵路可發出信號的距離比公路遠，故鐵路號誌自動化的時間比公路早，也較安全。

鐵路號誌裝在鐵軌左側的正上方。一列行駛中的列車，它周圍固定範圍內的鐵軌，會形成電流通路，打出紅色信號燈（號誌），警告其他列車，以免發生列車互撞的意外。

高鐵車速太快，用其他的號誌會不易辨認，所以採用車內信號。駕駛座的速度計會顯示限速，一般與ATC（自動列車控制系統）一起使用。

日本與英國的陸路交通採用左側通行，而歐美其他國家多採用右側通行。信號燈的配置與這有較大關係，道路信號燈的紅色燈是最重要的，所以各國都特別詳細規定排列位置。

鐵道的地面號誌

● 顏色燈式 { R…紅色 Y…黃色 G…綠色

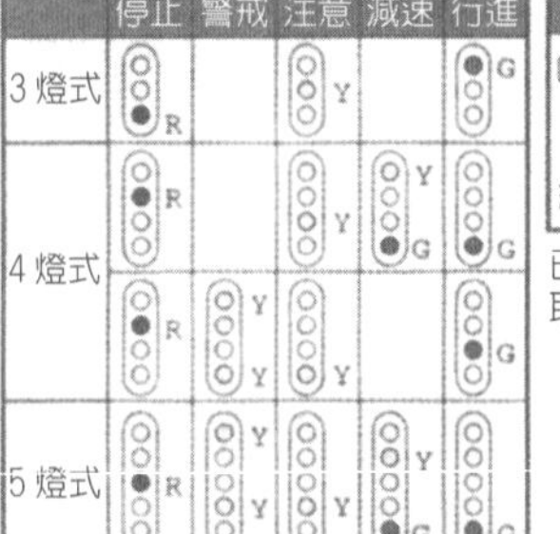

	停止	警戒	注意	減速	行進
3燈式	R		Y		G
4燈式	R		Y	Y G	G
	R	Y Y	Y		G
5燈式	R	Y Y	Y	Y G	G

●信號桿式

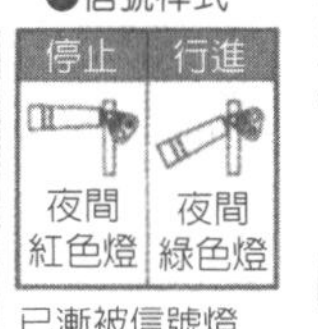
停止
行進
夜間
紅色燈
夜間
綠色燈

已漸被信號燈取代

自動號誌的構造

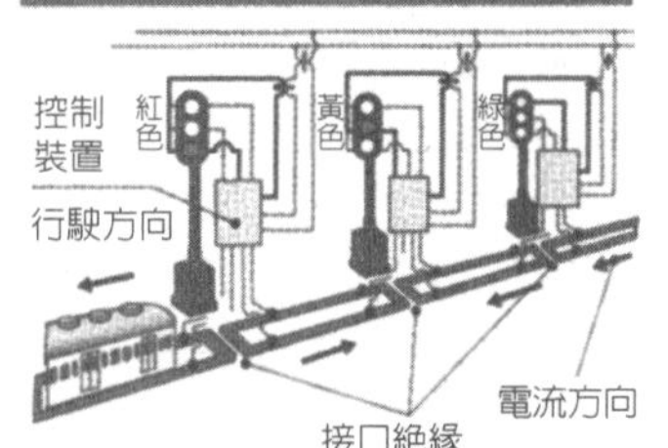
控制
裝置
紅色
黃色
綠色
行駛方向
電流方向
接口絕緣

道路的信號燈

（以計時器或外部的指示來控制）

綠黃紅
橫式

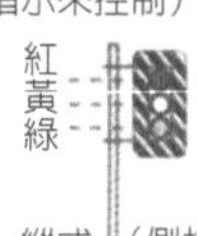
紅
黃
綠
縱式
（側柱式）

車內信號

以日本新幹線為例

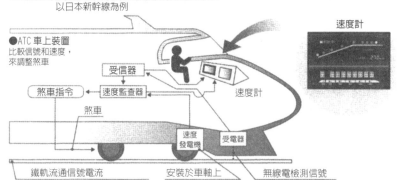

●ATC 車上裝置

比較信號和速度，
來調整煞車

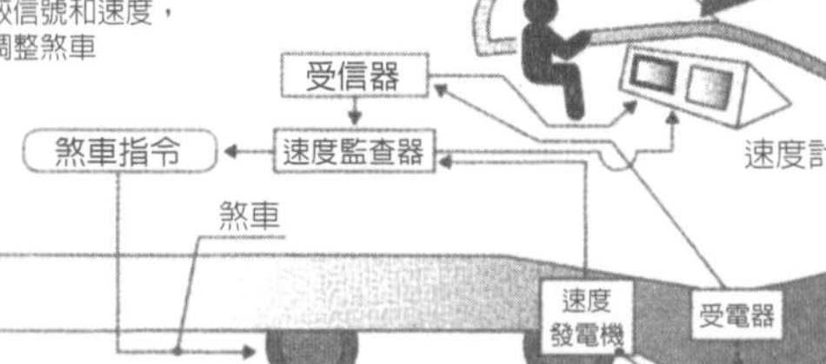
受信器
煞車指令
速度監查器
速度計
煞車
速度
發電機
受電器
鐵軌流通信號電流
安裝於車軸上
無線電檢測信號

速度計

8 快速帆船

▼快速帆船分為小艇和遊艇（風帆推動式）兩種。小艇的體積小，座位為開放式，底部有中心安定板。遊艇的體積大，適合遠航，設有渦輪機，有出入港口所需的引擎。

風帆由主帆和挺杆帆構成，另外還有順風帆。對船帆來說最重要的是，剖面必須有彎度，像飛機翼一樣，藉以產生升力，成為快艇航行的動力。

風不只會推動船向前，還可將船往橫向推，因此需要穩固船身的中心安定板和配重龍骨。在水中，側面的阻力使船身平衡，因此帆船能以鋸齒狀的航線逆風而行。

快艇的船體以FRP（纖維強化高分子複合材料）製成，帆是用滌綸（PET）或尼龍等合成纖維製成。此外，美國盃帆船賽所用的船使用了很多新技術來開發，例如風洞技術。

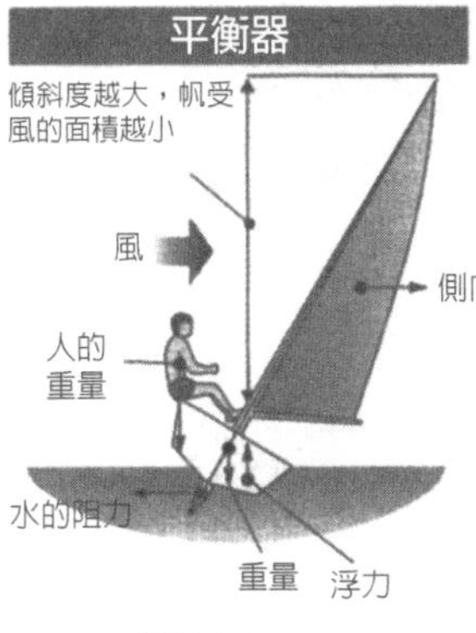

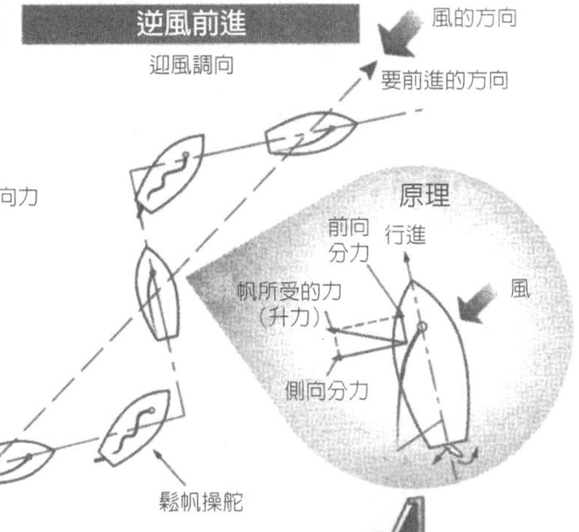

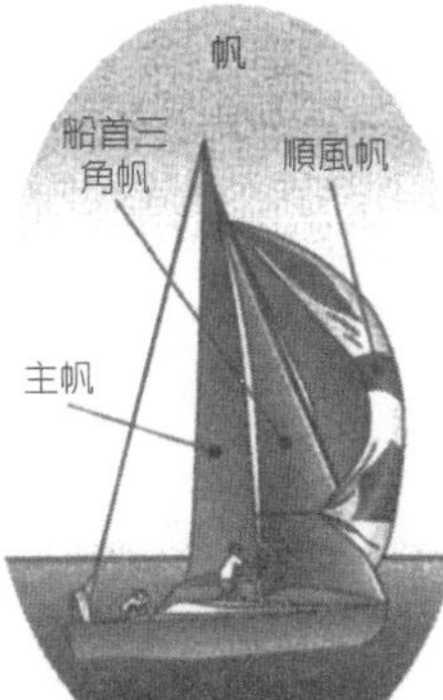

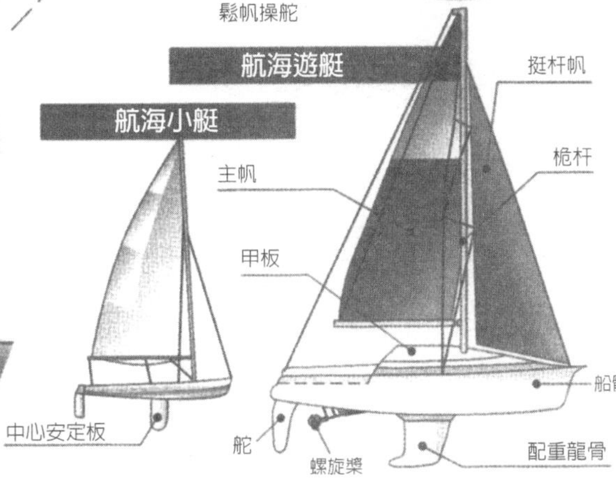

平衡器
傾斜度越大，帆受風的面積越小
風
側向力
人的重量
水的阻力
重量
浮力
逆風前進
迎風調向
風的方向
要前進的方向
原理
前向分力
行進
風
帆所受的力（升力）
側向分力
將船定向，使風能從斜前方吹來
鬆帆操舵
帆
船首三角帆
順風帆
主帆
航海遊艇
挺杆帆
航海小艇
桅杆
主帆
甲板
船體
中心安定板
舵
螺旋槳
配重龍骨

9 高速船艦

▼船很難高速化，為了減少水的阻力，需將船身變細，可是太細會翻船，所以開發了雙體船和三體船。連體船能從橫向支持船身，有效提高船速。

雙體船與普通的單體船同屬排水型，水中的船體體積是浮力的來源，因此較易大型化。水翼船則靠水中翼的升力來航行，這種船較難大型化。

穿浪雙體船的船首為尖狀，主船體抬高，減低船首的浮力，較不會搖晃。

小水線面雙體船（又稱半潛雙體船）的船體形似潛艇，潛在水面下，再以支柱將上船體（客艙）支撐於水面上。此船的吃水面積小（吃水線不能太高），所以比較不會隨浪搖晃，適合載客，但不適合承載數量變化大的貨物。

陸路交通擁擠，海路寬闊，所以有很多貨物都以高速船艦運送，用於此途的高速船艦，速度可達五十海浬（時速九十二公里），載貨量為一千噸，繼航距離為五百海浬（九二六公里）。

「悠閒號試驗船」

超細長雙船體

尖頭船

雙體船

（兩個船體）

「速度號 G.B.」船曾在一九九〇年以時速36.65海浬（時速67.44km）橫渡大西洋，榮獲了藍綬帶獎

種　類

基本型

水面效果型（SES）

（當空氣壓力作用時）

半潛型（SWATH）

半潛型雙體船的構成

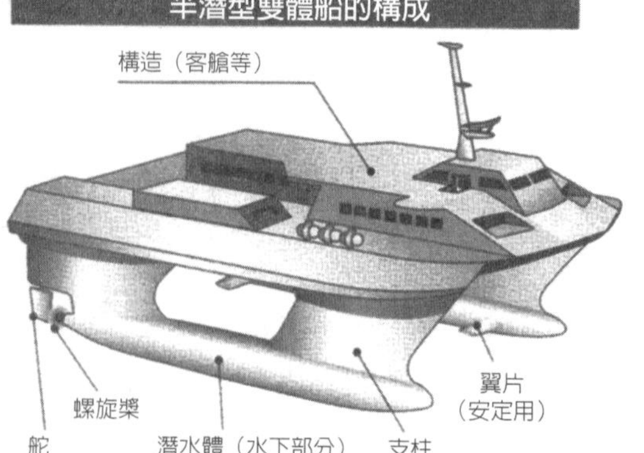
構造（客艙等）
翼片
（安定用）
螺旋槳
舵
潛水體（水下部分）
支柱

TSL（日本新型高速船艦）是為了達到這個航行速度而開發的試驗船，不然一般船型為了達到此航行速度，必須配置巨大的馬力，難以實用化。

現在的高速船艦動力一般多用燃氣渦輪引擎，並以水噴射方式來推進。

另外，除了運用GPS和自動航運功能，高速船艦還用了許多現代化系統，在自動化上，有顯著發展。

超導電磁推進船先進的引擎備受矚目，但它必須在海中通電，可能會有安全問題，故只應用於水面效應船（氣墊船，SES）。

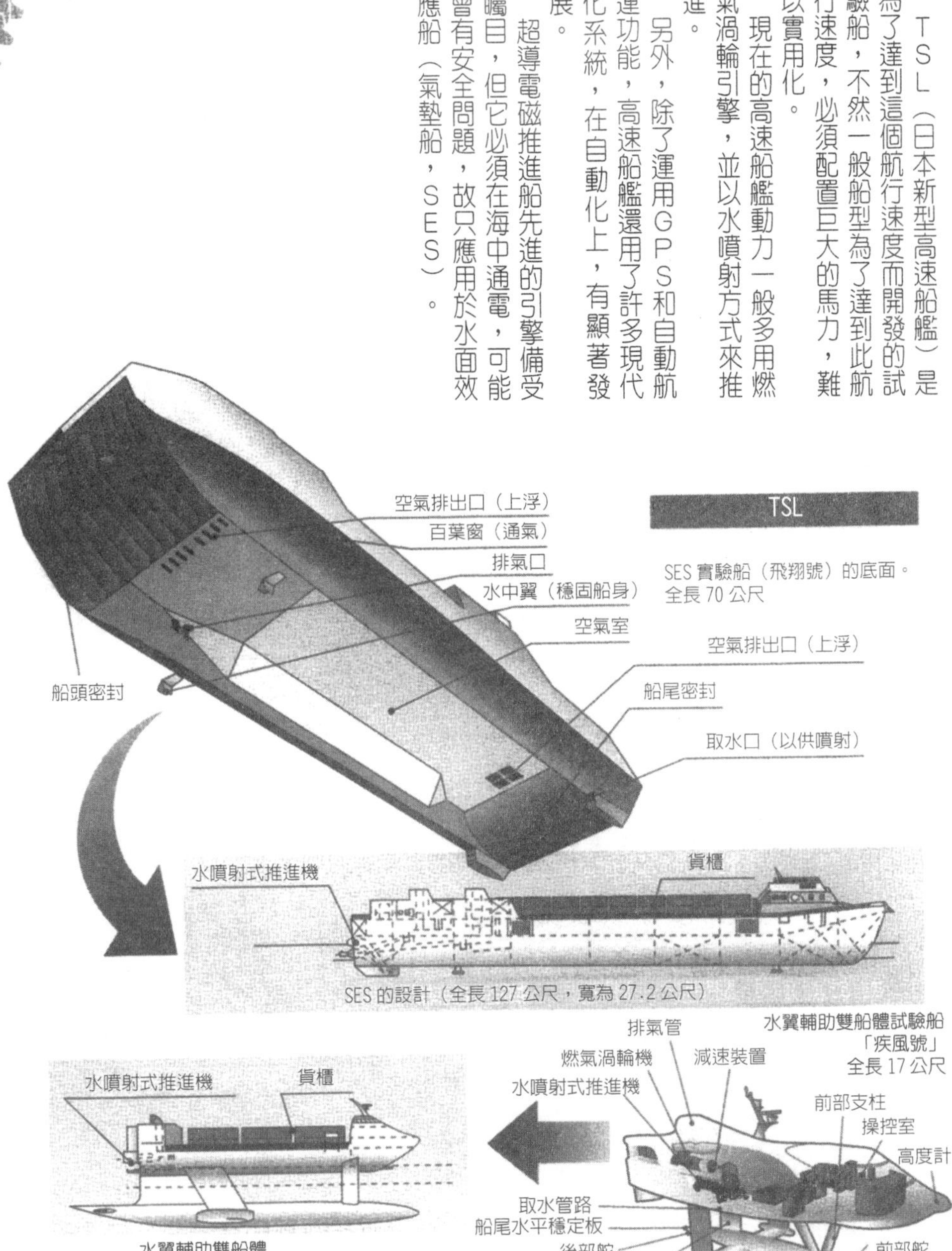
TSL
空氣排出口（上浮）
百葉窗（通氣）
排氣口
水中翼（穩固船身）
空氣室
空氣排出口（上浮）
船尾密封
取水口（以供噴射）
船頭密封
水噴射式推進機
貨櫃
水噴射式推進機
貨櫃
排氣管
燃氣渦輪機
減速裝置
水噴射式推進機
前部支柱
操控室
高度計
取水管路
船尾水平穩定板
後部舵
前部舵
後部支柱
主翼
邊側支柱
沉水體
船首水平穩定板

SES 實驗船（飛翔號）的底面。全長 70 公尺

SES 的設計（全長 127 公尺，寬為 27.2 公尺）

水翼輔助雙船體試驗船「疾風號」全長 17 公尺

水翼輔助雙船體

（水面下）中央船體全長 85 公尺
（水面上）船體寬 37 公尺

10 船的防搖裝置

▼一般的船因船身細長皆易搖晃，尤以橫向搖晃對船的損害最大，因此船需要防搖裝置。

防搖鰭（減搖鰭）是裝在船身兩側的長形鋼板，可增大船隻搖晃的阻力，讓船較穩定。

鰭片穩定器可使防搖鰭微調動作，產生升力，平衡防搖鰭的角度。

鰭片穩定器有兩種，一種固定安裝在船上，一種可以卸下，稱為收藏式鰭片穩定器。

防搖鰭是日本人發明的（元良信太郎，一九二〇年出生），是防止船身晃動的主要方法。

減搖水艙裝置也可以減少船身晃動。在船身兩側裝水艙，連接有閥的水管，以控制水艙的水流方向，阻止船身搖晃。這方法也可防止船身的縱向晃動，控制停船的船身姿勢。

陀螺儀亦可防止搖晃，但這方式太浪費，所以一般是用小型陀螺感應器，它可發出信號啓動防搖鰭，保持船身的穩定。

利用翼片

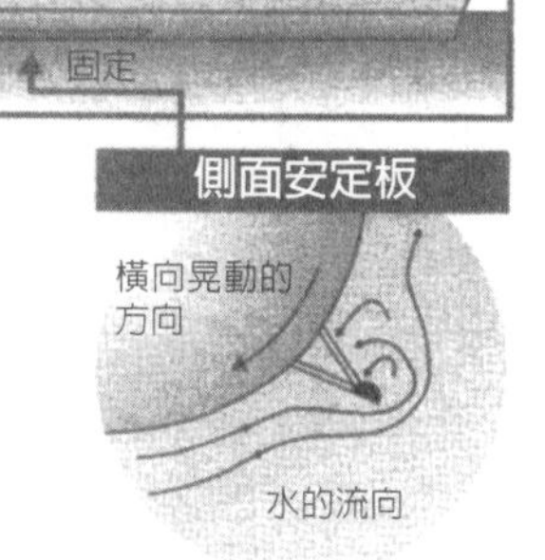
可動
固定
側面安定板
橫向晃動的方向
水的流向

翼片・穩定器

恢復的方向
浮力
水的流向

收藏式穩定器的安裝部分

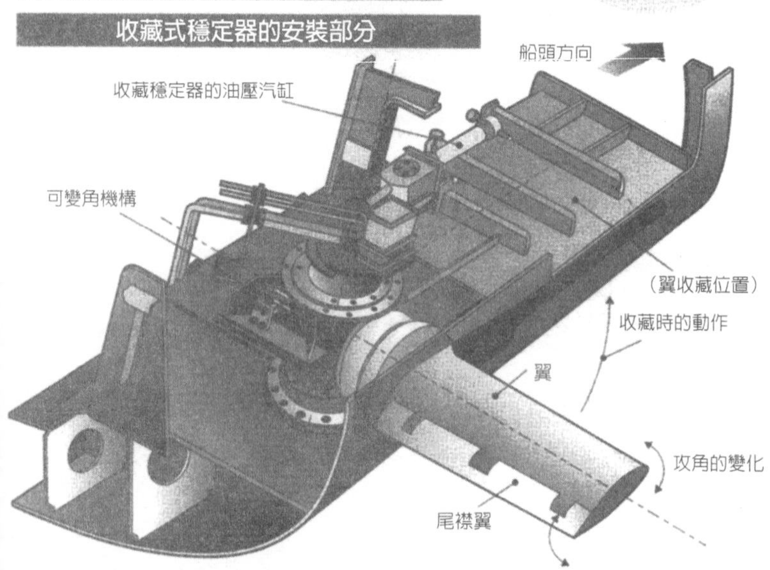
船頭方向
收藏穩定器的油壓汽缸
可變角機構
（翼收藏位置）
收藏時的動作
翼
攻角的變化
尾襟翼

無論是橫向、縱向，還是上下晃動，皆會造成乘客暈船。為了減少暈船，可採用分離式設計，把客艙安裝在一個支架結構上，減緩波浪打在船身的力量。

因為啓動了許多防搖裝置，所以行駛中的船比停在海面上的船更穩定。一般船艙中的床位都會沿船的前進方向架設，這是為了防止橫向搖晃造成暈船。

船體　客艙（與船體分開）　支柱

減緩搖晃力量的支柱

減搖水艙

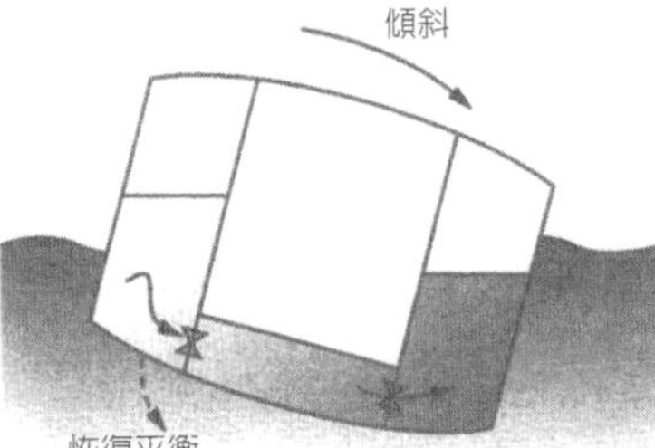
傾斜
恢復平衡

陀螺儀

利用又重又大的陀螺儀控制鰭片

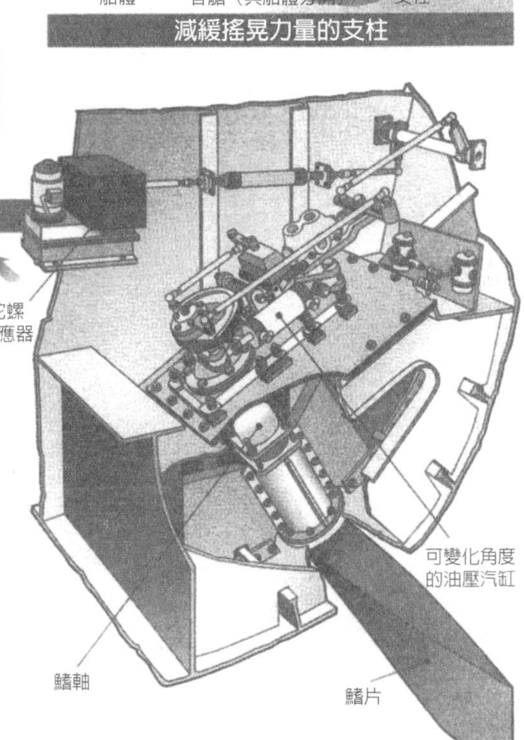
陀螺
感應器
可變化角度
的油壓汽缸
鰭軸
鰭片

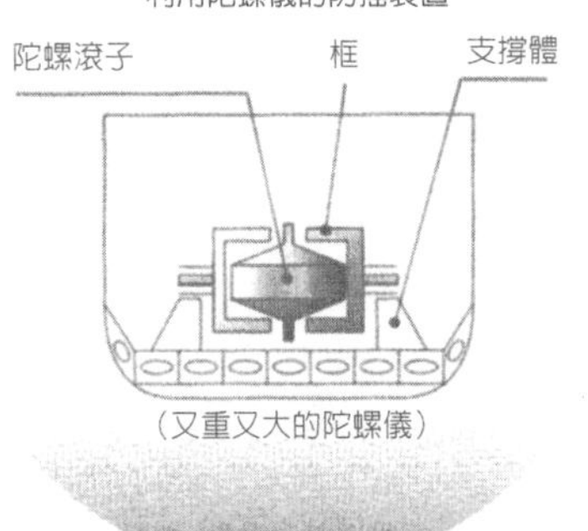
利用陀螺儀的防搖裝置
陀螺滾子
框
支撐體
（又重又大的陀螺儀）

11 垂直式推進器

▼與普通的螺旋槳相比，使用垂直式推進器（VSP推進器）的船可以隨機應變，執行全方位的複雜動作——前進、停止、橫向行駛，而且不必使用方向舵。

主要零件是設在船底的葉輪，葉輪上裝有三到六根槳翼。各個槳翼以連桿連接在一起，控制中心點的位置決定槳翼的移動，不只可以沿圓周轉動，還可以改變各槳翼的傾斜角度。

將某側槳翼的傾斜角度加大，另一側的槳翼角度調小，水流即會朝向另一側，使船往傾斜角度加大的那一側前進。各槳翼都設為相同傾斜角度，推進器只會空轉，此時若水流橫向流動，船身即會不停旋轉。

垂直式推進器主要應用於經常離岸靠岸的渡船、港內小汽艇，以及大型船的拖船等，有時也應於需要動態定位的救難船以及消防船。

可變的動作

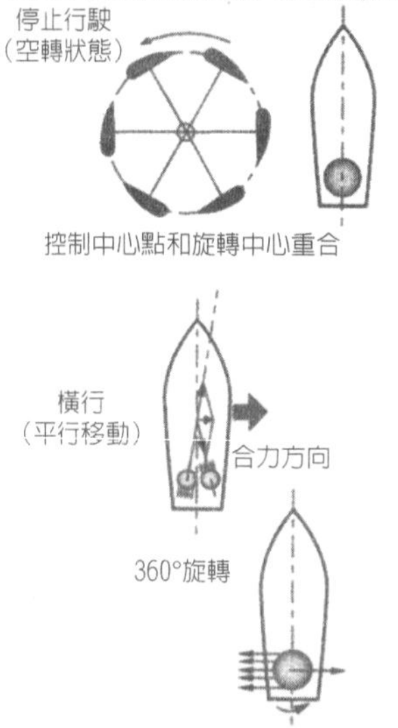

停止行駛（空轉狀態）

控制中心點和旋轉中心重合

橫行（平行移動）

合力方向

360°旋轉

設置處

（雙螺旋槳式船底）

動　作

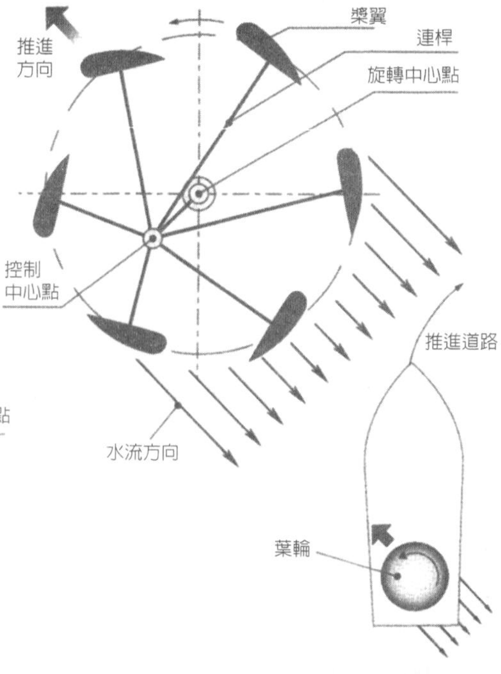

推進方向

槳翼

連桿

旋轉中心點

控制中心點

水流方向

推進道路

葉輪

葉輪的構造

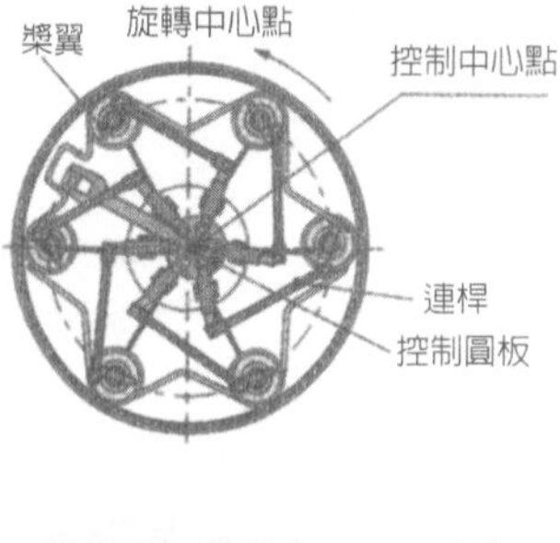

槳翼

旋轉中心點

控制中心點

連桿

控制圓板

12 超音波測距儀與定位儀

▼為了探測水域的深度與打撈物品，需用超音波測距儀，而非電波。超音波在水中的傳播速度約為一秒鐘一千五百公尺，它碰到物體會折回來，因此可依超音波來回的時間，算出距離。

超音波是人類聽不到的高頻率聲波，能以固定方向，集中能量地傳遞，進行精密的探測。與此相比，低頻率的聲波則可探測遠距離、大體積的物體。

魚群探測器就是應用超音波的反射來探測魚群和海床的情況，算出魚群所處的水中深度。超音波以脈衝的形式放出，再以電腦處理反射回來的超音波，即可從影像和數據看出海中的情況。

超音波定位儀以超低頻的超音波，搜尋海中標的物，例如：潛水艇。它也可以接收他人發出的超音波，判斷對方的所在方位與體積。

（彩色映像管）

顯示裝置

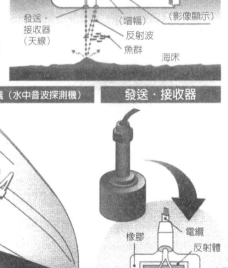

魚群探測機

裝置

（調制）

（發出信號）

（魚群）

（海底）

（影像顯示）

（增幅）

發送・接收器（天線）

反射波

魚群

海床

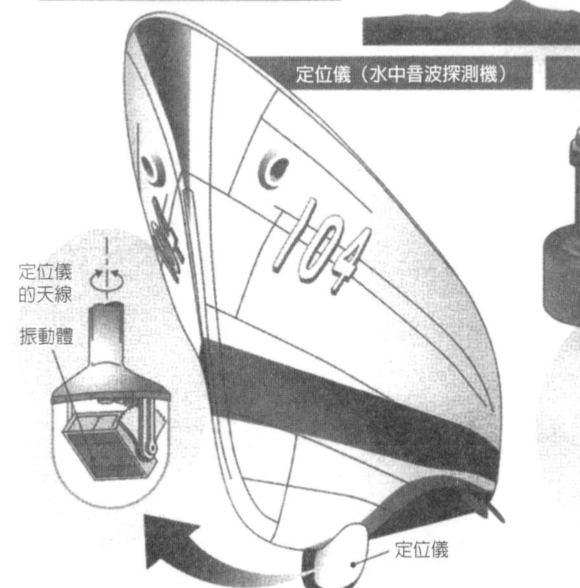
定位儀（水中音波探測機）
定位儀的天線
振動體
定位儀

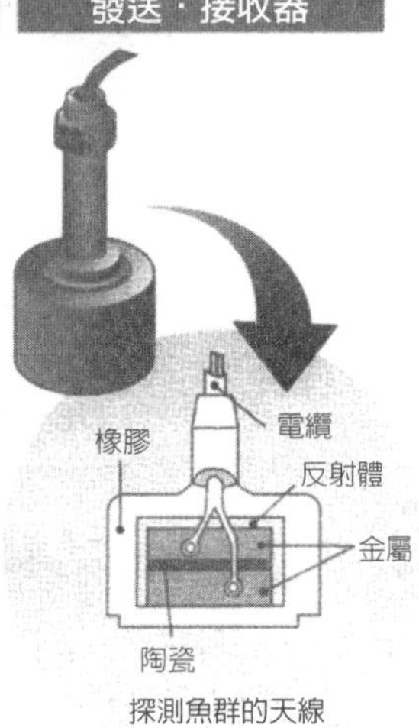
發送・接收器
橡膠
電纜
反射體
金屬
陶瓷
探測魚群的天線

13 渦輪式螺旋槳

▼噴射式飛機的轟鳴聲令人難以忍受，所以有很多機場只接受螺旋槳飛機。渦輪式螺旋槳就是為此而開發的。

渦輪式螺旋槳以渦輪噴射引擎來推動新型螺旋槳，大幅提升螺旋槳的推力，且增加了排氣的推力，因而得以高速化與縮短飛機滑行距離。

許多引擎會將兩個螺旋槳前後排列，兩者以反向轉動，形成雙重反轉的結構。相較於單一的螺旋槳，這種結構的後流（尾流）更平直，效率高，直徑較小。

為了節省能源，美國曾積極開發渦輪式螺旋槳，但因為有振動、噪音和性能等方面的問題，所以這項研究已暫時擱下。蘇聯末期設計的An-70飛機就是這種渦輪式螺旋槳的應用。

螺旋槳

特徵為多葉片式與後退角的寬幅翼

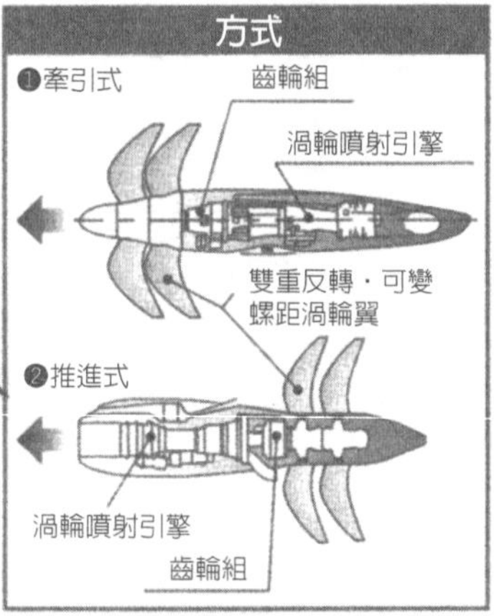

方式

❶牽引式
齒輪組
渦輪噴射引擎
雙重反轉・可變螺距渦輪翼

❷推進式
渦輪噴射引擎
齒輪組

翼片的構造
橫樑為鋁或鋼
外皮為FRP

安東諾夫飛機 An-70

（蘇俄／烏克蘭）

前面八個翼，後面六個翼，皆是雙重反轉式的渦輪翼。引擎為 14000 軸馬力×4。最大可載四十七噸的重量，時速可達八百公里

14 輔助動力裝置（APU）

▼準備起飛的大型噴射飛機從機尾噴出的煙霧，是輔助動力裝置（APU）燃氣渦輪的排氣。

飛機的引擎與其他儀器，都需要大量的壓縮空氣和電力來驅動。飛機的主引擎在飛行中會同時供給多種動力，而主引擎若停止，則由輔助動力裝置APU來提供動力。

輔助動力裝置APU裝有燃氣渦輪，易於從內部的壓縮機抽出高壓空氣，也可用燃氣渦輪的輸出軸來發動引擎，從而得到電力，驅動油壓泵。

啓動輔助動力裝置APU需用機上搭載的蓄電池，以電力來啓動輔助動力裝置APU的起動馬達。飛機飛行中一般不使用輔助動力裝置APU，但必要時它也能自動啓動。

電力與空壓的動力源

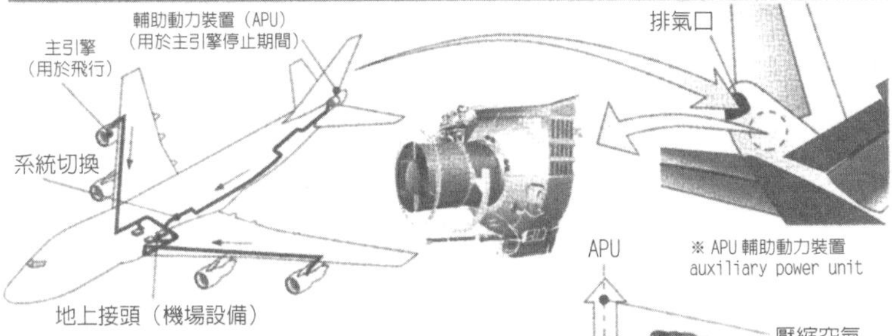

輔助動力裝置（APU）
（用於主引擎停止期間）
主引擎
（用於飛行）
系統切換
地上接頭（機場設備）
排氣口
APU
※ APU 輔助動力裝置
auxiliary power unit
壓縮空氣

構　造

起動馬達
齒輪裝置
空氣入口
渦輪
排氣
發電機等的
驅動裝置
燃燒室
壓縮機

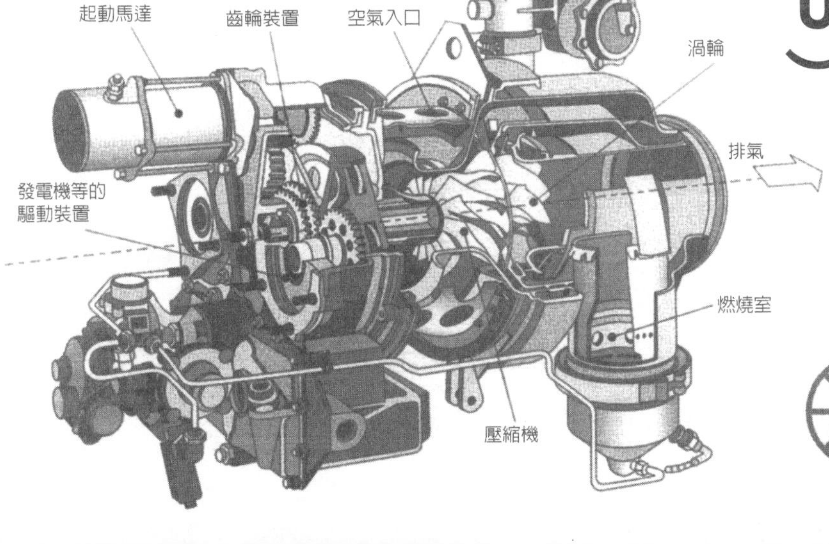

15 通話與飛行資料記錄器

▼飛機失事，必須先找到通話記錄器與飛行資料記錄器。通話記錄器可以記錄事故發生前的真實對話，為查明事故原因提供寶貴的證據。

通話記錄器可以記錄駕駛艙內的對話、操作的聲音、通信的聲音和其他雜音。它會在三十分鐘內持續錄音。飛行資料記錄器可以將飛機的飛行高度、速度、垂直加速度等資料記錄下來。

以前的通話記錄器採用不鏽鋼製錄音帶，現在大多採用磁帶或數位，有的飛機則使用IC記憶器。

通話記錄器裝在一個耐熱、耐衝擊、防水的堅固密閉容器中（黑盒子），安裝於不易受衝擊的飛機後部。若飛機沉入水中，水銀電池會發出超音波（距離可達四公里），可幫助水中搜尋作業。

CVR

（座艙・通話記錄器）

通話記錄器（錄音機）

控制盤

（話筒監控器）

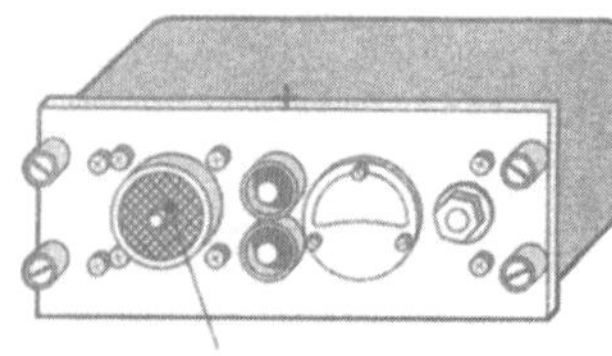
氣動話筒

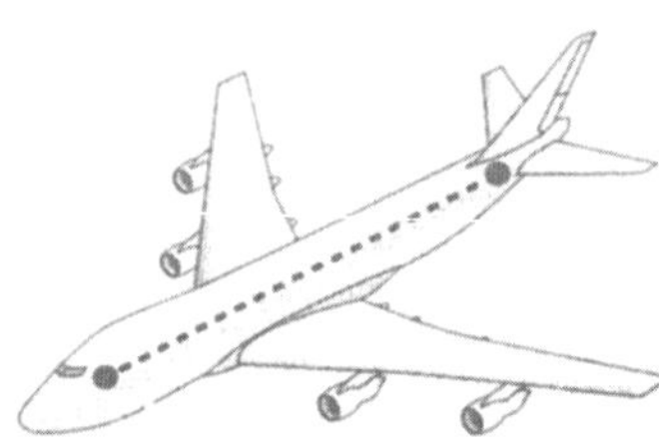

飛行資料記錄器（FDR）構造

處理過的飛行資料記錄實例

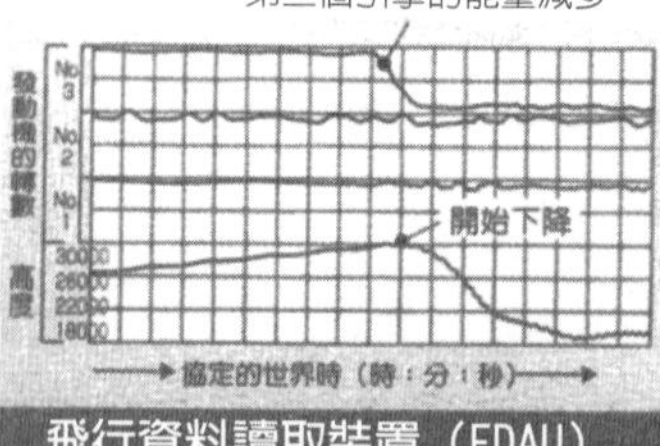
第三個引擎的能量減少
開始下降
發動機的轉數
No3
No2
No1
高度
30000
26000
22000
18000
協定的世界時（時：分：秒）

飛行資料讀取裝置（FDAU）

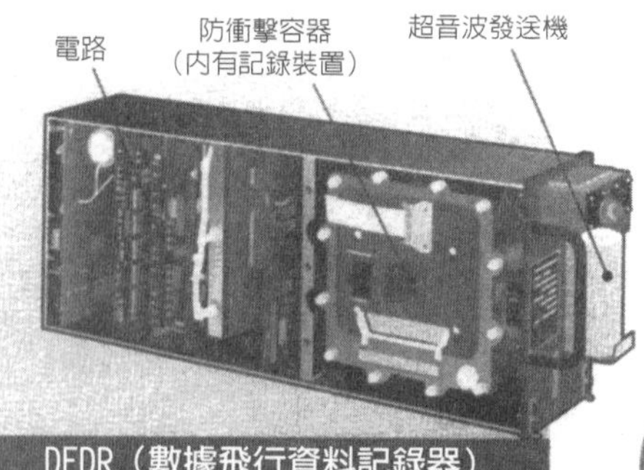
電路
防衝擊容器（內有記錄裝置）
超音波發送機

DFDR（數據飛行資料記錄器）

第6章
戰爭機械

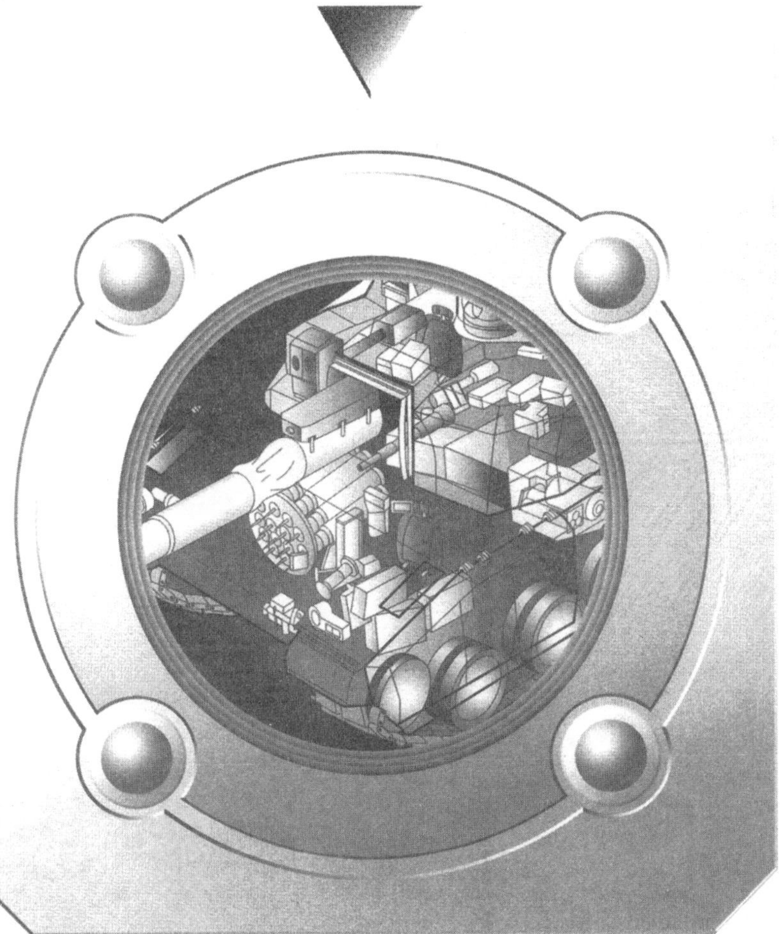

1 坦克車

▼坦克車是移動式砲台，在厚實的裝甲防護下，以強大火力進攻。坦克車的行走道路不受限制，可進行野外作戰，是陸戰的武器之王。如今，主戰坦克（MBT）更備受重視。

坦克車的車輪是履帶式，所以施於地面的壓力非常小，約是馬腳壓力的一半，幾近人腳的壓力，所以可在軟質地面上行駛。

坦克車的行動非常自由，機動力高，可以登坡、橫向通過山腰，兩側的履帶可以相互逆轉使整車原地旋轉。

水陸兩用坦克車的水密構造，可以通過淺水灘，於水中行駛。

最近坦克車的主砲以滑膛砲為多。滑膛砲的砲管內部光滑，沒有螺旋砲的螺紋溝。

砲彈為有翼彈，初速度大，裝甲穿透力強。

主砲塔前的裝甲最厚、最硬，側面裝甲的厚度只有前面裝甲的三成，後部裝甲則更薄。為了加強防禦能力，坦克車採用陶瓷和鋼組成的複合裝甲。

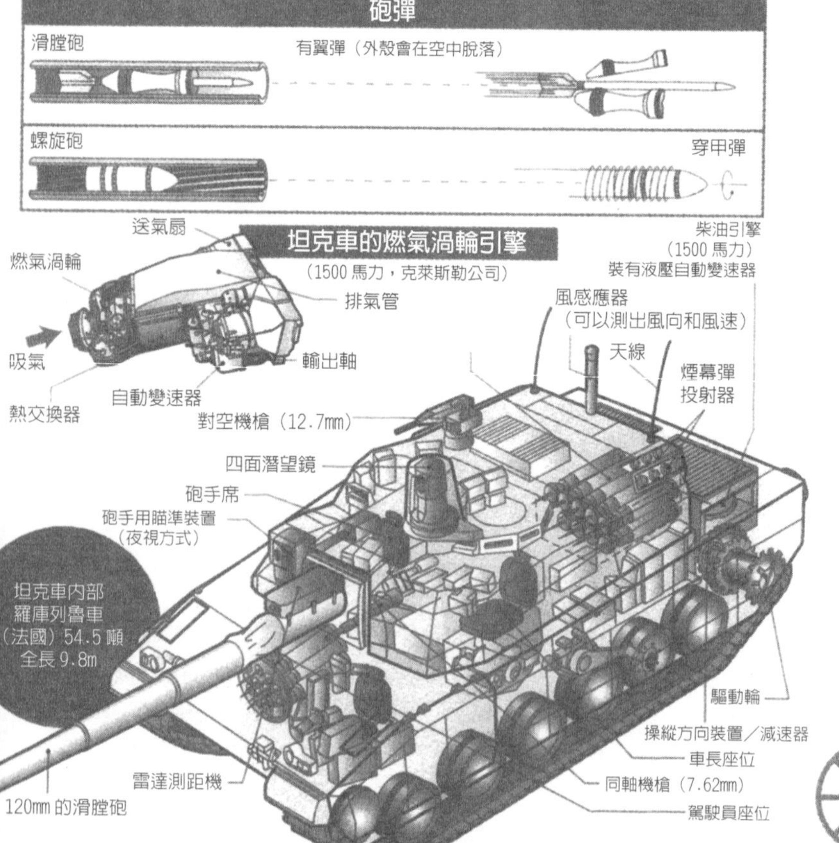
砲彈
滑膛砲
有翼彈（外殼會在空中脫落）
螺旋砲
穿甲彈
坦克車的燃氣渦輪引擎
（1500 馬力，克萊斯勒公司）
送氣扇
燃氣渦輪
排氣管
吸氣
輸出軸
自動變速器
熱交換器
柴油引擎
（1500 馬力）
裝有液壓自動變速器
風感應器
（可以測出風向和風速）
天線
煙幕彈
投射器
對空機槍（12.7mm）
四面潛望鏡
砲手席
砲手用瞄準裝置
（夜視方式）
坦克車內部
羅庫列魯車
（法國）54.5 噸
全長 9.8m
驅動輪
操縱方向裝置／減速器
車長座位
同軸機槍（7.62mm）
駕駛員座位
雷達測距機
120mm 的滑膛砲

坦克車的紅外線夜視裝置可在夜間或能見度不高的環境中，藉由熱輻射，探測敵人輪廓；星光夜視鏡則能以電子的方式，加強微弱的光線。

坦克車引擎的燃料消耗量必須小，且不易失火，現以柴油引擎為主流，而燃氣渦輪引擎的體積小，重量輕，輸出功率大，不必暖車即可發動，雖然燃料消耗大，但仍可用於坦克車。

現在的坦克車已自動化、電子化，主砲會根據瞄準指示器的方向來攻擊目標，也可自動裝填砲彈，因此坦克車內的操作人員（包括裝填砲手），只要四到三個人。

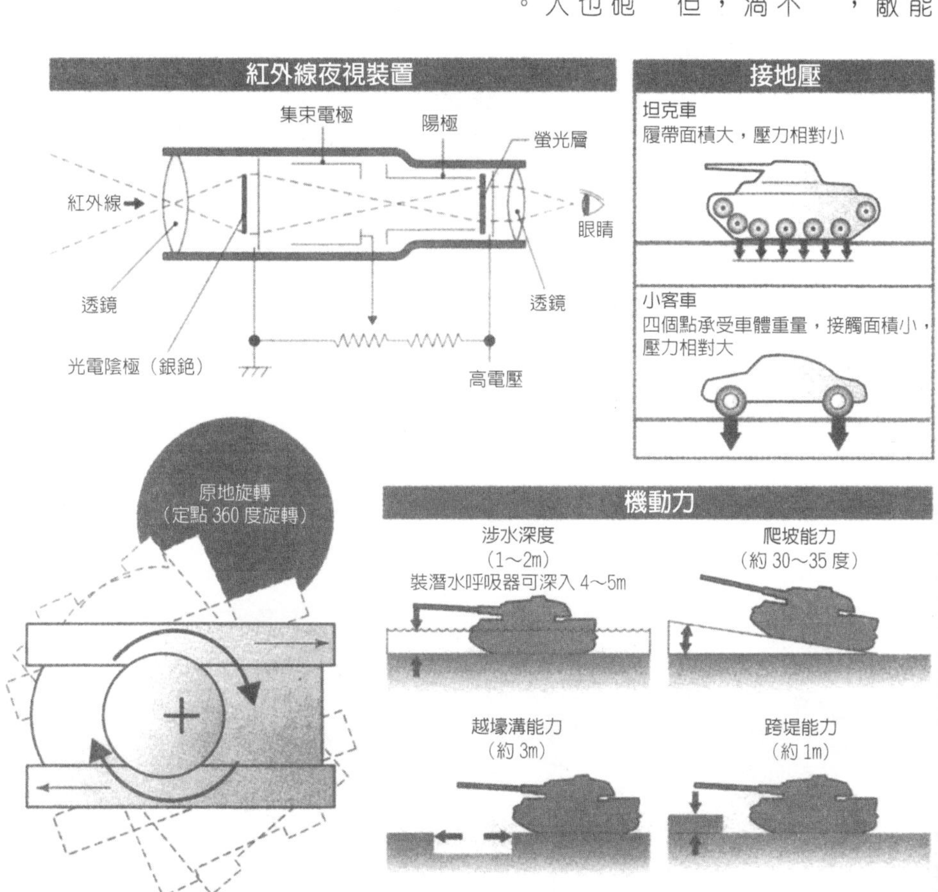
紅外線夜視裝置
集束電極
陽極
螢光層
紅外線
眼睛
透鏡
透鏡
光電陰極（銀銫）
高電壓
接地壓
坦克車
履帶面積大，壓力相對小
小客車
四個點承受車體重量，接觸面積小，壓力相對大
原地旋轉
（定點 360 度旋轉）
機動力
涉水深度
（1～2m）
裝潛水呼吸器可深入 4～5m
爬坡能力
（約 30～35 度）
越壕溝能力
（約 3m）
跨堤能力
（約 1m）

2 地雷

▼地雷可攻擊壓過它的坦克車和士兵，屬於埋伏式武器，而以人為攻擊對象的地雷大小只有數公分。雷管是起爆裝置，不只會因腳踏的壓力爆炸，有的地雷連磁力和聲音的微小壓力都可引發爆炸，非常難以對付。如果地雷的外殼是金屬，可以用金屬探測器來發現它，如果是塑料便很難發現。探測地雷可用地下雷達和超音波，但以探針或利刀等人工作業來探測地雷，還是比較確實，至今仍是探測地雷的主要方法。發現地雷的處理辦法是拔去雷管，引爆地雷。也可在坦克車等堅固車輛前面，裝上滾子或犁等，將地雷壓碎，或者挖出來，也可用搖控車輛來進行。

現在有許多地雷會主動攻擊目標。以直升機為目標的地雷或火箭彈大多會埋伏起來，等目標降落，再藉聲音感應器瞄準低空的目標，自動追尾發射。

以直升飛機為目標的新型地雷

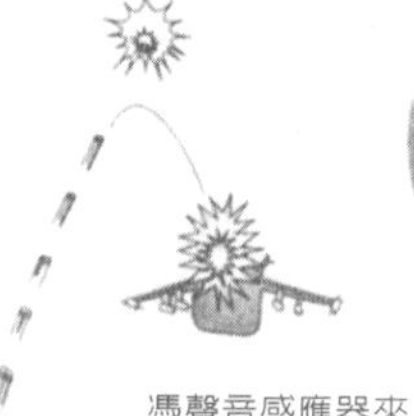

憑聲音感應器來探測目標，自動追蹤、發射

地雷處理壓路機

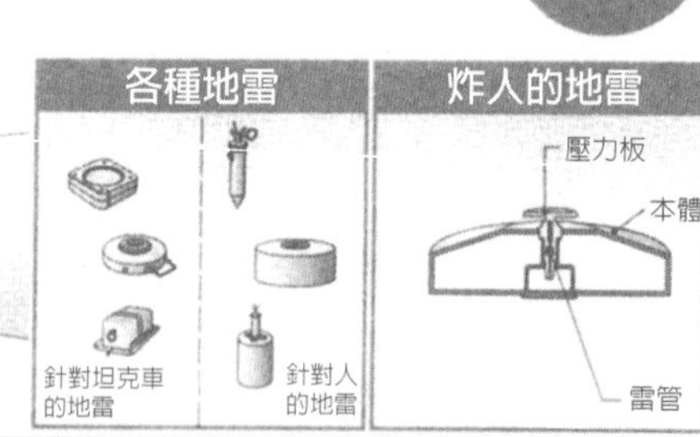
各種地雷
針對坦克車的地雷
針對人的地雷
炸人的地雷
壓力板
本體
雷管

針對坦克車（履帶戰車）的地雷

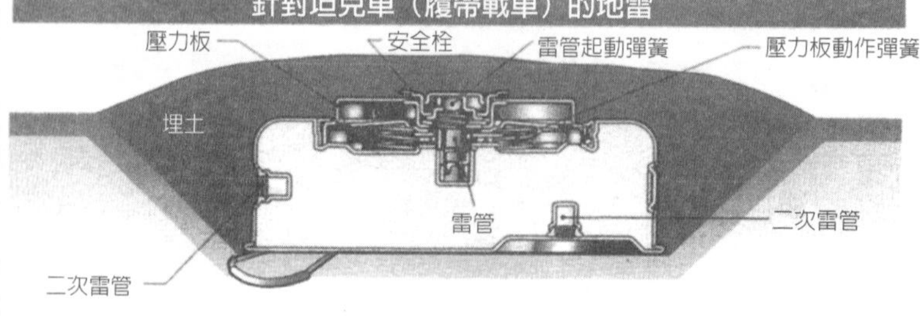
壓力板
安全栓
雷管起動彈簧
壓力板動作彈簧
埋土
雷管
二次雷管
二次雷管

3 蒸汽彈射器

▼以前用氣壓和油壓的發射裝置使飛機快速起飛，但機身很重，所以效果不佳，現在多採用強力的蒸汽彈射器，尤其是航空母艦。

航空母艦的飛行甲板上，看似只有一條筆直的溝槽，但下面其實有兩個並行的汽缸，汽缸的活塞在高壓蒸汽的作用下，會帶動牽引梭來發射飛機。

在不到一百公尺的距離中，要使沉重的噴射式飛機加速到兩百多公里，並飛起來，約需要相當於六萬馬力的能量，因為汽缸的體積很大。

汽缸側面有一個縱向的裂縫，可使牽引臂從活塞中伸出來，為了不讓蒸汽洩漏，特別用帶狀的柔軟金屬做為密封材料。這些措施都是為了產生巨大能量的精心設計。

航空母艦發射飛機

發射裝置
艦載飛機
飛行甲板
噴射導向裝置

側面圖（連接圖）

牽引臂的歸位裝置
牽引臂
高壓汽缸
活塞
煞車器
蒸汽罐
蒸汽供應管

（左）氣缸內部

按壓臂
蓋
蓋
密封材料
汽缸
按下臂
高壓汽缸
導向環
活塞
臂（與右氣缸側連接）→梭
壓力承受面
蒸汽

平面圖（配置圖）

活塞
煞車器
梭的連接部
高壓汽缸
發射軌道（甲板的溝）

4 航空母艦

▼航空母艦是海戰的主力，可以發射噴射式飛機。美國的海軍最具有代表性，它的大型航空母艦用核能來推進，排水量超過十萬噸，海軍六千人，可搭載將近一百台飛機。

現代的航空母艦有三大法寶：斜角甲板、發射器、飛機降落導向裝置，另外，停機纜線和屏蔽牆等獨特技術也很重要。

斜角甲板的構想來自英國，美國使之實用化，斜角甲板是外斜八度的非對稱附屬結構，飛機可以降落於斜角甲板，在直線甲板起飛。兩甲板分開使用，即可進行同時降落與起飛的複合演練。

航空母艦的飛機起降方式：起飛用發射器，降落用纜繩拉住降落的飛機。飛機要起飛，得先打開甲板上的偏流板，使噴出的熱風往旁邊吹。此外，自動降落技術也已開發完成。

核能推進利用原子反應爐的熱能產生蒸汽，以帶動渦輪，只要填充核燃料，就可以使用十年。沒有煙囪，且發射器可以大量消耗蒸汽，是核能推動航艦的特徵之

非對稱巨型船體

CVN-74 約翰 C・斯托尼斯（美國）

〈內部〉CVN-6B 尼米斯（美國）

對空雷達
塔台
升降機開口部
停機庫
飛行甲板
4 軸式螺旋槳
原子動力推進裝置

〈設備〉CVN-72 愛伯拉海姆・林肯號（美國）

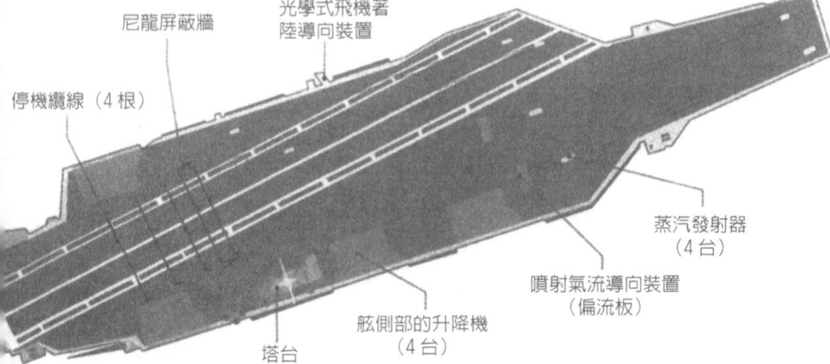
尼龍屏蔽牆
光學式飛機著陸導向裝置
停機纜線（4 根）
蒸汽發射器（4 台）
噴射氣流導向裝置（偏流板）
舷側部的升降機（4 台）
塔台

一。

飛機降落導向裝置可以為飛機駕駛員引導降落的路徑，現在的主流是以彩色信號燈來引導，使飛機駕駛員容易判斷是否能降落。其中以並列環透鏡的指示燈最常見，它被設置於船身的中央部位。

飛機降落要放下尾部的掛鉤，勾住甲板的纜線。一般都是用纜線將機體勾住，以油壓緩衝裝置來煞車，若有異常要馬上立起屏蔽牆，使飛機停下來。

此外，裝載V／STOL（垂直／短距起降機）的航空母艦可裝載英國獵鷹式V／STOL攻擊機，它在母艦的甲板前端，設置了可以幫助飛機升空的斜坡起飛滑台。

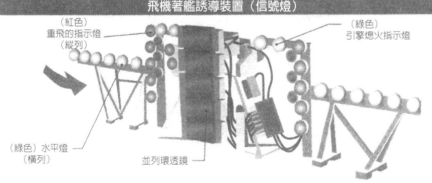

V/STOL 航空母艦

起飛滑台

維拉多號（印度）
（由英國的航空母艦哈爾米斯改裝而成）

飛機降落於航空母艦的角度

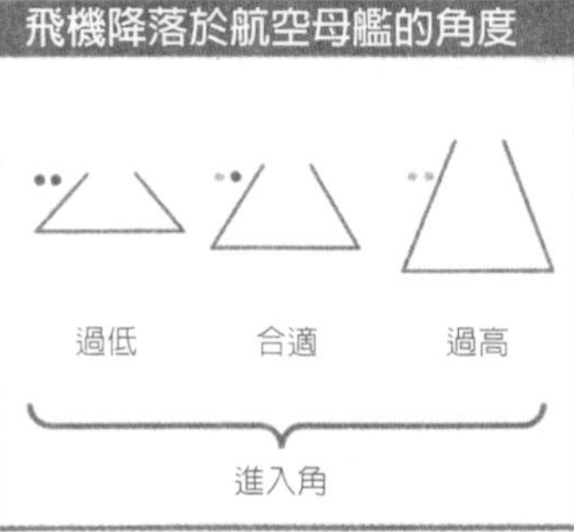
過低
合適
過高
進入角

停機纜線

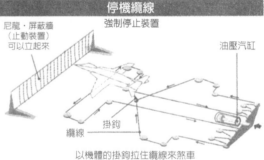

強制停止裝置

尼龍・屏蔽牆
（止動裝置）
可以立起來

油壓汽缸

掛鉤

纜線

以機體的掛鉤拉住纜線來煞車

飛機著艦誘導裝置（信號燈）

（紅色）
重飛的指示燈
（縱列）

（綠色）
引擎熄火指示燈

（綠色）水平燈
（橫列）

並列環透鏡

5 潛水艇

▼潛水艇被稱為「海中忍者」，核子動力潛艇的出現，使潛水艇的發展邁出一大步。

核子動力潛艇可以深潛在海底環繞地球一周，也可潛入北極海的冰層底下，再由太平洋或大西洋浮上來。

高性能的潛水艇潛到水下的深度可超過九百公尺，水中最高時速可達四十海浬（時速七十四公里）以上，甚至可以在水下連續潛伏幾個月。

巨型潛水艇在水中的排水量可達兩萬五千噸。

潛水艇為淚滴形，這使它在水中所受的阻力只有一般水上船隻所受阻力的三成。潛水艇的水罐裝滿海水，潛水艇就會下沉；以高壓空氣擠出罐中的海水，就會上浮。

潛水艇所搭載的武器有導彈和魚雷，現已不使用裝在甲板上的大砲。不同種的潛水艇會搭載不同武器，例如：長射程戰略導彈、對艦對空導彈和魚雷等。

潛水艇根據動力，分為使用柴油引擎與馬達的普通型潛水艇，以及使用壓力型原

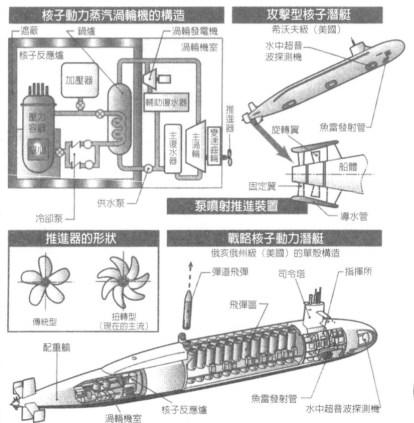

核子動力蒸汽渦輪機的構造

遮蔽
鍋爐
渦輪發電機
渦輪機室
核子反應爐
加壓器
輔助復水器
壓力容器
爐心
主復水器
主渦輪
變速齒輪
推進器
供水泵
冷卻泵

攻擊型核子潛艇

希沃夫級（美國）

水中超音波探測機
魚雷發射管
旋轉翼
船體
固定翼
導水管

泵噴射推進裝置

推進器的形狀

傳統型
扭轉型（現在的主流）

戰略核子動力潛艇

俄亥俄州級（美國）的單殼構造

彈道飛彈
司令塔
指揮所
飛彈區
配重艙
魚雷發射管
水中超音波探測機
核子反應爐
渦輪機室

子反應爐產生蒸汽來驅動渦輪的核子動力潛艇（簡稱核潛艇）。核潛艇的運轉不需空氣，潛航能力無限大。

核子動力潛艇在海中的探查和通信不需使用電波，而用超音波探測器，裝於潛水艇的頭部，為了接收超長波（VLF）的電波信號，也配備了無線電。

最近無音化的技術更進步了，因此潛水艇可悄悄接近敵方。

以環形圓管包覆螺旋，設計成泵噴口推進裝置、增加螺旋槳的葉片，在船體外側設置吸音瓷片與無音膜，都可有效消音。

無供氣推進（AIP）方式是備受關注的新技術，它不依靠外供氣體，即可增大潛航的能力，把液態氧供應給斯特林發動機和燃料電池等。

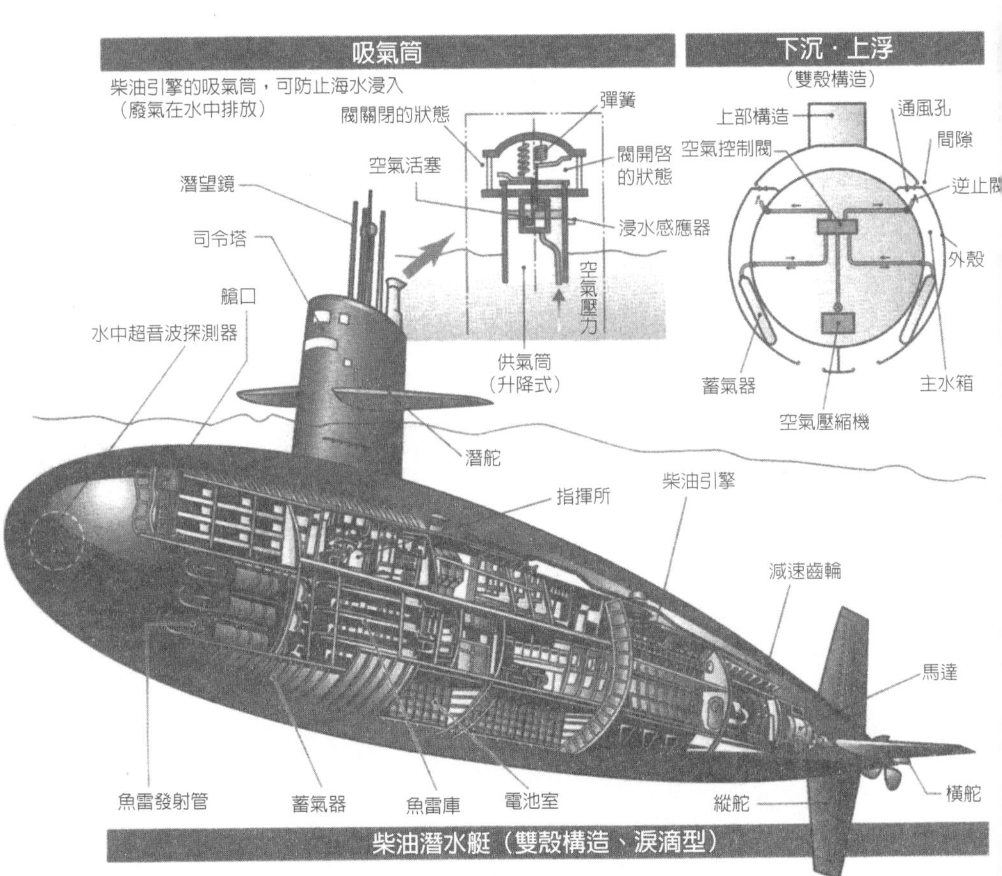
吸氣筒
柴油引擎的吸氣筒，可防止海水浸入
（廢氣在水中排放）
閥關閉的狀態
彈簧
閥開啓的狀態
空氣活塞
浸水感應器
空氣壓力
供氣筒
（升降式）
潛望鏡
司令塔
艙口
水中超音波探測器
潛舵
指揮所
柴油引擎
減速齒輪
馬達
橫舵
縱舵
魚雷發射管
蓄氣器
魚雷庫
電池室
下沉・上浮
（雙殼構造）
上部構造
通風孔
間隙
空氣控制閥
逆止閥
外殼
蓄氣器
主水箱
空氣壓縮機
柴油潛水艇（雙殼構造、淚滴型）

6 魚雷

▼魚雷（魚形水雷）可在海中追尋、進攻目標。現在的主流是以音波來自動追尋目標的自動引導魚雷，動力多是結合電池和馬達的電動方式。

魚雷由前部的水中超音波探測器、炸藥、控制裝置和動力裝置等部分組成。大型高性能魚雷的時速可達七十海浬（時速為一二九公里）以上，深度可達九百公尺。

除了追蹤聲音和運航軌跡的魚雷，還有一種魚雷是用電線相連來發射（線導方式），稱為導向魚雷（遠距離控制魚雷），此魚雷越走越遠，尾線即源源不絕地被拋出。

魚雷採用新動力來源所帶來的高性能化非常引人注目。推進劑添加過氧化氫、奧托燃料（硝酸脂系列等）、鋰與六氟化硫等，即可利用它們的化學反應來實現高性能，另外，無曲柄的斜板式引擎和渦輪機亦成就了高性能。

線導與音波自動引導方式

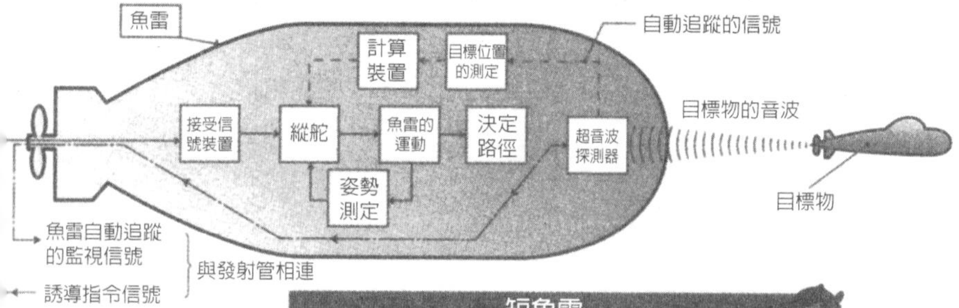

魚雷
自動追蹤的信號
計算裝置
目標位置的測定
目標物的音波
接受信號裝置
縱舵
魚雷的運動
決定路徑
超音波探測器
姿勢測定
目標物
魚雷自動追蹤的監視信號
誘導指令信號
與發射管相連

短魚雷

直徑 324 公釐，長度達 2～3 公尺，重量達 200～300 公斤的魚雷，動力多採電池與馬達

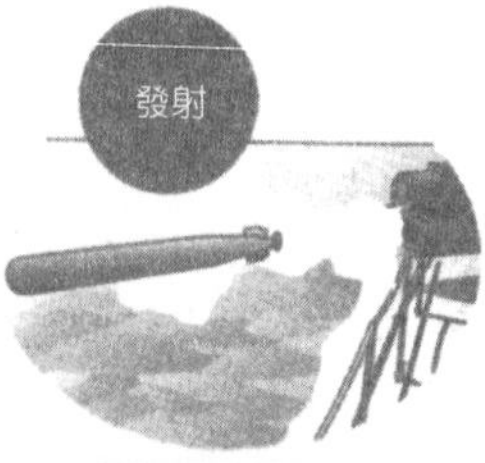

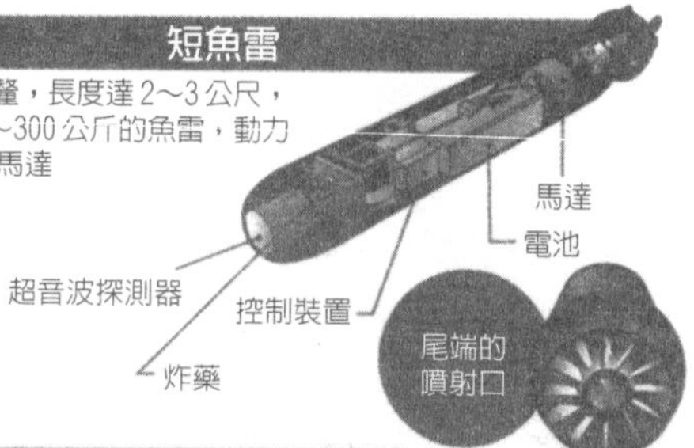

發射
馬達
電池
超音波探測器
控制裝置
炸藥
尾端的噴射口

長魚雷

直徑 533 公釐，長度為 6～7 公尺，重達 1 噸半的魚雷，動力採用推進劑與引擎

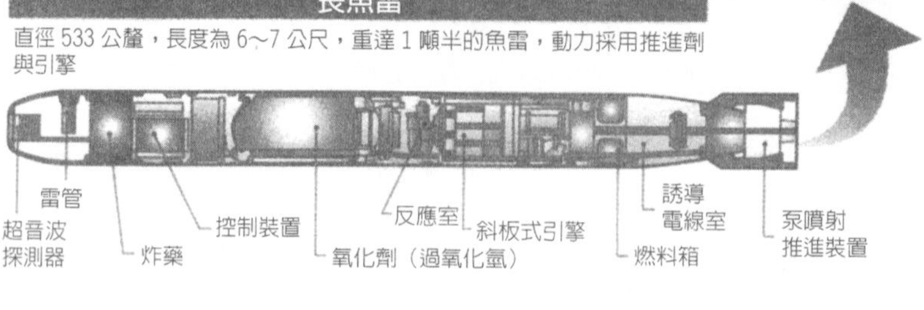

雷管
超音波探測器
炸藥
控制裝置
反應室
斜板式引擎
氧化劑（過氧化氫）
誘導電線室
燃料箱
泵噴射推進裝置

7 成型裝藥彈

▼要攻擊像坦克車那樣堅固的目標物，需要成型裝藥彈。不同於普通的穿甲彈，成型裝藥彈將炸藥填充於彈頭，炸藥前端有一塊往內凹陷的軟性金屬，呈V字形。

這個V形會引導炸藥的燃燒能量向前噴射，發揮強大的穿透力。一百年前，蒙羅（美國人）和後來的諾伊曼（德國人）發現了這個原理，實用化則是在第二次世界大戰，德國對付美國的持續進攻即採用這種武器。炸藥上的雷管被點燃，彈頭會瞬間處於高壓高熱狀態，將炸藥發射出去，準確命中目標，噴出熱氣，穿透裝甲。成型裝藥彈頭可穿透厚度是它彈頭直徑五倍的裝甲。此穿透力與它的圓錐形彈頭息息相關，不受限於發射速度，被廣泛應用於各種火箭彈。

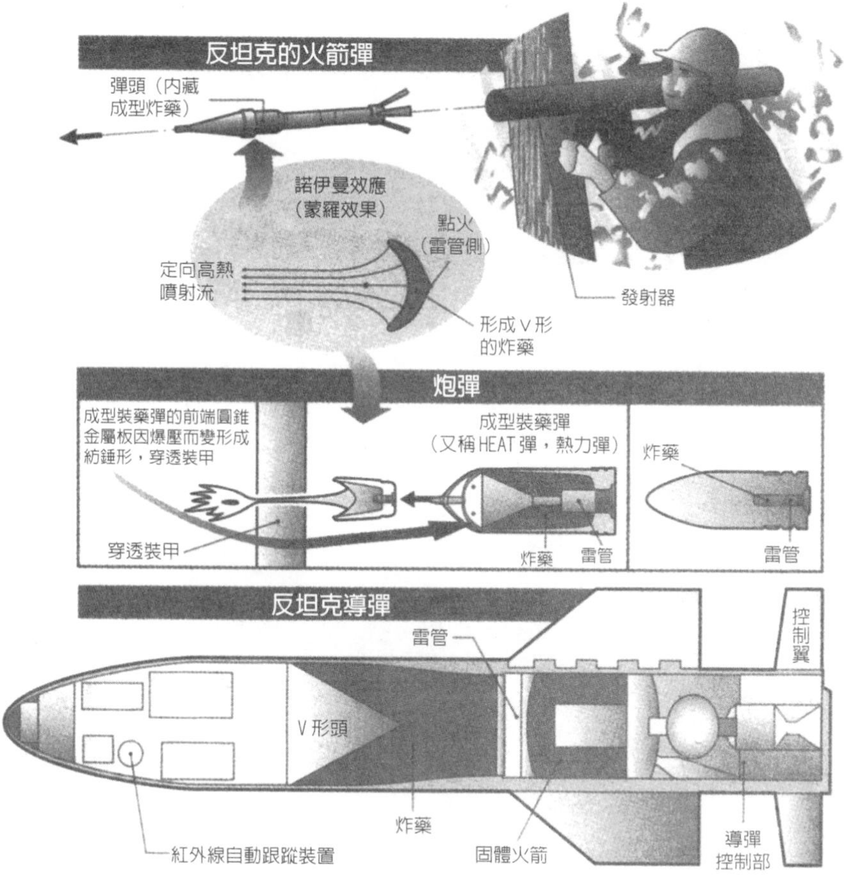

反坦克的火箭彈

彈頭（內藏成型炸藥）

諾伊曼效應（蒙羅效果）

點火（雷管側）

定向高熱噴射流

形成V形的炸藥

發射器

炮彈

成型裝藥彈的前端圓錐金屬板因爆壓而變形成紡錘形，穿透裝甲

成型裝藥彈（又稱 HEAT 彈，熱力彈）

穿透裝甲

炸藥

雷管

炸藥

雷管

反坦克導彈

雷管

控制翼

V 形頭

炸藥

紅外線自動跟蹤裝置

固體火箭

導彈控制部

8 氣球炸彈

▼在太平洋戰爭末期的冬天，日本向美國發射了約九千個氣球炸彈（日文：風船爆彈），它利用一萬公尺高空的東向大氣環流，而不利用任何燃料做長距離飛行，是一種很厲害的武器。它乘著大氣環流，花兩到三天越過太平洋，到達北美。據推斷，實際到目的地的炸彈只有一成，且大多於北緯四十度到五十度之間的北美落下。

此炸彈的氣球是用蒟蒻漿糊和紙貼製而成，打入氫氣。由於它的飛行不分晝夜，需防止因溫差而產生浮力變化，所以採取放氣、投下配重物的方法，安裝自動控制裝置，使它保持一定的高度。

除了氣球炸彈，還有一種利用母子氣球將步兵偷偷送入敵營偷襲的方法。這種方法在戰後曾經運用於「氣球跳躍」的運動。

構造

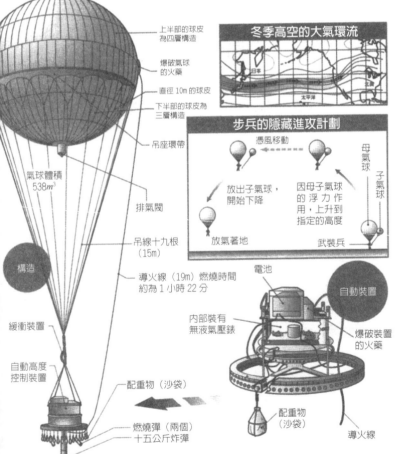

上半部的球皮為四層構造
爆破氣球的火藥
直徑 10m 的球皮
下半部的球皮為三層構造
吊座環帶
氣球體積 $538m^3$
排氣閥
吊線十九根（15m）
導火線（19m）燃燒時間約為 1 小時 22 分
緩衝裝置
自動高度控制裝置
配重物（沙袋）
燃燒彈（兩個）
十五公斤炸彈

冬季高空的大氣環流

日本
北美
太平洋

步兵的隱藏進攻計劃

母氣球
子氣球
武裝兵
因母子氣球的浮力作用，上升到指定的高度
憑風移動
放出子氣球，開始下降
放氣著地

自動裝置

電池
內部裝有無液氣壓錶
爆破裝置的火藥
配重物（沙袋）
導火線

9 無後座力砲

▼大砲發射會產生巨響，且發射的反作用力會使砲身後退，再慢慢返回原來的位置。但無後座力砲的砲身可以不動，且使火砲結構變輕巧簡單。

這種消除後座力（反作用力）的方法，是本世紀初德比斯（美國人）的專利發明，被應用於第二次世界大戰。他在砲彈向前發射的同時，向後方發射一個具有相同動能的物體，抵銷作用力。

而火藥燃燒產生的氣體雖輕，但做高速運動所產生的動能大，可當作平衡力，因此現在的無後座力砲以向後噴射的氣體來抵銷後座力。無後座力砲的砲身厚，重量輕，適合用於山岳戰鬥，及傘兵部隊的輕型砲，缺點是對正後方的部隊來說比較危險。

與無後座力砲一樣，火箭砲發射也沒有後座力，構造簡單。但是火箭砲與無後座力砲的砲彈相比，命中率較小，所以之後發展出融合導引系統的火箭砲。

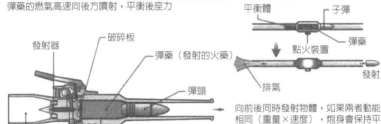

噴射氣體的利用

彈藥的燃氣高速向後方噴射，平衡後座力

破碎板
發射器
彈藥（發射的火藥）
彈頭
噴射管
藥夾

原理（德比斯發現）

平衡體
子彈
彈藥
點火裝置
排氣
發射

向前後同時發射物體，如果兩者動能相同（重量×速度），炮身會保持平衡，不向後移動

輕型無後座力砲—卡爾．古斯塔夫 M3（瑞典）

口徑 84mm，射程 700m

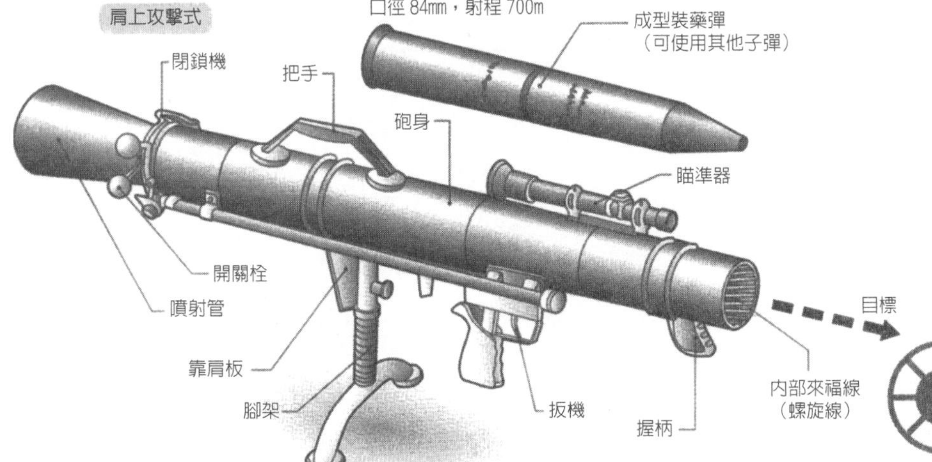
肩上攻擊式
閉鎖機
把手
成型裝藥彈
（可使用其他子彈）
砲身
瞄準器
開關栓
噴射管
靠肩板
腳架
扳機
握柄
目標
內部來福線
（螺旋線）

10 機關槍與機關砲

▼一般將口徑十三公釐以下，可連續發射子彈的槍稱為機關槍，口徑二十公釐以上的，稱為機關砲。使機關槍可連續發射子彈的驅動方式有二：在槍內部做前後運動的自身驅動式，以及槍管一邊旋轉一邊發射的外部驅動式。

自身驅動式機關槍以前是利用槍身的後退方式，以反作用力來發射下一發子彈，而現在機關槍的主流是利用火藥的氣壓來發射。

有的機關槍每分鐘連續發射一千發子彈，為防止發燙咬死，會採用增設放熱片，或槍身交換的設計。有的機關槍不僅可以連續發射，也可單發射擊和短連射。

最有名的外部驅動式機關槍是格林機關槍、格林機關砲。格林機關砲又稱為火神砲，大部分是將三~七根槍管捆在一起，以外部電力或油壓馬達產生動力，一邊旋轉一邊發射，子彈的連射速度非常快，每分鐘數千發，常用作航空機的搭載火砲，用以攻擊地上目標。

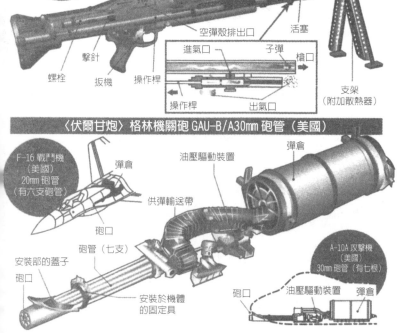

〈通用機關槍〉M60 口徑 7.62mm（美國）

（裝填側）
彈帶
瞄準孔
藥室
隔熱體
進氣口
準星
排氣口
消火器
空彈殼排出口
活塞
擊針
螺栓
扳機
操作桿
進氣口
子彈
槍口
操作桿
出氣口
支架
（附加散熱器）

〈伏爾甘炮〉格林機關砲 GAU-B/A30mm 砲管（美國）

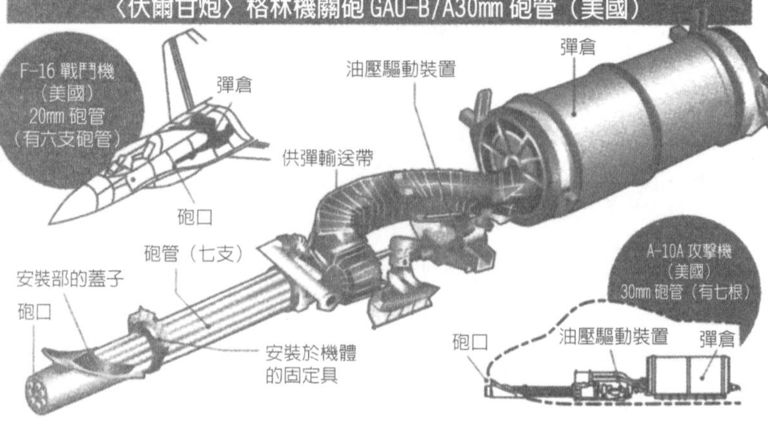
F-16 戰鬥機
（美國）
20mm 砲管
（有六支砲管）
彈倉
砲口
供彈輸送帶
油壓驅動裝置
彈倉
砲管（七支）
安裝部的蓋子
砲口
安裝於機體
的固定具

A-10A 攻擊機
（美國）
30mm 砲管（有七根）
砲口
油壓驅動裝置
彈倉

11 無人飛行載具

▼無人飛行載具（UAV，俗稱無人駕駛飛機）從前是以無線遙控操縱來攻擊目標，現在已發展為高性能全自動武器。它可以在兩萬公尺的高空偵察敵方情報，經由衛星發送信號，傳回基地總部。

無人飛行載具的特點是不需人駕駛，所以不會對駕駛員造成傷害，即使被擊落，也不會像由人駕駛的飛機一樣有人員傷亡，因為整體都是機械構造，所以可以急速加速，機體造價較便宜。

無人飛行載具根據用途，可分為小型的簡便螺旋槳式飛機和高速的噴氣式飛機。可長時間滯空的UAV偵察機裝有各種感應器與GPS（衛星航行裝置）等，具有細長翼和防止雷達偵測的高級隱形技術。

無人飛行載具不只用於發現目標和偵察，也用於反導彈作戰，民間則常用來進行觀測和偵察，效果很好。UAV除了設計成飛機的形態，還被設計成直升機和VTOL（垂直起降飛機）等形態。

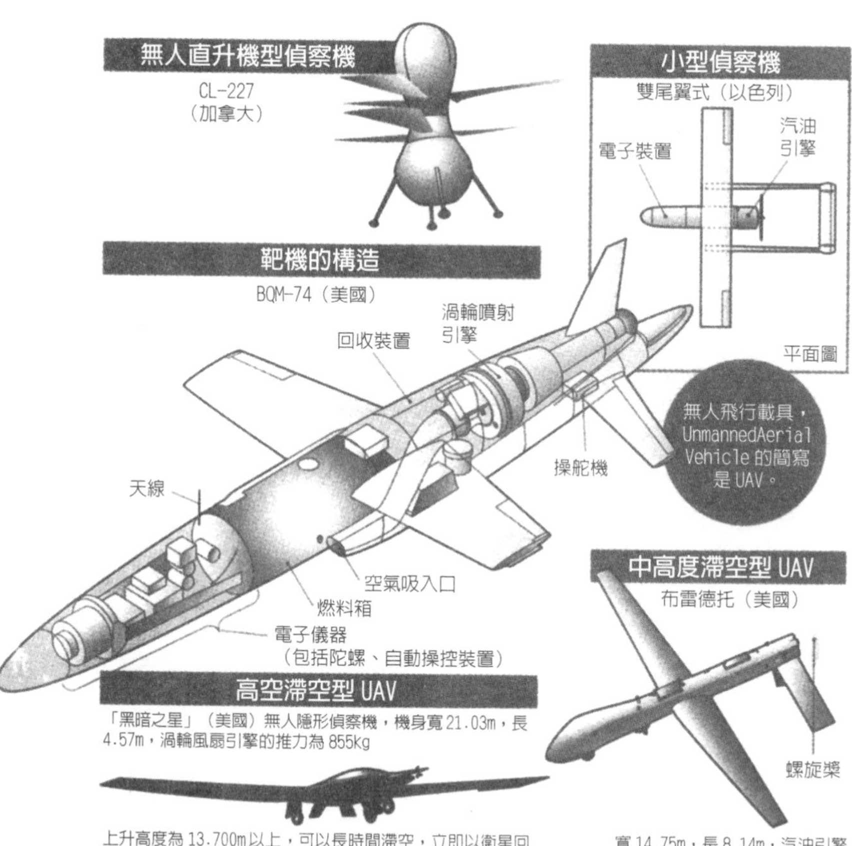
無人直升機型偵察機
CL-227
（加拿大）
小型偵察機
雙尾翼式（以色列）
電子裝置
汽油
引擎
平面圖
靶機的構造
BQM-74（美國）
回收裝置
渦輪噴射
引擎
操舵機
天線
空氣吸入口
燃料箱
電子儀器
（包括陀螺、自動操控裝置）
無人飛行載具，UnmannedAerial Vehicle 的簡寫是 UAV。
中高度滯空型 UAV
布雷德托（美國）
螺旋槳
高空滯空型 UAV

「黑暗之星」（美國）無人隱形偵察機，機身寬 21.03m，長 4.57m，渦輪風扇引擎的推力為 855kg

上升高度為 13.700m以上，可以長時間滯空，立即以衛星回傳觀測情報

寬 14.75m，長 8.14m，汽油引擎

12 導向式飛彈

▼飛彈是一種無人駕駛的軍用飛行體，大多是導向式飛彈（導彈），可以筆直飛向目標，命中率很高，由導向裝置、彈頭和推進系統組成。

導彈根據發射方式和攻擊目標，分為空對空導彈（AAM）、地對空導彈（SAM）等。此外，還有潛水艇導彈、對坦克導彈、對導彈的導彈、對巡航艦的導彈、戰術導彈、戰略導彈等。

導向方式可分為兩種，一是近似無線電遙控的指令導向，一是自動衝向目標的自動導向。自動導向一般分為紅外線（探測敵方熱能）與雷達（反射波）兩種。

導彈的動力多為火箭，且大多採用固體燃料火箭，使導彈點火即可馬上起動。此外，還有導彈因不同用途，使用可加速的火箭、可巡航（巡弋）的噴射式引擎或衝壓噴射引擎。

巡航導彈為了不被雷達發現，須維持低空飛行，因此得使用渦輪引擎，燃料消耗量小，可長時間飛行。它會先依慣性導航飛行，再對照預定的地形，選擇前進的路線，直達目標，曾用一發導彈擊沉目標，

空對空（用於空戰）AIM-9L（響尾蛇）（美國）

長度：2.8m
速度：2.5M馬赫

（裝於飛機）
安定板
風機（安定彈身）
固體燃料火箭
彈頭（炸藥）
目標探測裝置（接近雷管）
可動翼面
安全解除裝置
導向控制部
紅外線感測圓頂部分

構造
過濾器
透鏡
焦點面
紅外線感測素子
圓頂

地對空（防空用）

MIM-104「愛國者」（美國）
長度：5.2m
速度：M6-7
導向：TVM（經由導彈本體的雷達追蹤方式）

發射機
導向／雷達天線保護罩
彈藥（炸藥）
固體燃料
可動翼面
火箭噴嘴

火力相當於軍艦主砲的對艦導彈。另外，對潛導彈採複合式構造，用輔助火箭向空中發射，再轉向水中變成魚雷。

最厲害的導彈應該是戰略導彈。長距離彈道導彈從地表或潛水艇發射，可以在三十分鐘之內到達一萬公里以外的目的地。頭部裝有核彈頭，一般皆採先衝出大氣層再進入大氣層的飛行路線。

導彈是以全球為攻擊範圍的導向進攻，不只憑藉慣性導向，也可利用衛星的天測導航法。

此外，為了對抗軍事衛星與戰略導彈的進攻，有人開發了反彈道導彈的ＡＢＭ系統。

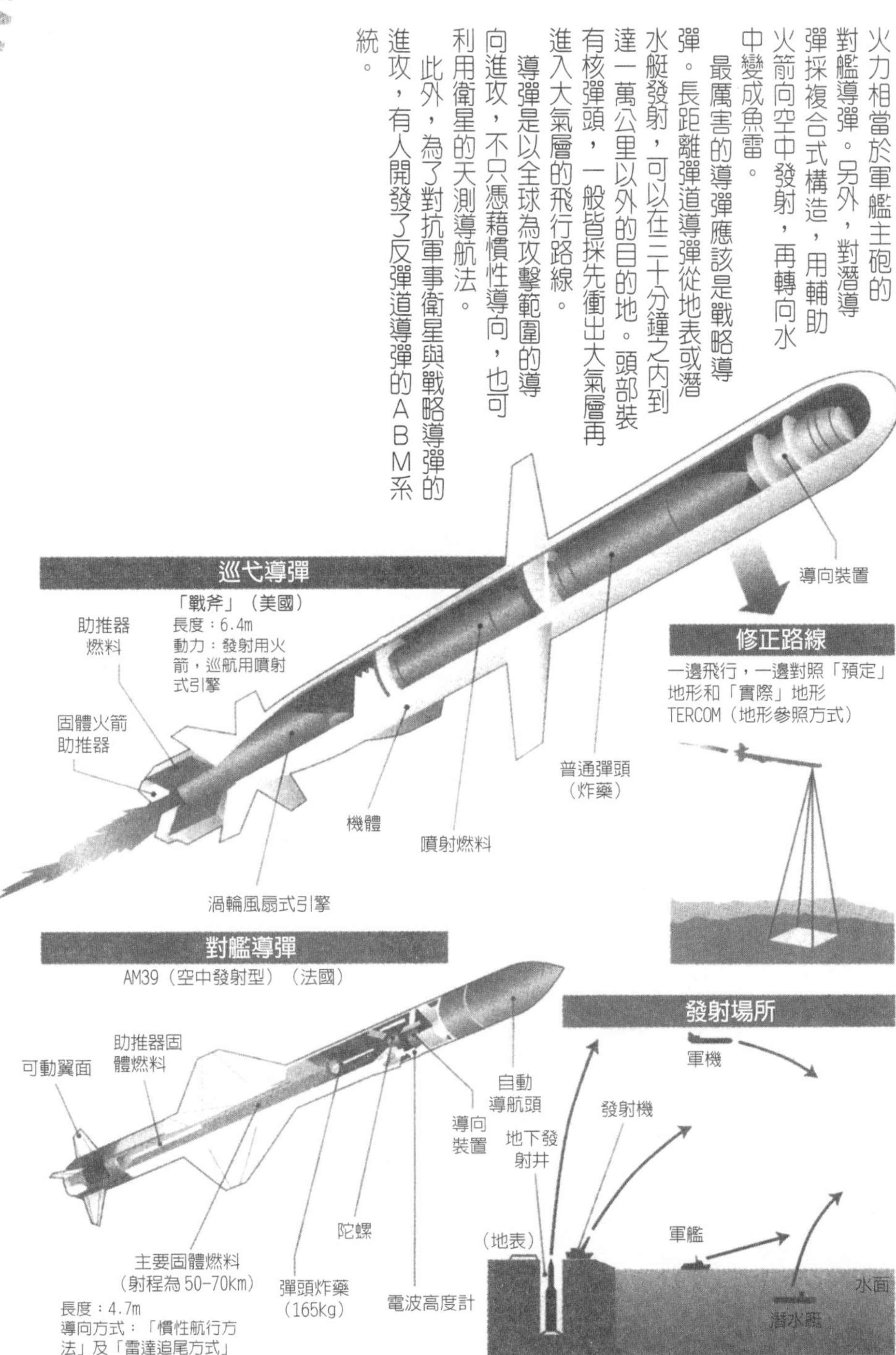
巡弋導彈
「戰斧」（美國）
長度：6.4m
動力：發射用火箭，巡航用噴射式引擎
助推器燃料
固體火箭助推器
機體
噴射燃料
普通彈頭（炸藥）
導向裝置
渦輪風扇式引擎
修正路線
一邊飛行，一邊對照「預定」地形和「實際」地形
TERCOM（地形參照方式）
對艦導彈
AM39（空中發射型）（法國）
可動翼面
助推器固體燃料
自動導航頭
導向裝置
陀螺
主要固體燃料（射程為50-70km）
彈頭炸藥（165kg）
電波高度計
長度：4.7m
導向方式：「慣性航行方法」及「雷達追尾方式」
發射場所
軍機
發射機
地下發射井
（地表）
軍艦
水面
潛水艇

13 隱形戰機

▼隱形戰機可以不被雷達發現，被稱為「空中忍者」。機身的電波反射面積小於普通飛機的百分之一，所以很難被雷達發現。

現代的隱形技術，先是改變機體的形狀，為機體塗上可吸收電波的（RAM）材料，例如：將表面設計成三角形組合面的多面稜錐形，採用鐵氧體的吸收型複合材料。

形狀尖銳的F-117攻擊機，與翼展寬、機身短的全翼型B-2轟炸機，主翼都是直線形，後緣皆是鋸齒形。最新的F-22戰鬥機不只可隱形，還可以超音速巡航，機動性優良。

除了空中武器重視隱形技術，坦克車也需可以吸收紅外線和電波的材料；軍艦則用傾斜式甲板，以免被雷達發現；潛水艇的無音化技術，也是一種隱形方式。

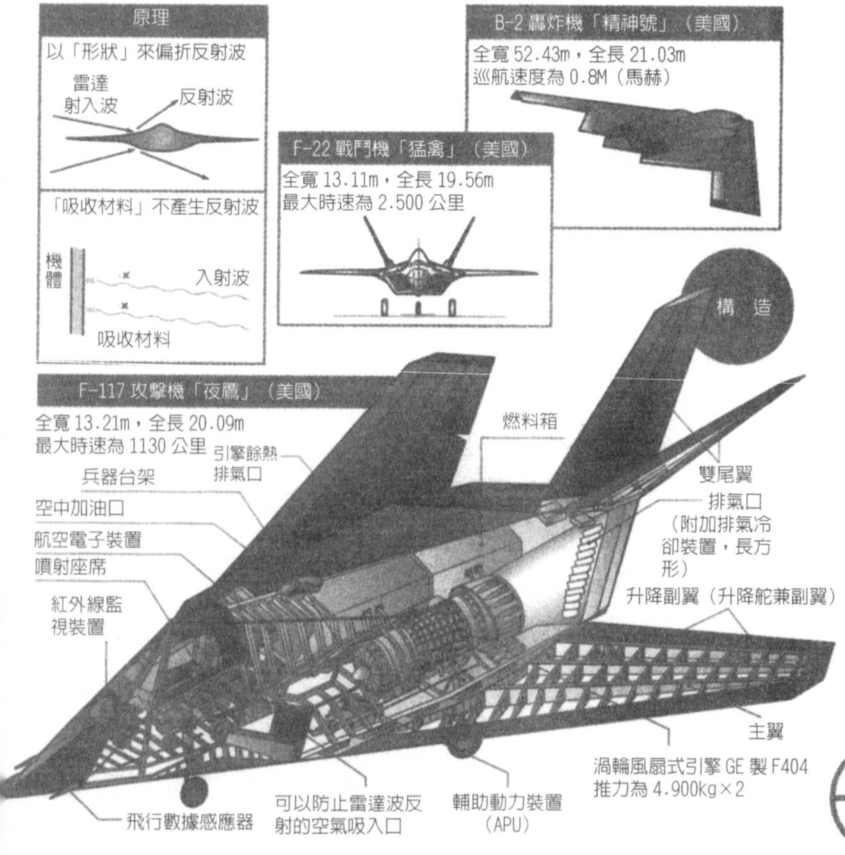

原理

以「形狀」來偏折反射波

雷達
射入波
反射波

「吸收材料」不產生反射波

機體
入射波
吸收材料

B-2 轟炸機「精神號」（美國）

全寬 52.43m，全長 21.03m
巡航速度為 0.8M（馬赫）

F-22 戰鬥機「猛禽」（美國）

全寬 13.11m，全長 19.56m
最大時速為 2.500 公里

F-117 攻擊機「夜鷹」（美國）

全寬 13.21m，全長 20.09m
最大時速為 1130 公里

構　造

引擎餘熱排氣口
兵器台架
空中加油口
航空電子裝置
噴射座席
紅外線監視裝置
飛行數據感應器
可以防止雷達波反射的空氣吸入口
輔助動力裝置（APU）
燃料箱
雙尾翼
排氣口（附加排氣冷卻裝置，長方形）
升降副翼（升降舵兼副翼）
主翼
渦輪風扇式引擎 GE 製 F404
推力為 4.900kg×2

14 核子武器

▼核子武器以爆發的方式來利用核能，是破壞力最大的武器。核彈利用鈾235和鈽239的核分裂，氫彈則利用氘和氚的核融合。

核反應開始的瞬間，會放射光輻射、衝擊波、核輻射、電磁脈衝，使周圍的一切被破壞，尤其是中子彈（以高能中子輻射為主殺傷力的氫彈），會讓萬物都受輻射損傷。

核子武器不只有炸彈的形態，還有導彈、砲彈、地雷、爆雷等，以不同的方式組合在一起。大型核彈必須用彈道導彈和轟炸機來運載，而鈽地雷等小型核彈用小行李箱就裝得下。

核子武器造成的後果不堪設想，至今只在日本廣島與長崎投過兩顆核彈。如今，核子武器是禁用的武器，基本上只具有政治上的威嚇作用。

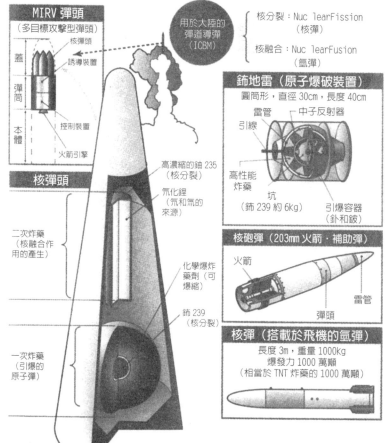

MIRV 彈頭
（多目標攻擊型彈頭）
核彈頭
誘導裝置
蓋
彈筒
本體
控制裝置
火箭引擎

用於大陸的彈道導彈（ICBM）

核分裂：Nuc learFission（核彈）
核融合：Nuc learFusion（氫彈）

核彈頭
高濃縮的鈾 235（核分裂）
氘化鋰（氘和氚的來源）
二次炸藥（核融合作用的產生）
化學爆炸藥劑（可爆縮）
鈽 239（核分裂）
一次炸藥（引爆的原子彈）

鈽地雷（原子爆破裝置）
圓筒形，直徑 30cm，長度 40cm
雷管
中子反射器
引線
高性能炸藥
坑（鈽 239 約 6kg）
引爆容器（鈈和鈹）

核砲彈（203mm 火箭・補助彈）
火箭
雷管
彈頭

核彈（搭載於飛機的氫彈）
長度 3m，重量 1000kg
爆發力 1000 萬噸
（相當於 TNT 炸藥的 1000 萬噸）

15 雷射武器

▼雷射可以瞬間造成傷亡，和子彈一樣具有很強的指向性，雷射光束含有能量和信息。

在地表，雷射光受空氣分子的干擾，能量會大幅減弱，所以高能量的雷射武器主要是用在真空的太空，在地表則用於傳遞信息。

坦克車利用雷射來測距離及引導砲彈，命中目標。用雷射引導的砲彈、飛彈等可以從地上發射，也可從空中發射，命中率非常高。

目前人們構思的最強太空武器是X射線雷射。無論敵方是鏡面或其他材料，都可以將強大的能量集中於敵方身上，穿透目標。除了X射線雷射，還有利用γ射線和帶電粒子等的雷射武器，但它們現在都只處於構想階段。

雷射引導

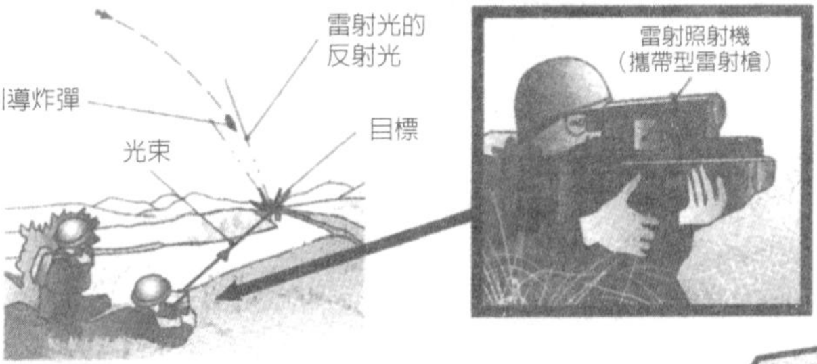

雷射光的反射光
雷射引導炸彈
目標
光束
雷射照射機（攜帶型雷射槍）

感測部
雷射光
檢測器
反射鏡
陀螺
透鏡
過濾器

雷射引導的炸彈（精靈炸彈）

MK84（美國）長度 4.2m，直徑 48cm，重量 930kg

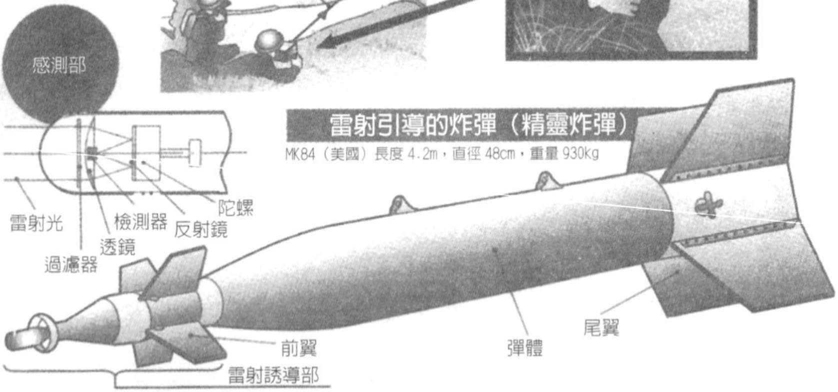

前翼
雷射誘導部
彈體
尾翼

攔截衛星的構想

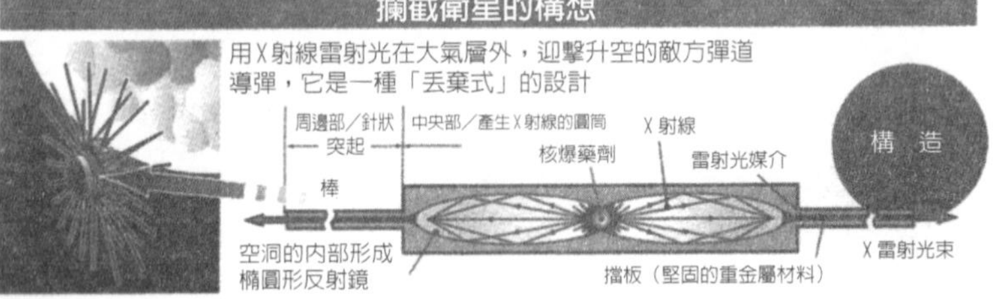
周邊部／針狀突起
中央部／產生X射線的圓筒
X射線
核爆藥劑
雷射光媒介
棒
空洞的內部形成橢圓形反射鏡
擋板（堅固的重金屬材料）
X雷射光束

用X射線雷射光在大氣層外，迎擊升空的敵方彈道導彈，它是一種「丟棄式」的設計

構 造

第7章
個人機械

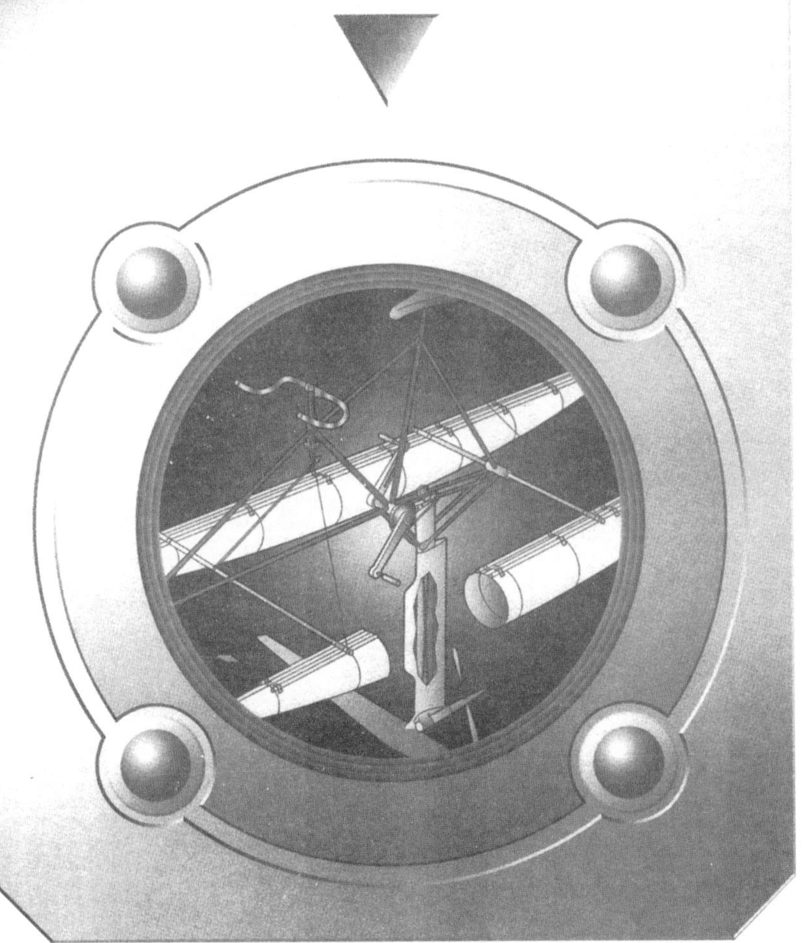

1 個人式小型噴射機

▼由低空迅速通過的噴射機令人興奮，特別是單人座的BD-5J，迷你外形小巧可愛，以獨特的魅力引起關注。這架飛機並不是量產型，而是個人專用的飛機。

這種飛機體型小，金屬製，起落腳架可以收放，是高性能的飛機，可以升至九千公尺的高空，機上備有氧氣瓶。它在海面上最高的時速可達五三四公里，兩翼和機身內備有燃料箱，可以連續飛行八百公里。

操縱桿在駕駛艙的右側，加速的油門在左側，收放腳架、操作襟翼的連桿在正下方。儀錶盤可顯示加速度感測器的數值，是高速飛機。

美國很流行自己在家製造飛機，如果你想這麼做，可以購買已備好所有零件的組合包，或是將所有圖面資料整理起來的計劃書。這種計劃書是目前自製飛機愛好者的常用方式。

BD-10飛機是可以自己在家製造的超音速飛機。它使用推力一噸的單發渦輪

渦輪噴射引擎

《微型機 TRS-18》
推力 90kg×1

排氣口

起動馬達／發電機

單座噴射式飛機 BD-5J（美國）

個人自製機
全寬 5.18m，本身重量為 193kg
最大速度 534km/h

5J
N580

超音速個人自製飛機 BD-10（美國）

全寬 6.55m，最大速度為 1.4 馬赫

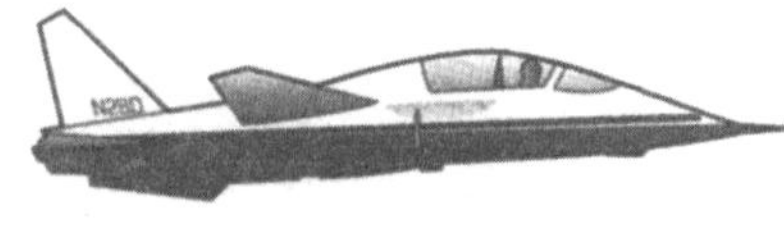

BD-5J 的內部

渦輪噴射式引擎
排氣尾管
機體內的燃料箱
收放起落架（收起狀態）

噴射引擎，可進行超音速飛行。配有縱列的雙座，外觀很容易讓人聯想到真正的戰鬥機。

廠商製造的四人座巡航機，時速可達八百公里，是像房車一樣適合短距離旅行的小型商用飛機，也算一種個人式噴射機。

有一種引擎並非渦輪式，而是直接燃燒LPG（液化石油氣）來產生推進力。這種引擎用於直升機的螺旋槳，也被廣泛應用於其他方面。

這種引擎將液體燃料導向燃燒室的線圈，加熱使氣化燃料從噴嘴噴出來，與空氣混合，進行電力點火。它的構造簡單，排氣乾淨，可應用於個人式小型噴射機。

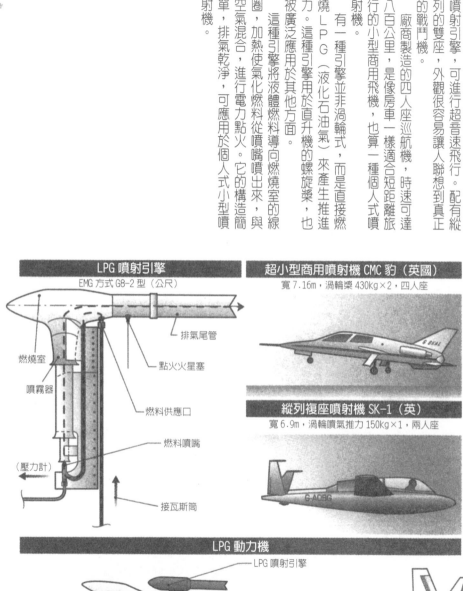

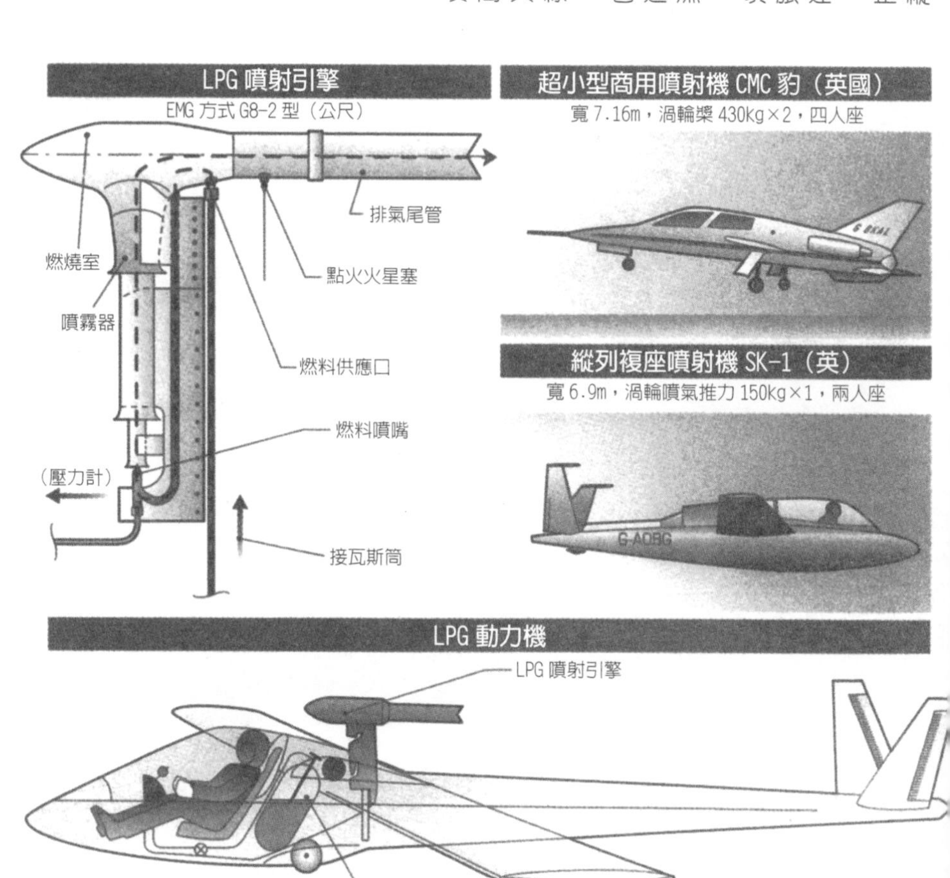
LPG 噴射引擎
EMG 方式 G8-2 型（公尺）
排氣尾管
燃燒室
點火火星塞
噴霧器
燃料供應口
燃料噴嘴
（壓力計）
接瓦斯筒
超小型商用噴射機 CMC 豹（英國）
寬 7.16m，渦輪槳 430kg×2，四人座
縱列複座噴射機 SK-1（英）
寬 6.9m，渦輪噴氣推力 150kg×1，兩人座
G-AOBG
LPG 動力機
LPG 噴射引擎
燃料箱

2 家用飛船

▼大約在一百年前，歐洲航空界的先驅者桑托斯．德爾旺先生乘著自己研發的小飛船，在巴黎上空飛了一圈，停在西餐廳的外面，吃完飯又悠閒地乘著飛船飛走。

應用現代技術所製造的超小型軟式飛船和桑托斯那台飛船差不多，全長二十公尺，使用氦氣，配備引擎，有多種用途，應該可以在校園裡升降。

熱氣飛船（飛艇）依靠浮力的增減來升降，有好處也有壞處。熱氣飛船的體積一般都很大，用丙烷噴燈來加熱空氣，產生浮力。熱氣的浮力比氦、氫的浮力小，只有它們的三分之一，所以熱氣飛船只能靠增加體積來提高浮力。

飛船體積龐大，所以抗風性差，不能像飛機那樣靈活運動，因此受天氣的影響特別大，一般都會選在早上和晚上飛行，因為這個時段無風，且可避免白天經常產生的上升氣流。

飛行方向

駕駛艙的前視圖

雙螺旋槳

單人座飛船

「MANBOW3」斯卡依比爾公司（日本）
全長 21.5m，體積 395m^3
引擎 28 馬力×1，最大速度 45km/h
氣體：氦氣

空中散步，桑托斯．德爾旺的第九號飛船

「拉．巴拉多烏茲號」（意指悠閒的散步者）（1903 年）
全長：15.2m
氣囊體積：220m^3
引擎：3.5 馬力×1
氣體：氫氣

砂袋（配重）

熱氣飛船

「DP-60」卡美隆（英國）
全長 30.6m，體積 1.700m^3

Besançon

螺旋槳（三葉片）

駕駛艙

丙烷容器

駕駛座（雙座位）

3 個人熱氣球

▼個人乘坐的飛行器很有吸引力，乘坐熱氣球，只要帶著丙烷燃料就可以到處飛，降落後，可以將氣球縮小，折疊起來，用手提著走。

個人熱氣球是人們常說的「空中汽車」，體積約有幾百立方公尺。一般的熱氣球起飛需要很多人幫忙，而個人熱氣球由於體積小，所以起飛不需要他人幫忙。

以「漂流號」為例，只需飛行員背著燃料箱坐好，就可以起飛。因為頭頂有燃燒器，一伸手就可以調節火力，體積小方便操作，可以上升到三百公尺的高空。

起飛和下降只需駕駛員用腳做一些輔助動作。下降要用腳先踏向地面，燃料箱的底部才會接觸地面。

燃燒器的構造

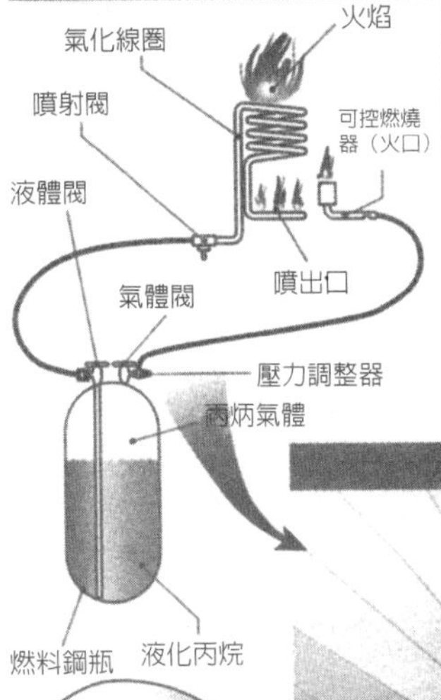

火焰
氣化線圈
噴射閥
可控燃燒器（火口）
液體閥
噴出口
氣體閥
壓力調整器
丙烷氣體
燃料鋼瓶
液化丙烷

各種形式

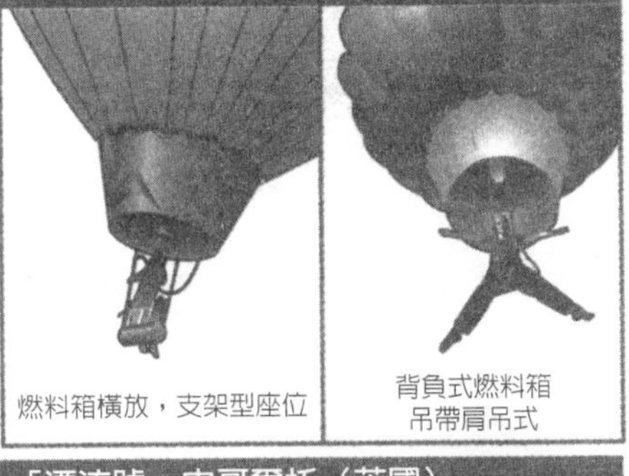

燃料箱橫放，支架型座位

背負式燃料箱
吊帶肩吊式

「漂流號」由哥爾托（英國）

燃燒器
氣球的外皮
燃料箱
支撐環

體積 566m^3
重量 60kg
燃料箱背面縱放式
樹脂製表皮
用腳著陸

體積 340m^3，可以折疊起來背著走

超小型熱氣球

4

超輕型飛機

▼超輕型飛機不需要駕駛執照，它的構造簡單，可低速飛行，經過短時間的訓練即可駕駛，但只能在機場附近飛行，不可能長途飛行。

各國超輕型飛機的構造不同。以日本為例，一人乘坐的機體重量為一八〇公斤以下，二人乘坐為二五〇公斤以下。它用螺旋槳推進，配備起落裝置，燃料的容量小於十九公升。

超輕型飛機分為三個種類，「舵面操縱型」是最普通的類型，可以用尾翼改變方向；「體重移動型」是在三角滑翔翼下安裝引擎；「降落傘型」是在長方形的傘體下，吊掛一個座位。

「舵面操縱型」飛機的引擎馬力為三十～五十馬力，起飛降落的滑行距離在五十公尺以內，速度大約為一百公里／小時。而「降落傘型」的抗風性太弱，飛行速度在時速三十公里以下。

超輕型飛機早期採用小型賽車的

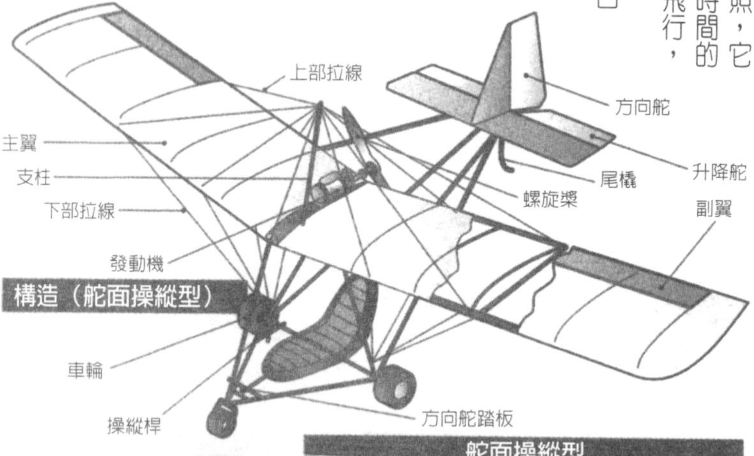

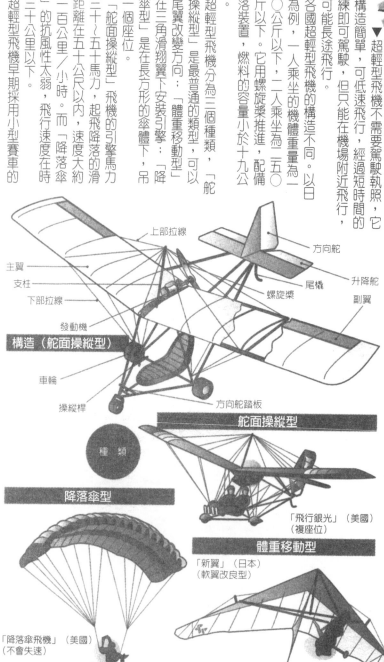

上部拉線
方向舵
主翼
支柱
下部拉線
發動機
尾橇
螺旋槳
升降舵
副翼
構造（舵面操縱型）
車輪
操縱桿
方向舵踏板
舵面操縱型
種類
降落傘型 
「飛行銀光」（美國）
（複座位）
體重移動型
「新翼」（日本）
（軟翼改良型）
「降落傘飛機」（美國）
（不會失速）

引擎，之後廣泛應用了履帶式雪地汽車引擎，大部分是二衝程強制氣冷式引擎，一般將燃料箱置於架台上，以皮帶式減速機來減速。

超輕型飛機因重量輕，所以受氣候的影響大，亂流、橫風皆會造成很大影響，所以總是在早晚天氣變化小的時候飛行。而且飛行結束，不能將它放置在野外，一定要收在室內。

緊急時刻可以將整個機體掛在降落傘上降下來，平時降落傘則收在機體裡，必要時再用手動或火藥使它展開。一般的圓形降落傘，可以在幾十公尺的高空中打開。

超輕型飛機的營運費用低，不僅可以用於娛樂，也可以巡邏、噴灑農藥、空中攝影等。複合材料與四衝程引擎使超輕型飛機的性能已經與輕型飛機很接近。

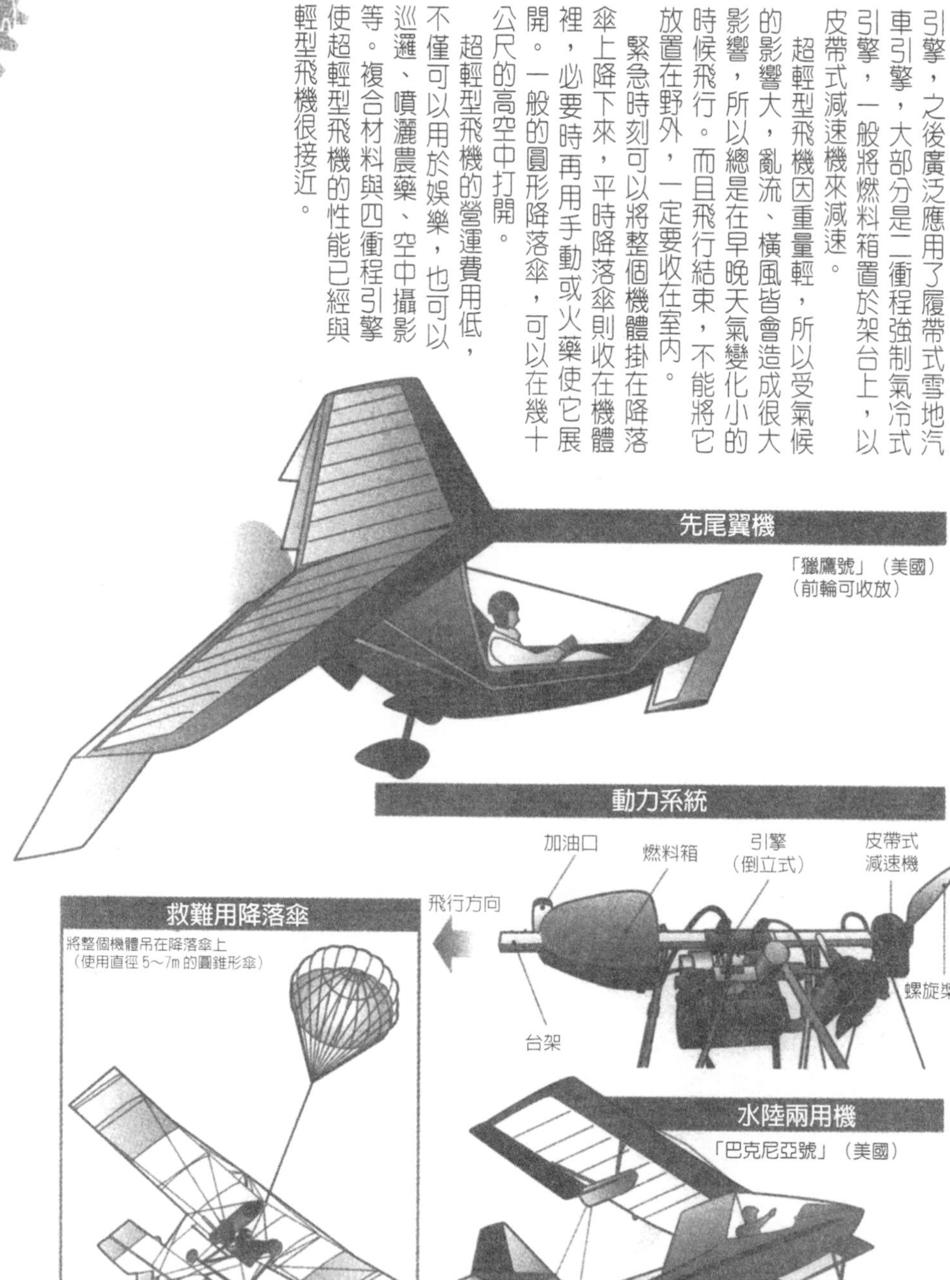
先尾翼機
「獵鷹號」（美國）
（前輪可收放）
動力系統
加油口
燃料箱
引擎
（倒立式）
皮帶式
減速機
飛行方向
螺旋槳
台架
救難用降落傘
將整個機體吊在降落傘上
（使用直徑 5～7m 的圓錐形傘）
水陸兩用機
「巴克尼亞號」（美國）

5 無翼飛行器

▼不需雙翼、不需在地上滑行，能夠直接飛上天的飛機一直是人類的夢想。有這種飛機，人類不用直升機或開車，就可以快速、輕鬆地飛到另一個地方。以前曾開發多種無翼飛行器，但目前還沒有固定機種。

有一種平台下方裝設雙重反轉螺旋槳的飛行車，抗風性太弱，不容易保持穩定。此外，以過氧化氫為燃料的飛行火箭，飛行時間過短，只有二十秒，不實用。

只有渦輪風扇噴射式飛機比較有前景。這是一種立式引擎，透過控制噴流的方向、改變搭乘人員的重心，來傾斜機體，改變飛行方向。可達到時速一百公里，曾有滯空三十分鐘的記錄。

電子化噴流控制器的體積變小，造就了用於熄火的彈射椅。上述飛行器的共同缺點是噪音太大，灰塵太多。

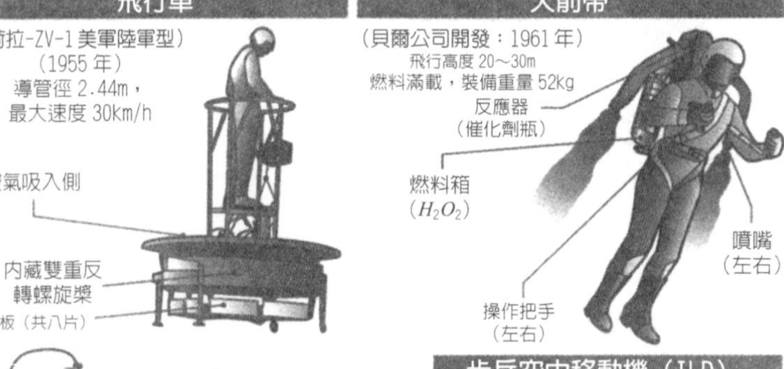
飛行車
（荷拉-ZV-1 美軍陸軍型）
（1955 年）
導管徑 2.44m，
最大速度 30km/h
空氣吸入側
內藏雙重反
轉螺旋槳
整流板（共八片）
火箭帶
（貝爾公司開發：1961 年）
飛行高度 20～30m
燃料滿載，裝備重量 52kg
反應器
（催化劑瓶）
燃料箱
(H_2O_2)
噴嘴
（左右）
操作把手
（左右）

〈構造〉噴射推進方式
（1974 年）
空氣吸入口
油門控制把手
渦輪風扇式引擎
（直立）
噴流管
（三個方向）

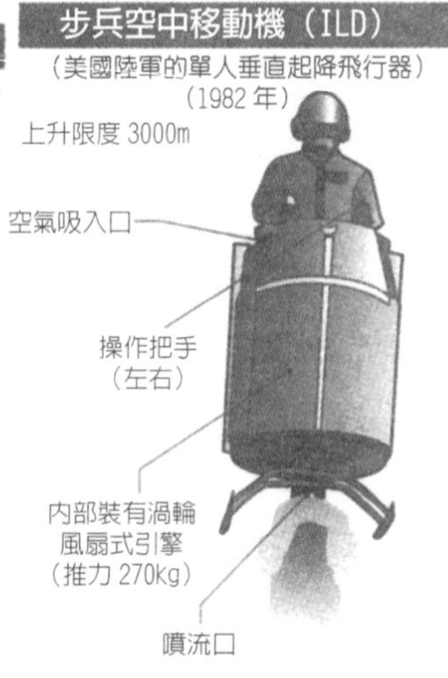
步兵空中移動機（ILD）
（美國陸軍的單人垂直起降飛行器）
（1982 年）
上升限度 3000m
空氣吸入口
操作把手
（左右）
內部裝有渦輪
風扇式引擎
（推力 270kg）
噴流口

6 背負式鳥人機

▼在希臘神話中，人們能像伊卡洛斯神那樣用雙翅飛行，現在以這個神話為原型，人類創造了鳥人機，在飛行員的背上安裝雙翼和動力裝置。這是由美國的設計師多米勞夫斯基發明的。

雙發鳥人機的寬度為三・九公尺，用腳觸地，以站立的姿勢就可以起飛。方向舵有兩種，分別用於滯空的慢速狀態，以及飛行的高速狀態。由於利用了複合材料，機身重量只有四十五公斤，巡航的速度可達一六〇公里。

動力系統是利用靶機的小型輕量渦輪噴射式引擎，但是渦輪發動的價格太高，所以使用活塞式引擎，開發出雙發導風扇機種。

這種鳥人機需用雙手操作操縱桿，控制飛行方向。人們期待這種不用滑行的鳥人機可用於巡邏和救生，但它至今仍未有進一步的發展。

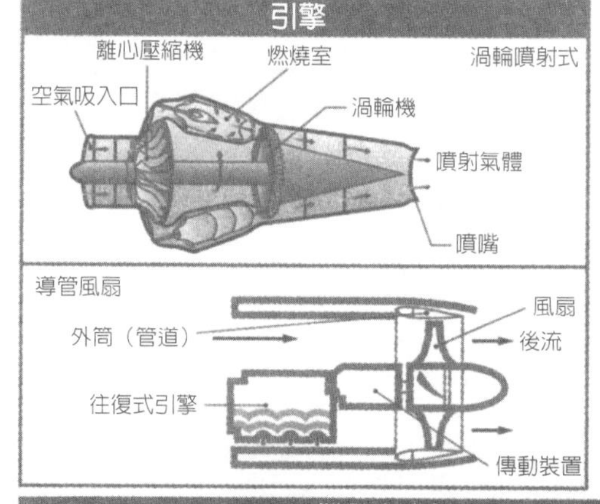
引擎
離心壓縮機
燃燒室
渦輪噴射式
空氣吸入口
渦輪機
噴射氣體
噴嘴
導管風扇
風扇
外筒（管道）
後流
往復式引擎
傳動裝置

渦輪噴射式鳥人機
（1985）年
推力 80kg

雙發鳥人機（1982 年）

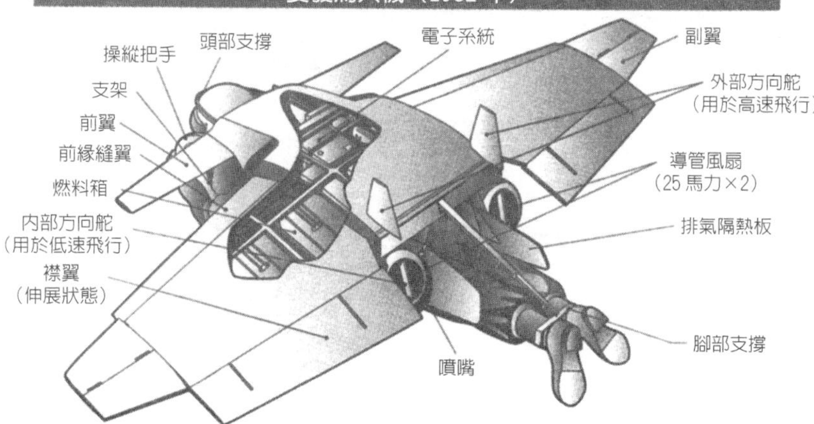
操縱把手
頭部支撐
電子系統
副翼
支架
外部方向舵
（用於高速飛行）
前翼
前緣縫翼
導管風扇
（25 馬力×2）
燃料箱
內部方向舵
（用於低速飛行）
排氣隔熱板
襟翼
（伸展狀態）
腳部支撐
噴嘴

7

充氣式飛機

▼這種飛機在飛行之前要先充氣，使它膨脹起來。飛行結束再放出空氣，體積縮小，有利於搬運和保管。膨脹起來的壓力約為〇．六大氣壓，非常結實。

它的構造很像大型氣墊，主翼和機體都是由塗橡膠的尼龍構成，而駕駛座位則是防風的軟質透明板。發動機、螺旋槳、著陸裝置和其他部件採用的是堅硬材料。

有人用這種膨脹式結構，開發出人力飛行器，使用腳踏板使螺旋槳旋轉。軍事用的複座機、單座機和帶有浮筒的水上機皆屬此種充氣式飛機。水上機可以像漂浮袋一樣浮起來，不會下沉，很受人們歡迎。

充氣式飛機若有空隙，空氣會漏出去，所以引擎後側都有壓縮機，以備不時之需。

複座型
「充氣式飛機」
古德伊爾公司（1959年，美國）寬 8.5m，重量133kg，引擎60馬力，巡航速度88km/h

引擎
（45 馬力）
張力線

單座型
「充氣式飛機」
古德伊爾公司（1960 年，美國）

翼端支架
主車軸
密封式駕駛艙

螺旋槳
（直徑為 2.6m）
駕駛室（單座）

氣球式人力機
「長生鳥」
（1965 年，英國）
寬 10 公尺，
重量 17.2kg

氣球式飛行機
「ML 小型機 I 號」
（1957 年，英國）

引擎
（65 馬力）

8 單人潛水艇

▼觀光潛水艇和超小型潛水艇可助人觀測海底情況。它們都是耐壓構造，可以潛到水下一百公尺，窗子由雙層耐壓玻璃製成，可以在水下安全地眺望。單人潛水艇的長度為三～四公尺，用於娛樂的單人潛水艇，水中的速度約為時速十公里，一般以電池和馬達為動力，可以改變螺旋推進器的傾角，所以在水中的運動非常靈活。

它的原理和正式潛水艇一樣，都是利用壓艙水罐（在裡面注入水就會下沉，排出水就會上浮），緊急時刻可以切斷艙底的配重錘，使潛艇變輕，馬上浮上來，也可以用推進裝置來助推。

這種潛水艇的變形為半沉型潛水艇，它的上部船體浮出水面，下部船體沉在水下；由於可吸到空氣，所以動力可以不用馬達，改用其他引擎，安全性很高。

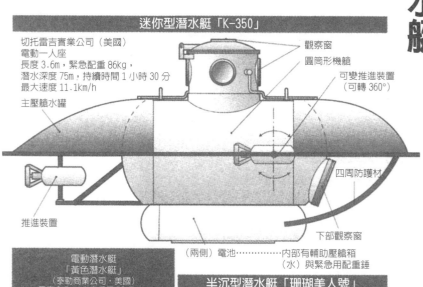

迷你型潛水艇「K-350」

切托雷吉實業公司（美國）
電動一人座
長度 3.6m，緊急配重 86kg，
潛水深度 75m，持續時間 1 小時 30 分
最大速度 11.1km/h

主壓艙水罐
觀察窗
圓筒形機艙
可變推進裝置（可轉 360°）
四周防護材
推進裝置
下部觀察窗
（兩側）電池……………內部有輔助壓艙箱（水）與緊急用配重錘

電動潛水艇
「黃色潛水艇」
（泰勒商業公司・美國）
長度 2.5m，自身重量 56.7kg，
水中速度 8km/h

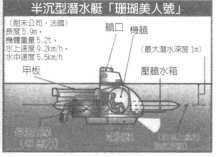

半沉型潛水艇「珊瑚美人號」

（耐末公司・法國）
長度 5.9m，
機體重量 5.2t，
水上速度 9.2km/h，
水中速度 5.5km/h

艙口
機艙
（最大潛水深度 1m）
甲板
壓艙水箱
柴油引擎（43馬力）
配重錘
（在水上航行的吃水線）

9 水上步行器

▼你夢想過不藉助船和螺旋槳的力量，用自己的腳在水上行走，如履平地嗎？傳說耶穌基督曾在湖面行走，這反映了人們的心願。以下即為你介紹實現此心願的工具──水上步行器。

水上步行器讓人利用一個類似滑雪板的東西，在水面上滑行。腳踩在浮板上，雙手抓取前側具有划槳功能的撐桿，將水向後撥，即可前進。缺點是不抗波浪，人很容易感到疲勞。

還有一種步行器，在浮筒的後端加裝魚鰭狀推進板，兩腳分別上下踩踏，即可使它前進。這種步行器的穩定性好，可以在海洋、河流、湖面上步行，曾經創下步行五十公里的記錄，速度達時速十公里。

此外，日本過去的「水上蜘蛛」水上步行器，中心有一個環形裝置，人坐在甜甜圈形狀的板子中央，即可漂浮，但它的浮力太小，水都淹到胸部了。看來不論是哪個時代，人們都想實現在水面行走的夢想。

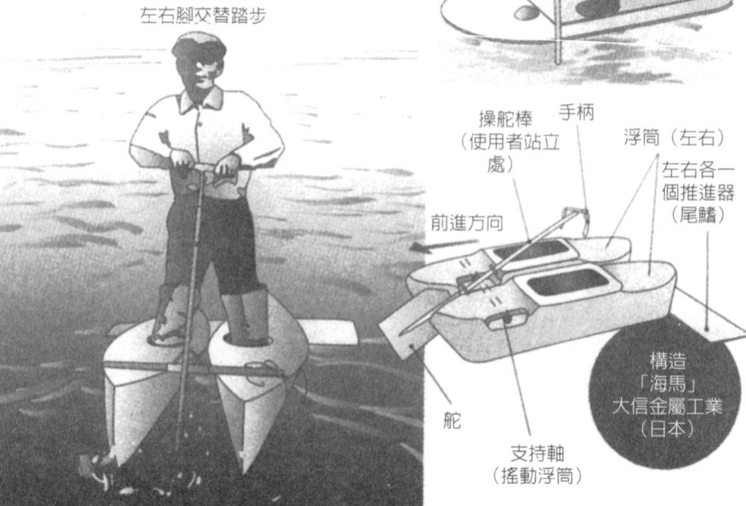
推進原理
划槳方式
旋轉／搖動的軸
前進方向
划水板（槳）
擺動方式
搖動軸
前進方向
水平和垂直安裝都可
扇板（尾鰭）
水上靴
單浮板型，曾橫越英法海峽
1978 年（美國）
水上步行「設計」馬淵清一（1971 年）
左右腳交替踏步
操舵棒（使用者站立處）
手柄
浮筒（左右）
左右各一個推進器（尾鰭）
前進方向
舵
支持軸（搖動浮筒）
構造
「海馬」
大信金屬工業
（日本）

10 人力水翼船

▼人力水翼船以人力驅動，可以高速行駛，為了提高速度，以翼支撐船體，減少水的阻力，波浪從船體的下方通過，船身很平穩。

構造一般包含前後兩個水中翼、以踏板帶動的螺旋槳，並結合各部位的浮筒。控制板的圓狀端與水面接觸，上下運動使水中翼保持在一定的水深。

裝上浮筒可以慢慢加速，最後使船身離開水面，高速滑行。將浮筒拆下來，船體會變輕，但必須使船體在斜面上加速，直到水中翼產生足夠的升力，才可進入水中。

用普通划槳驅動的比賽用高性能划船，速度最高約為二十多公里，而採用水中翼與腳踏螺旋槳的設計，時速可達三十公里以上，可超越專業划船的速度。

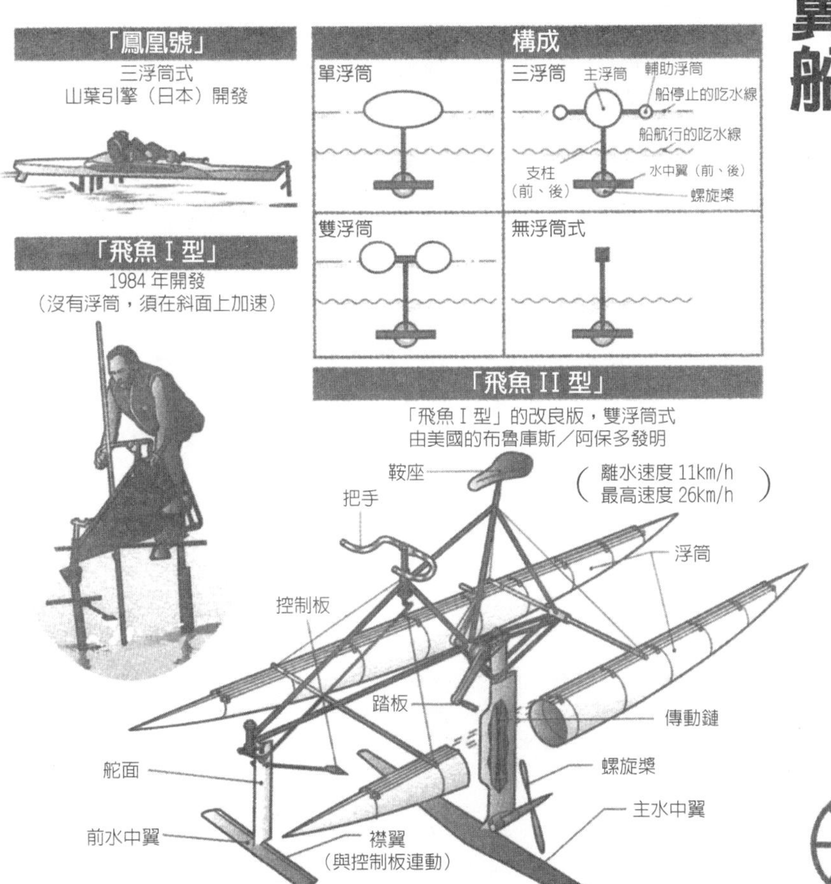
「鳳凰號」
三浮筒式
山葉引擎（日本）開發
「飛魚 I 型」
1984 年開發
（沒有浮筒，須在斜面上加速）
構成
單浮筒
三浮筒
主浮筒
輔助浮筒
船停止的吃水線
船航行的吃水線
支柱
（前、後）
水中翼（前、後）
螺旋槳
雙浮筒
無浮筒式
「飛魚 II 型」
「飛魚 I 型」的改良版，雙浮筒式
由美國的布魯庫斯／阿保多發明
鞍座
把手
離水速度 11km/h
最高速度 26km/h
浮筒
控制板
踏板
傳動鏈
舵面
螺旋槳
主水中翼
前水中翼
襟翼
（與控制板連動）

11 超級自行車

▼自行車注重人體工學。移動同樣的距離，騎自行車所消耗的能量，大約只需走路的五分之一，效率較高。

從傳統的自行車發展到今日的超級自行車，時速超過一百公里的自行車已屢見不鮮，有兩輪、三輪，有的車款不需座椅，採橫躺的姿勢、罩上外殼。

自行車的弱點是「風」，以時速十公里行駛，會有一半的力氣花在克服風的阻力；時速達三十公里，七八成的力氣花在克服風的阻力；時速高達五十公里，則需花九成的力氣克服風的阻力。

為了減少風的阻力，自行車整體需為流線設計，減少正面的面積，所以高速車都有細長的靠背座席、穩定的三輪配置，以及密封的駕駛艙。空間配置的緊密程度與流線形設計的程度，和小客車差不多。

以前的自行車以鋼絲輻條來支撐，方便製作，但空氣阻力過大。

為改善這個缺點，超級自行車在輻條的側面加蓋板，或採用其他圓板型車輪。

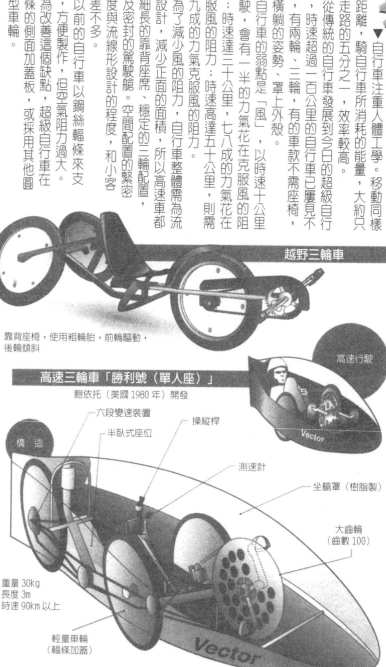

越野三輪車

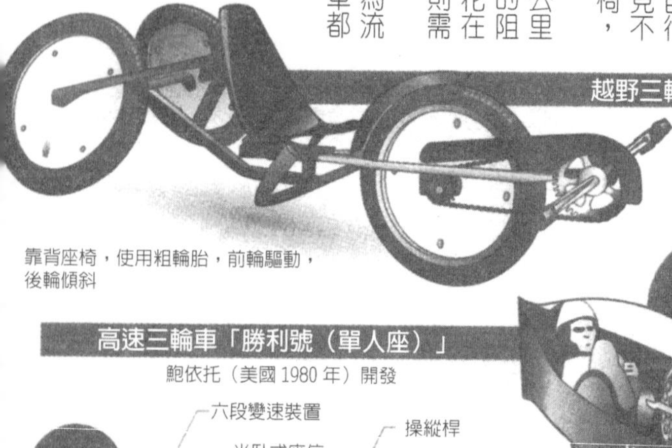

靠背座椅，使用粗輪胎，前輪驅動，後輪傾斜

高速三輪車「勝利號（單人座）」

鮑依托（美國 1980 年）開發

高速行駛

Vector

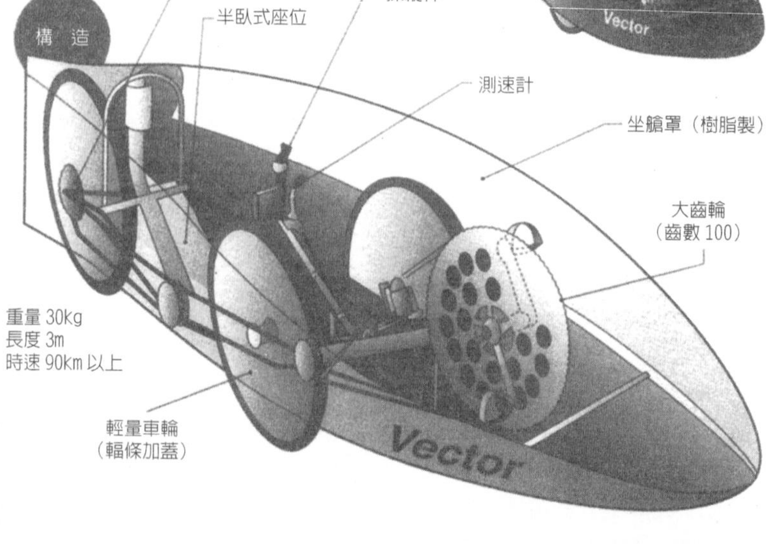

構　造

六段變速裝置

操縱桿

半臥式座位

測速計

坐艙罩（樹脂製）

大齒輪（齒數 100）

重量 30kg
長度 3m
時速 90km 以上

輕量車輪（輻條加蓋）

Vector

超級自行車的各部位用了許多碳纖維樹脂（複合材料），重量輕，強度夠。自行車的驅動力（腳力）雖然小，但在高科技的幫助下，能達到很高的性能。

但因為它的動力是自己的腳力，所以在平地上行駛還可以，上坡就會很辛苦。因此，一般的自行車都裝有多檔變速裝置，或加裝小型引擎，作為輔助動力。

超級自行車是探索人力極限的機械，具有重大的意義。此外，人們也活用自行車的簡便性，提出獨特設計的購物自行車等方案。

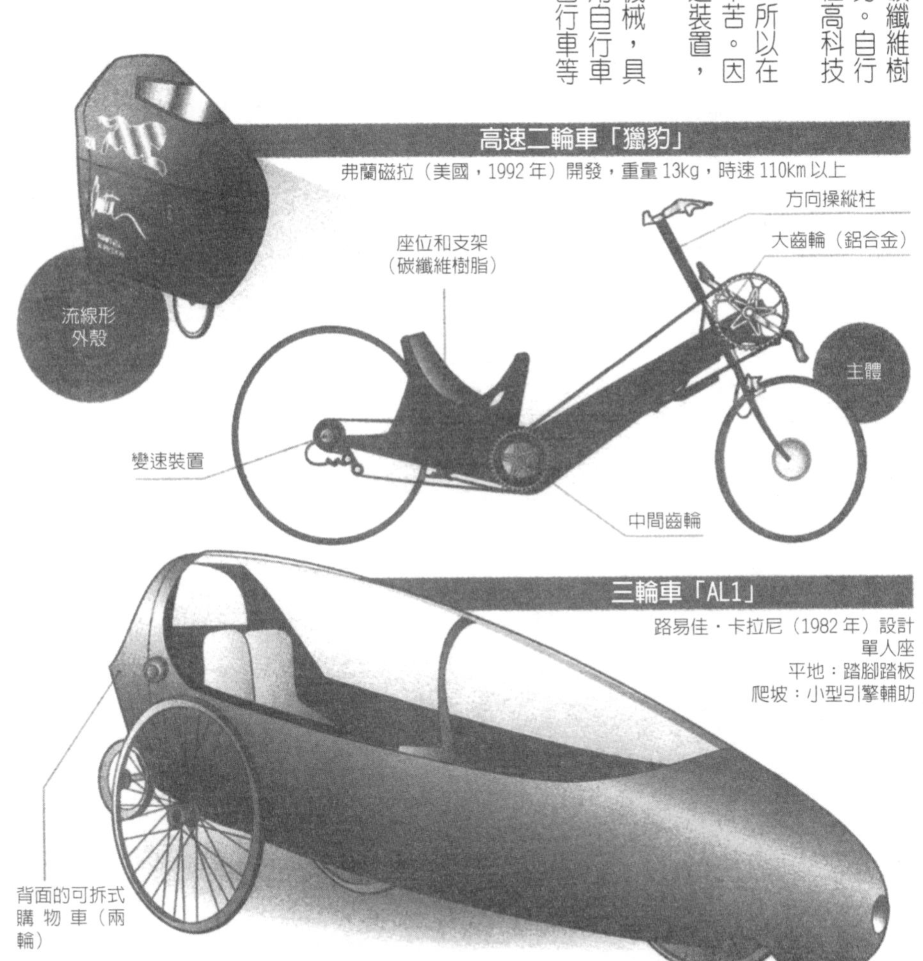
高速二輪車「獵豹」
弗蘭磁拉（美國，1992年）開發，重量13kg，時速110km以上
方向操縱柱
大齒輪（鋁合金）
座位和支架（碳纖維樹脂）
流線形外殼
主體
變速裝置
中間齒輪
三輪車「AL1」
路易佳・卡拉尼（1982年）設計
單人座
平地：踏腳踏板
爬坡：小型引擎輔助
背面的可拆式購物車（兩輪）

12 人力飛機

▼不需以引擎發動，而以人力驅動螺旋槳的人力飛機有國際規格。它全靠駕駛者的腳力驅動，卻能飛離地面兩公尺以上。

但人的力量原本就很有限，縱使在離地的瞬間可產生大馬力，但連續飛行幾個小時，只能提供約〇・二～〇・三的微小馬力，所以一定要設計用很小的動力就能飛行的機體。

設立「庫列馬獎」之後（西元一九五九年，英國），此種技術才得以大幅發展，機體採用新材料，構造發展成流線形的懸臂設計。

「德爾德勞斯號」人力飛機只憑雙腳去踩踏板，即可在海面上飛行長達一一六公里，平均時速約三十公里。它雖是展翼三十四公尺的大飛機，但機體很輕，大約只有三十一公斤。

人力飛機基本上是在低空低速飛行，所以需有超輕構造、高性能的翼型與高效率的螺旋槳。主翼的展弦比（這個比例越大，機翼越細長，適合長距離飛行）非常大，是它最大的特

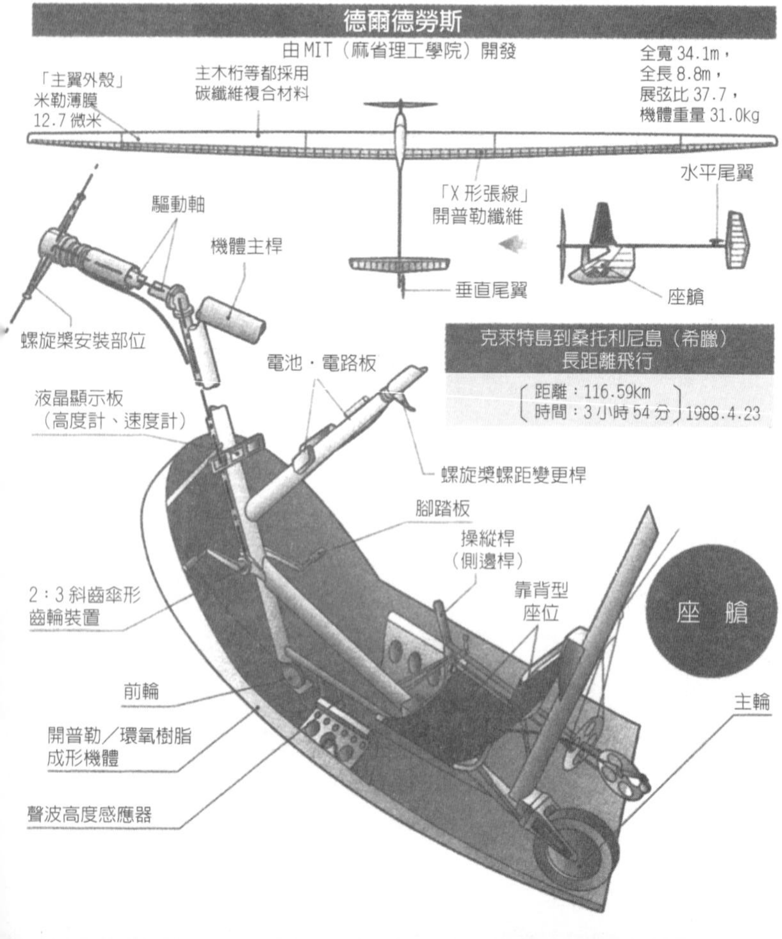

德爾德勞斯

由MIT（麻省理工學院）開發

全寬 34.1m，
全長 8.8m，
展弦比 37.7，
機體重量 31.0kg

「主翼外殼」
米勒薄膜
12.7 微米

主木桁等都採用
碳纖維複合材料

「X 形張線」
開普勒纖維

水平尾翼

垂直尾翼

座艙

驅動軸

機體主桿

螺旋槳安裝部位

克萊特島到桑托利尼島（希臘）長距離飛行

距離：116.59km
時間：3 小時 54 分 1988.4.23

電池・電路板

液晶顯示板
（高度計、速度計）

螺旋槳螺距變更桿

腳踏板

操縱桿
（側邊桿）

靠背型
座位

座　艙

2：3 斜齒傘形
齒輪裝置

前輪

主輪

開普勒／環氧樹脂
成形機體

聲波高度感應器

色。但體積大，重量輕，飛機容易輕飄飄的，應選用特別強韌的材料，關鍵部位要用碳纖維與環氧樹脂，並大量使用開普勒材料等新材料。

為了提高性能，人力飛機有許多新嘗試，例如：採用可收放的起落架，將鏈驅動方式改為軸驅動方式，在升空前先以腳踏板發電儲存電力，飛行中以馬達協助腳力。

「哥撒馬・信天翁號」只靠人力即飛越多佛爾海峽。這是阿波羅11號登上月球後十年所創下的記錄。由此可知，人類要不靠引擎、火箭的力量來飛行，真是不容易。

人力的馬力

持續時間	運動選手（馬力）	一般人（馬力）
起飛（大約10秒）	1.5	1.0
短時間（大約10分鐘）	0.5～0.3	0.4～0.2
長時間（10分鐘以上）	0.3以下	0.2以下

（踩腳踏板）

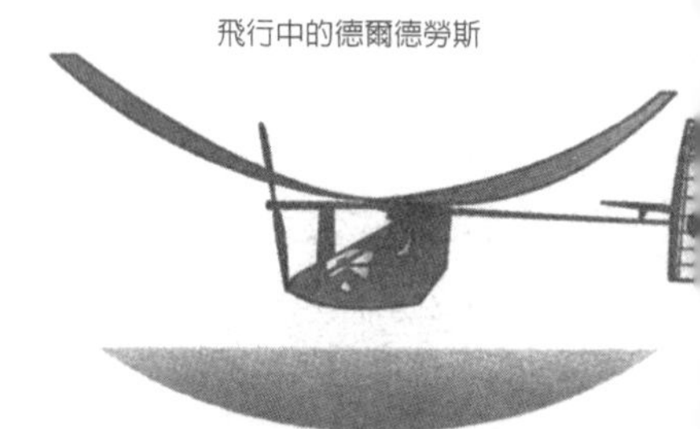
飛行中的德爾德勞斯

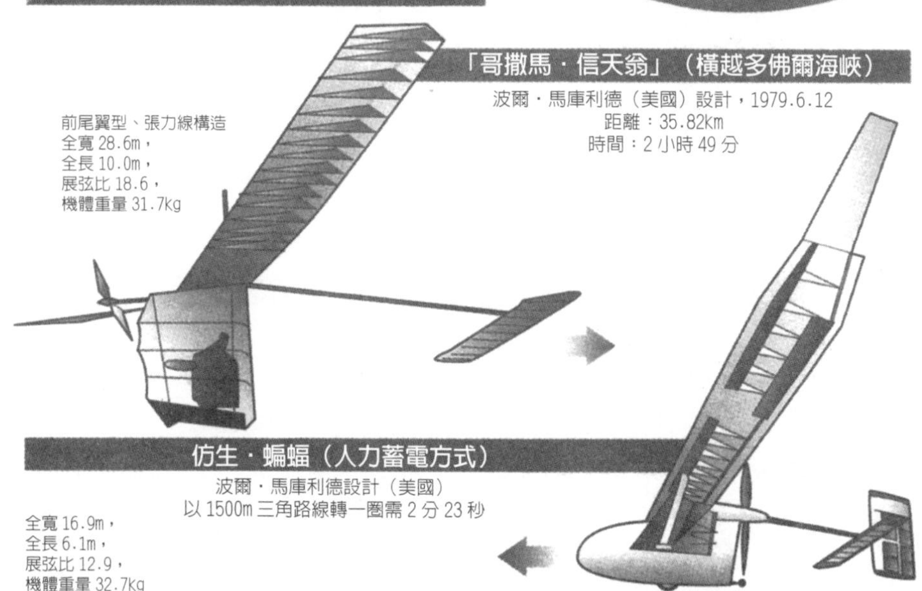
「哥撒馬・信天翁」（橫越多佛爾海峽）
波爾・馬庫利德（美國）設計，1979.6.12
距離：35.82km
時間：2小時49分
前尾翼型、張力線構造
全寬28.6m，
全長10.0m，
展弦比18.6，
機體重量31.7kg
仿生・蝙蝠（人力蓄電方式）
波爾・馬庫利德設計（美國）
以1500m三角路線轉一圈需2分23秒
全寬16.9m，
全長6.1m，
展弦比12.9，
機體重量32.7kg

13 人力直升機

▼人力直升機是用腳踩踏板來轉動旋翼，使飛機起飛，需要比人力飛機大二～三倍以上的動力，較難設計。加大旋翼的直徑，即能以較小的馬力起飛，但飛機的重量會增加。

直升機的旋翼和機體成反方向旋轉，所以要先解決「反向轉矩」的問題，人力直升機一般採用雙重反轉旋翼、翼端驅動的單旋翼，或多旋翼等方式來解決。

「YURI 1號」組合反向旋轉的四個旋翼，使機體超輕量化，可以穩定升空，創下滯空時間最長的世界記錄，獲得很高的評價。

西元一九八〇年創立的希哥羅斯基獎金，專為成功的人力直升機創造者設立，條件是升高一公分，但必須滯空一分鐘以上；或升空一瞬間，但高度必須超過三公尺等，但至今還沒有人能達到這樣的條件。

各種形式

「一日飛行」（日本大學，西元 1985 年）（短暫滯空）
二重反轉旋翼方式

「達・芬奇 III」（美國理工科大學，西元 1989 年）
單旋翼・翼端驅動方式（可滯空）

「YURI I」（日本，西元 1993 年）完全滯空
四旋翼方式
（側面）
（俯瞰）

夢想的試驗

石川昭夫（無法滯空）創造
（西元 1972 年）

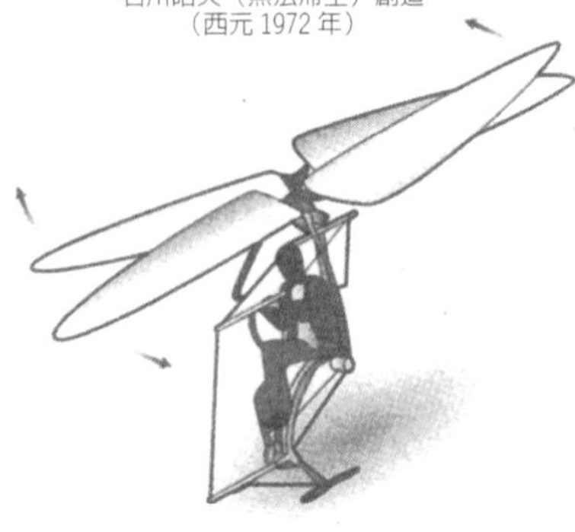

獲得自製機設計獎大賽的「夢想獎」

YURI I

內藤晃開發

尺寸：20.1×20.1×2.0m
旋翼直徑：10m×4
機體重量：38kg
滯空時間：24.0 秒
（1994 年）

十字形支架
靠背式座位
飛輪
旋翼

14 人力飛船

▼人力飛船最大的特點是可以在空中滯留，利用氣體的浮力升空，腳踏板的動力可轉換成推進力，效率很高，而且可以設計成可愛的造型。

舉例來說，「白色小人號」可以反轉腳踏板，後退飛行，螺旋槳的軸可傾斜，有助於上升和下降的控制。

人力飛船的氣囊由尼龍製成，外表塗一層聚氨基甲酸乙酯，內部填充氦氣。舵的面積很大，可以慢慢改變方向，如果想快速改變方向，可以使用橫向的小螺旋槳。

缺點是抗風性較小，經不起突然的陣風和上升氣流，應選擇少風的早晨和晚間飛行。這種人力飛船有很多令人嚮往的用途，例如，在低空優雅地散步，或乘坐它環遊世界。

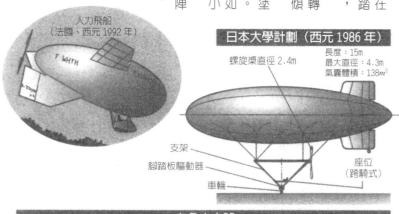

人力飛船
（法國、西元 1992 年）

日本大學計劃（西元 1986 年）

長度：15m
最大直徑：4.3m
氣囊體積：138m^3
螺旋槳直徑 2.4m
支架
腳踏板驅動器
車輪
座位
（跨騎式）

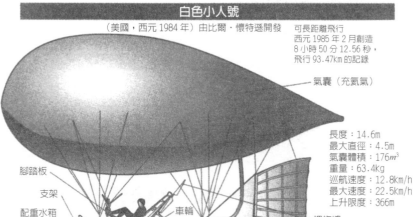

白色小人號

（美國，西元 1984 年）由比爾・懷特遜開發

可長距離飛行
西元 1985 年 2 月創造
8 小時 50 分 12.56 秒，
飛行 93.47km 的記錄

氣囊（充氦氣）

長度：14.6m
最大直徑：4.5m
氣囊體積：176m^3
重量：63.4kg
巡航速度：12.8km/h
最大速度：22.5km/h
上升限度：366m

腳踏板
支架
配重水箱
（前後各一個）
車輪
螺旋槳
（可改變傾斜角）

15 人力飛機大賽

▼每年夏天，日本琵琶湖畔都會舉辦「鳥人錦標賽」（由日本的讀賣電視台主辦）。競賽項目是滑翔翼和人力螺旋槳機的飛行距離比賽，常有各式各樣的變形機種和滑稽的機體去參加比賽，非常熱鬧。

參賽飛機從十公尺的高台起飛，再落於湖面上。機體的性能和飛行的技術逐年提高。在第二十二次的大會（西元一九九八年），滑翔機飛行了三六四公尺，螺旋槳機則飛行了二十三公里，飛越琵琶湖面。

人力飛機會在起飛後快速下降，增加速度，在低空利用地面效應，貼著地面飛行。地面效應是指接近地面（或水面），兩翼周圍的氣流發生變化，增加機翼的升力，對飛機的長時間飛行十分有利。

「鳥人錦標賽」是日本獨有的，受到世界的矚目，但它斜面助跑和在水面降落等比賽規則與FAI（國際航空聯盟）不符，所以比賽成績一直沒有載入世界記錄。

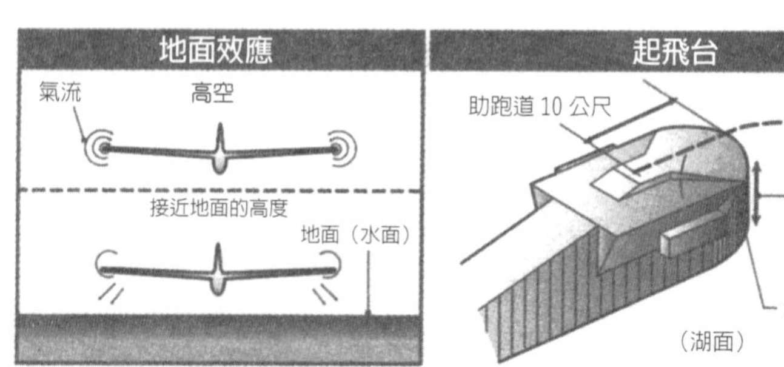
地面效應
氣流
高空
接近地面的高度
地面（水面）
起飛台
助跑道 10 公尺
傾斜角 3.5°
高出水面
10 公尺
安全圍纜
（湖面）

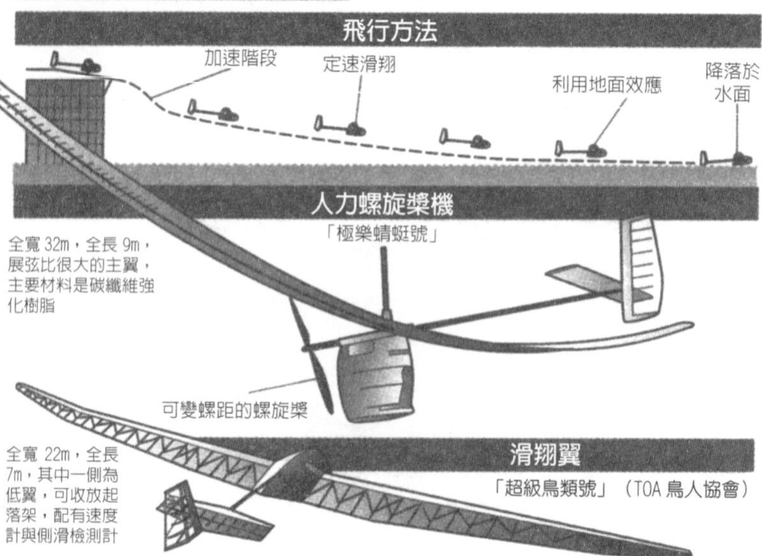
飛行方法
加速階段
定速滑翔
利用地面效應
降落於
水面
人力螺旋槳機
「極樂蜻蜓號」
全寬 32m，全長 9m，
展弦比很大的主翼，
主要材料是碳纖維強
化樹脂
可變螺距的螺旋槳
滑翔翼
「超級鳥類號」（TOA 鳥人協會）
全寬 22m，全長
7m，其中一側為
低翼，可收放起
落架，配有速度
計與側滑檢測計

第8章
奇想機械

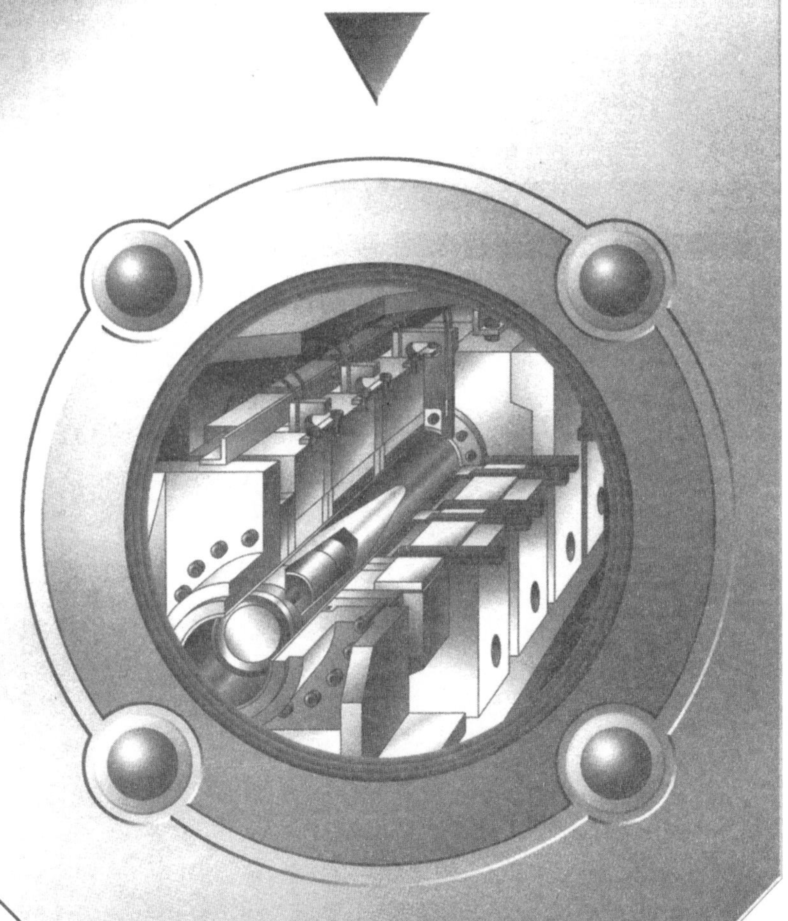

1 衛星彈射器

▼一般皆以火箭將人造衛星和太空船送上太空。火箭裝載的燃料，是為了在太空中使用，如果於發射過程中消耗殆盡，是很浪費的，所以發射需要其他的助推燃料。

朱爾·凡爾納的科幻小說《地球到月球》（De la Terre à la Lune），幻想用大砲將人造衛星送上天。如果砲彈的速度加快，應該可以將人造衛星發射到太空中，但是如此可怕的加速度恐怕會嚇壞地面的生物。

現今，最快的初速度發射來自兩段式輕氣槍，它應用在超高速的實驗，使用的子彈極小。第二次世界大戰時，曾開發多岔路發射砲，如今有人想用它來發射衛星，因為用大砲發射衛星，比用火箭便宜得多。

子彈是發射衛星的輔助動力，可以提高加速度；此外，為了降低噪音，需在砲口安裝特別的防噪音裝置。

發射太空船和太空梭，與發射衛星不同，必須有穩定加速的發射裝置，可採用線性馬達，在地面上助跑，再依循航道往

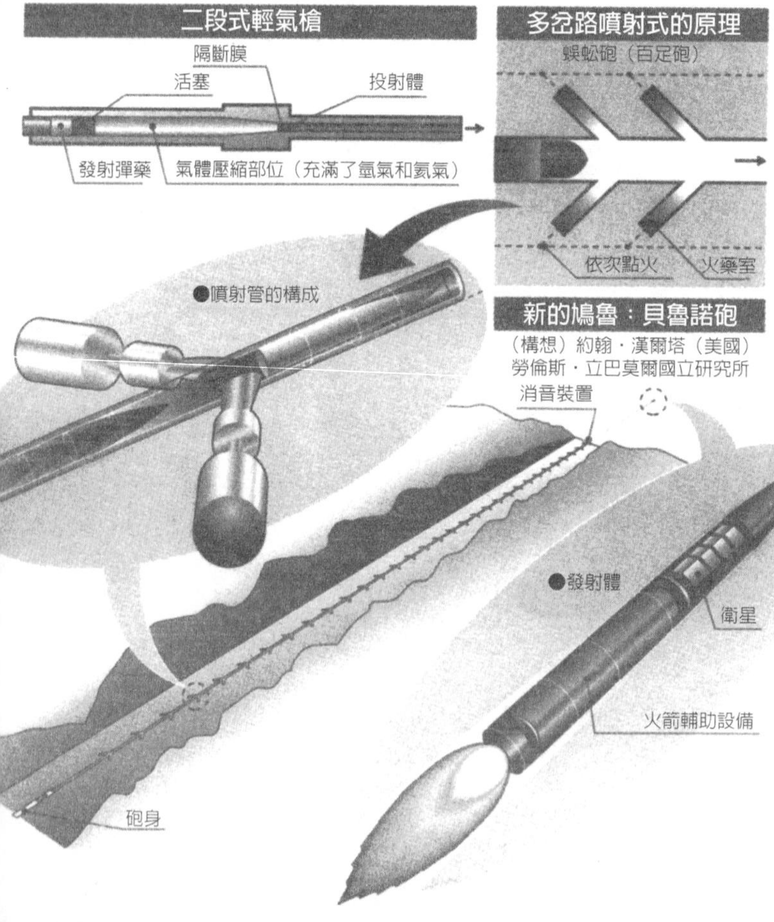

二段式輕氣槍

隔斷膜
活塞
投射體
發射彈藥
氣體壓縮部位（充滿了氫氣和氦氣）

多岔路噴射式的原理

蜈蚣砲（百足砲）
依次點火
火藥室

新的鳩魯：貝魯諾砲

（構想）約翰·漢爾塔（美國）
勞倫斯·立巴莫爾國立研究所

●噴射管的構成
消音裝置
●發射體
衛星
火箭輔助設備
砲身

太空發射。

最初可用線性馬達來推動火箭，使火箭離地，再點燃火箭，增加向上的推力，使火箭脫離台架的時速達六三〇公里。

穩固支架使火箭保持穩定的方向，垂直向上發射。

以發射太空梭為例，若以線性馬達來助推，預計可減少三百噸的搭載燃料。

由於人造衛星和太空船越來越多，這種彈射器的用途會越來越廣泛，雲霄飛車軌道即可運用之。

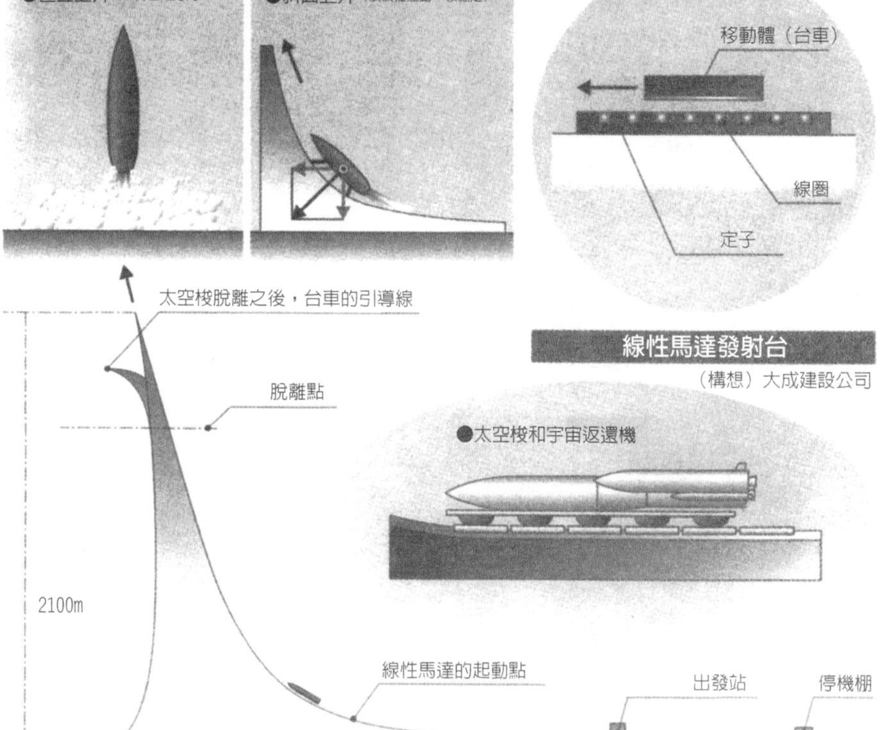

穩定性的比較
●直立上升（保持固定方向）
●斜面上升（依慣性運動，較穩定）
線性馬達的原理
移動體（台車）
線圈
定子
太空梭脫離之後，台車的引導線
脫離點
2100m
線性馬達的起動點
出發站
停機棚
線性馬達發射台
（構想）大成建設公司
●太空梭和宇宙返還機

2 空中運輸裝置

▼向太空運送物資，除了運用火箭，還可運用軌道噴射器和線圈盤管等電磁方式。不用爆炸性物質（火箭），改用電磁式加速裝置（電氣砲），即可重複使用。

軌道噴射器是在平行的軌道設導體子彈（發射體），與馬達的推進原理一樣。構造雖然簡單，卻需大量電流，且子彈常和軌道接觸，因此在摩擦力的作用下，會降低速度。

線圈盤管將圓形的線圈排成一列，子彈浮在線圈中心，在發射過程中不與四周線圈接觸。子彈前面的線圈依序通入電流，子彈即會加速，接著快速切斷電流，讓子彈只憑慣性即可發射。

此裝置可實際應用於核廢料的處理：將核廢料裝入一個密封容器，使它在環狀裝置中高速旋轉，再發射到太空，待核廢料與某恆星相撞，自然燃盡。

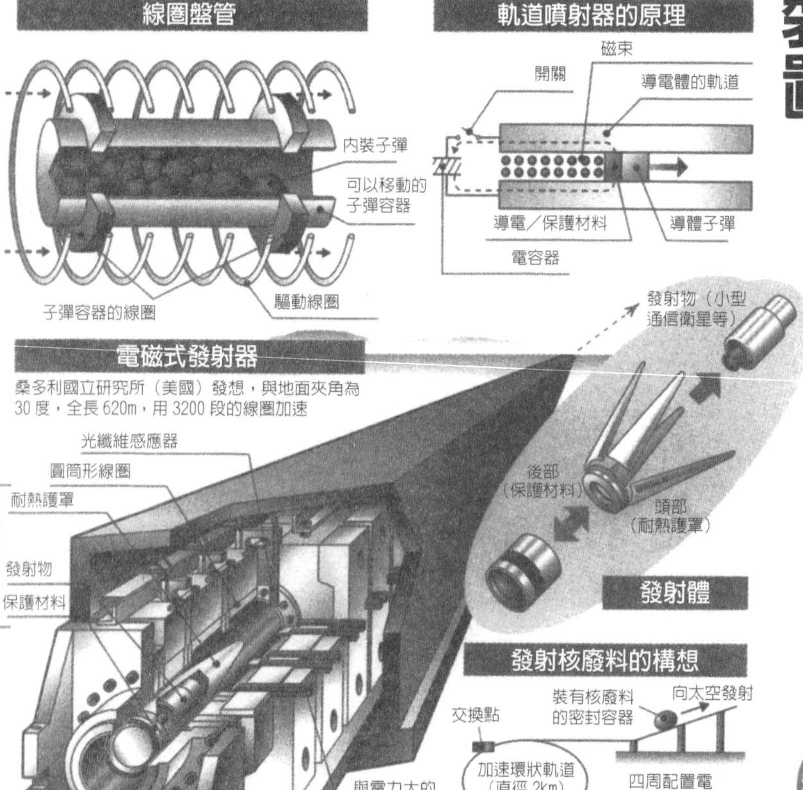
軌道噴射器的原理
磁束
開關
導電體的軌道
導電／保護材料
導體子彈
電容器
線圈盤管
內裝子彈
可以移動的
子彈容器
子彈容器的線圈
驅動線圈
電磁式發射器
桑多利國立研究所（美國）發想，與地面夾角為
30 度，全長 620m，用 3200 段的線圈加速
光纖維感應器
圓筒形線圈
耐熱護罩
發射物
保護材料
發射體
與電力大的
電容器相連
發射物（小型
通信衛星等）
後部
（保護材料）
頭部
（耐熱護罩）
發射體
發射核廢料的構想
裝有核廢料
的密封容器
向太空發射
交換點
加速環狀軌道
（直徑 2km）
四周配置電
磁鐵來驅動

3 人工太陽

▼用小鏡子反射陽光，照在他人的臉上，大家都做過這種惡作劇吧？人工太陽就是應用這個原理，在衛星軌道上，圍繞許多巨大鏡子，將反射光集中照射在地表某處。很早以前就有人提出這構想，在西元一九六〇年，太空技術人員庫拉夫多．艾利凱（美國）即提出人工月亮和人工太陽的計劃，引起人們關注，期待用於增強夜間照明和太陽能發電。將聚脂薄膜等材料真空鍍上一層鋁，延展成一層薄的金屬箔，即是反射鏡。將直徑四公里的九百個圓形反射鏡，環繞於四千公里的高空，可以將強烈的光束照射在直徑三十五公里的地表。

火星上非常寒冷，被一層二氧化碳氣體所包圍，因此人們夢想將人工太陽用於火星地表，將火星的環境改造成適合人居的環境。

反射鏡的構成

●反射鏡

太陽光

塗上金屬鋁

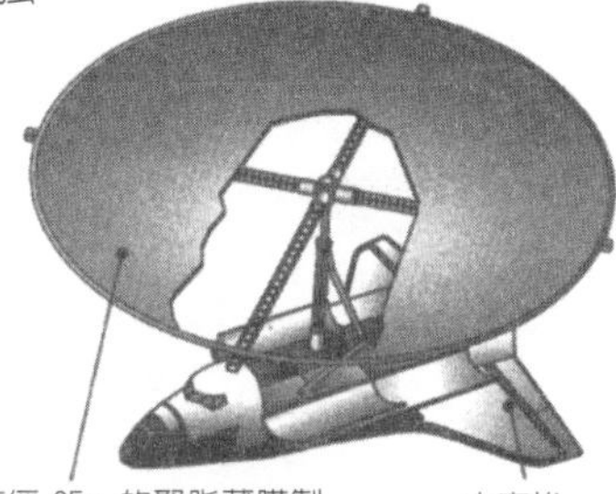
直徑 35m 的聚脂薄膜製成的反射鏡（鋁塗層）
太空梭

實驗計劃

人工太陽

可以控制反射光線的角度，將強大的光束聚焦於某地

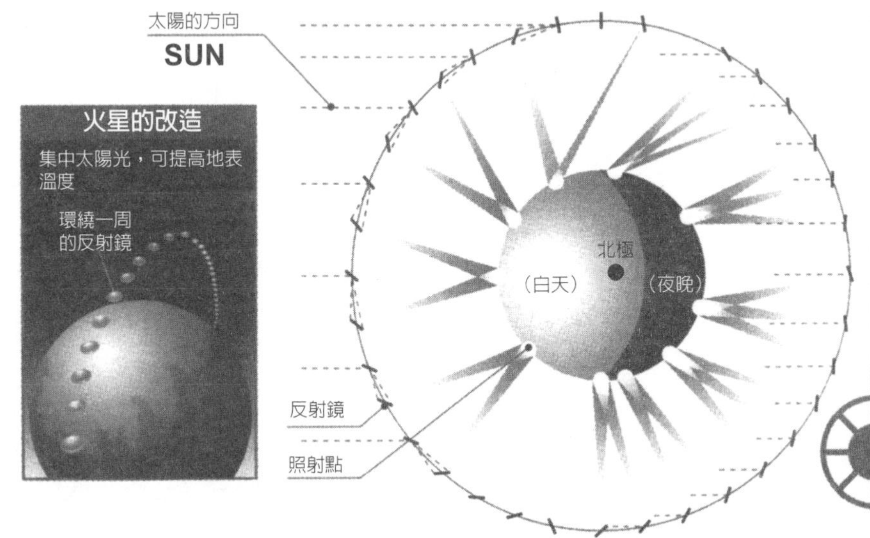
太陽的方向
SUN
北極
（白天）
（夜晚）
反射鏡
照射點
火星的改造
集中太陽光，可提高地表溫度
環繞一周的反射鏡

4 太空電梯

▼太空電梯是將衛星發送到地球的同步軌道，讓衛星一邊取得平衡，一邊將太空站往上延伸出去，將纜帶（電梯纜繩）往下連結於地球。

位於地球同步軌道的衛星是太空電梯的重心（離地球表面三萬六千公里），處於無重力狀態，若衛星低於同步軌道，引力會增加；高於同步軌道，離心力會增加。因此，人們可以將物體利用太空電梯，送達太空站，再以高速的連線速度，將物體往外太空發射，也就是說，太空站可以當作人類前往其他星球的發射台。

此構想的徵結點在於材料，人類很難找到強度與重量比符合需求的材料，最接近理想的是碳奈米管，但實際運用仍需進一步研究。此外，整條纜帶的粗度不平均，負荷大的地方會比較粗，負荷小的地方比較細，而位於同步軌道的纜帶所受拉力最大，所以是最粗的地方。

人們幻想將太空電梯用於連結地球與月球，如此一來，不需要發射太空船，我們也可以直接抵達月球。

構造

連線的速度大於脫離速度）
離心力發射台
太空站
同步軌道衛星站
同步軌道
電梯纜帶
低軌道站
基座
地球

內部
軌道上部
電梯艙
線性馬達驅動
地球側
導向

原理

平衡整個纜帶的重量
離心力
同步軌道
重心（衛星）
引力
三萬六千公里
中空的軸
地球

通往月亮的橋 利用平衡點

38 萬 km
太空電梯
29 萬 km
90000km
L1 電梯
L5
地球
L2
月亮
L3
L1
接觸點
同步軌道
月亮的公轉軌道
L4

平衡點：是指雙方重力的平衡點（重力是指引力和離心力的合力）
月亮和地球之間，有 L1、L2、L3、L4、L5 這五個合力

5 太空垃圾的處理

▼壽命已盡的衛星和火箭殘骸都稱為太空垃圾（又稱太空碎片、太空廢棄物）。現在約有兩萬個太空垃圾（螺柱等零件）正圍繞著地球旋轉，若將更小的塗料片算進去，則大約有上兆個。

即使是微小的塗料片也不能大意，曾經有塗料片撞到高速行駛的太空梭，在玻璃窗留下〇・五公釐的傷痕。太空船若發生撞擊，大型殘骸可能會落在地表，或造成其他危險。

太空垃圾的處理法有：使太空垃圾降低速度衝進大氣層，燃燒殆盡；使太空垃圾加速，脫離地球軌道，送到遙遠的外太空（撞到太陽會自動燃燒）；使用衛星自我引爆裝置，使太空垃圾變成細末；為火箭加裝牽引船來處理太空垃圾。

目前人們以太空梭進行太陽系太空垃圾的回收，亦使用衛星回收器和太空垃圾掃除機，有種太空垃圾掃除機即是利用渦捲管捕捉飛行中的太空垃圾。

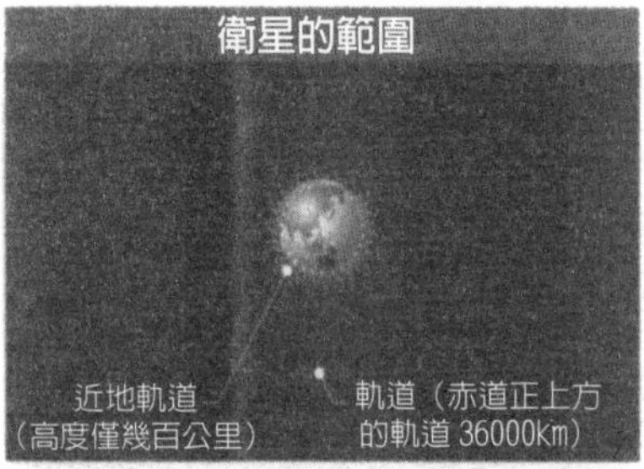

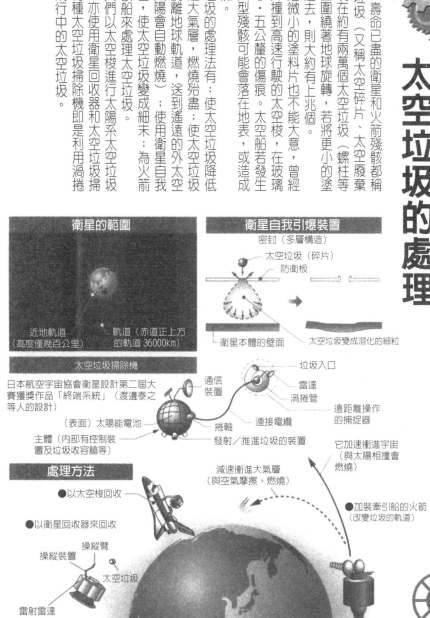

衛星的範圍

近地軌道（高度僅幾百公里）
軌道（赤道正上方的軌道 36000km）

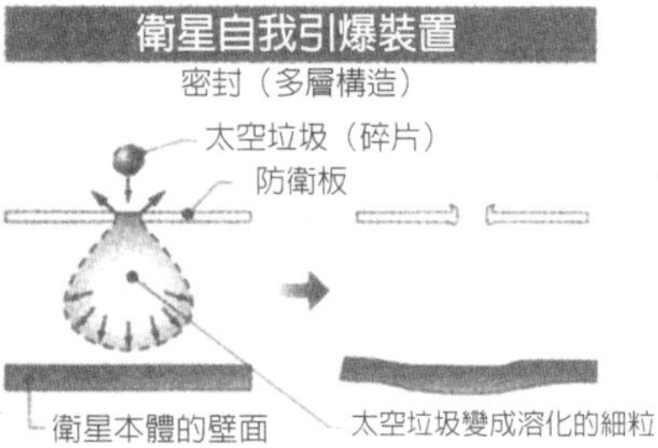

衛星自我引爆裝置

密封（多層構造）
太空垃圾（碎片）
防衛板
衛星本體的壁面
太空垃圾變成溶化的細粒

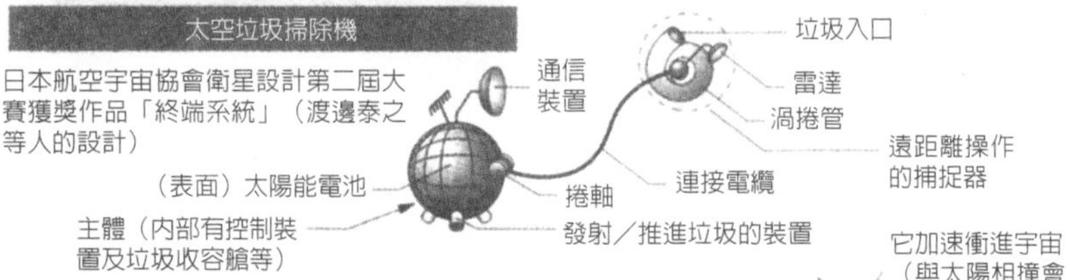

太空垃圾掃除機

日本航空宇宙協會衛星設計第二屆大賽獲獎作品「終端系統」（渡邊泰之等人的設計）
通信裝置
垃圾入口
雷達
渦捲管
遠距離操作的捕捉器
（表面）太陽能電池
捲軸
連接電纜
主體（內部有控制裝置及垃圾收容艙等）
發射／推進垃圾的裝置

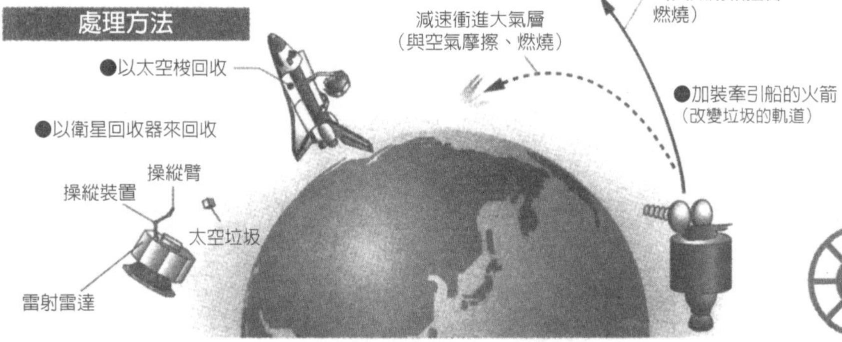

處理方法

●以太空梭回收
●以衛星回收器來回收
操縱臂
操縱裝置
太空垃圾
雷射雷達
減速衝進大氣層（與空氣摩擦、燃燒）
它加速衝進宇宙（與太陽相撞會燃燒）
●加裝牽引船的火箭（改變垃圾的軌道）

6 火星探索

▼除了地球，最有可能有生命的星球就是火星，所以人們皆很關注火星。它的直徑只有地球的一半，一天的長短、地軸的傾斜角度與地球差不多，有四季的變化。覆蓋火星地表的大氣，基本上以二氧化碳為主。

火星氣壓只有地球的百分之一，平均溫度為零下六十度，氣溫寒冷，空氣稀薄；由於離太陽遠，所以接收到的能量很少，只能用風力或核能當動力，無法從地球進行無線遙控，必須用機器人。

人類對火星的探索始自「海盜」一號、二號的發射，二十一年後才由ＮＡＳＡ（美國太空總署）發射火星探索機「帕斯發依塔號」，在火星上實現軟著陸，以探索火星是否有水以及生命體，但還沒有找到任何確切的證據。

「帕斯發依塔號」的主體連接著陸機和可以移動的探索車，外側包有緩衝墊，可

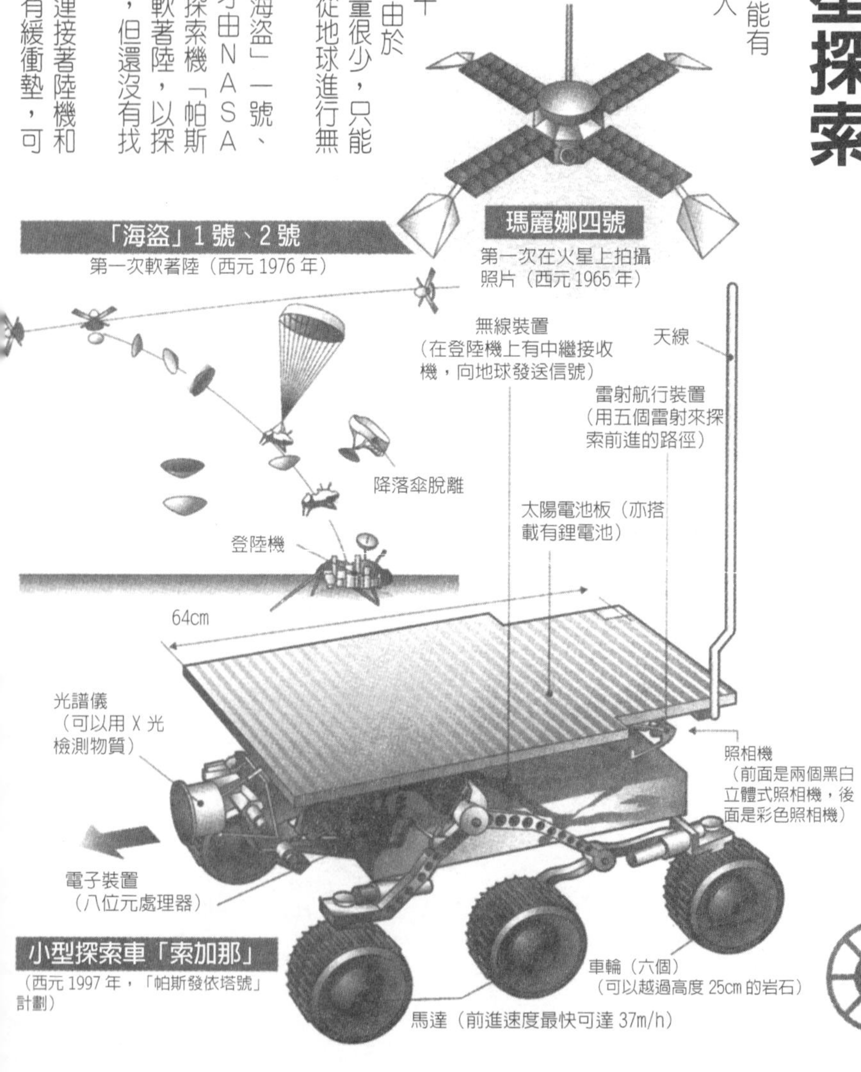

瑪麗娜四號
第一次在火星上拍攝照片（西元 1965 年）

「海盜」1 號、2 號
第一次軟著陸（西元 1976 年）

降落傘脫離
登陸機

無線裝置（在登陸機上有中繼接收機，向地球發送信號）
天線
雷射航行裝置（用五個雷射來探索前進的路徑）
太陽電池板（亦搭載有鋰電池）
64cm
光譜儀（可以用 X 光檢測物質）
照相機（前面是兩個黑白立體式照相機，後面是彩色照相機）
電子裝置（八位元處理器）
車輪（六個）（可以越過高度 25cm 的岩石）
馬達（前進速度最快可達 37m/h）

小型探索車「索加那」
（西元 1997 年，「帕斯發依塔號」計劃）

以降至火星表面。探索機降到火星表面，會自動分成三個部分，探索車從中間伸出來。

「帕斯發依塔號」的特點是價格便宜，只有「海盜號」預算的十二分之一，在開發期間，只用掉一半的預算，且使用壽命長。

除了這種在火星表面移動的探索車，還有其火星觀測法。由於火星大氣層的氣壓、氣溫，與地球平流層的氣壓及氣溫很相似，所以可用飛機或探測氣球技術來觀測。

進一步的火星探索構想是在二十一世紀建造一個有人的火星基地，科學家考慮將基地地點選在火星赤道附近，以進行科學考察和植物栽培實驗，研究如何將火星的環境改造成近似地球的環境。

人們曾在地球南極的冰塊中發現隕石碎片，科學家推斷是火星碎片，且懷疑上面附著的化石狀態有機物是另一種生命形態。這引起人們的關注，火星真是一顆令人充滿想像的行星。

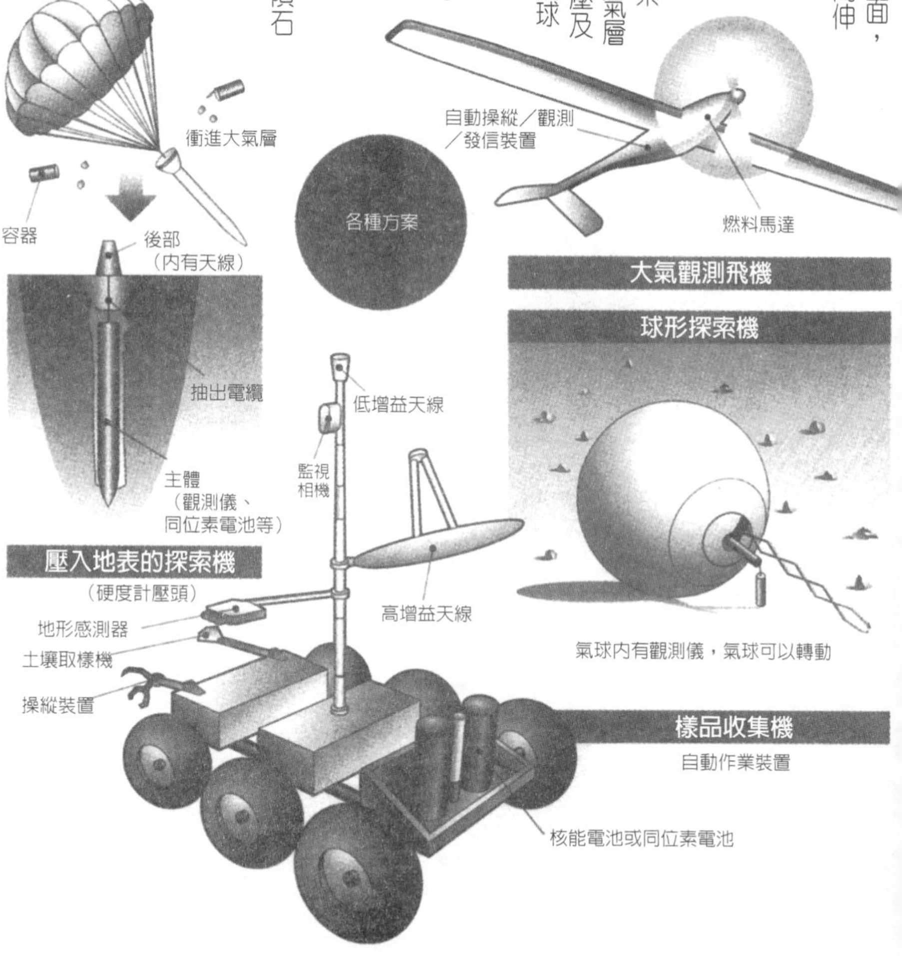

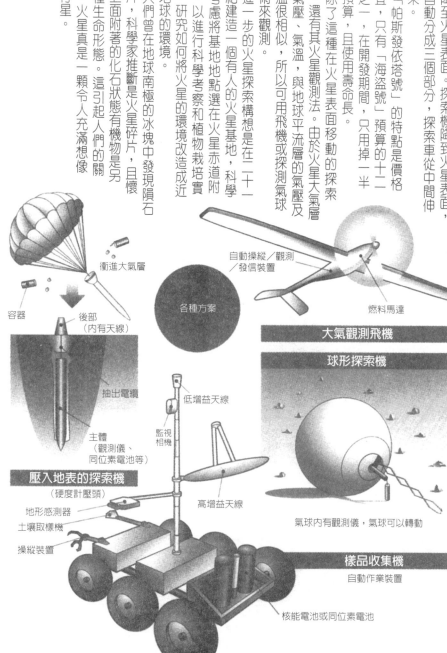

各種方案
衝進大氣層
容器
後部
（內有天線）
抽出電纜
主體
（觀測儀、
同位素電池等）
壓入地表的探索機
（硬度計壓頭）
自動操縱／觀測
／發信裝置
燃料馬達
大氣觀測飛機
球形探索機
氣球內有觀測儀，氣球可以轉動
低增益天線
監視
相機
高增益天線
地形感測器
土壤取樣機
操縱裝置
樣品收集機
自動作業裝置
核能電池或同位素電池

7 星際太空船

▼使用化學燃料的火箭無法衝出太陽系，進入銀河系。到達距離地球最近的恆星——科它沃羅星座的阿爾法星，要四・三光年（一光年的距離是光一年所走的距離，約為九・五兆公里）。

這樣的距離不管帶多少燃料都走不完，因此人們設想用電力推進的離子火箭。它靠噴出的銫或水銀粒子來推動，可以長時間飛行（至少幾年），但推力過小，所以用途很有限。

因此，科學家正在研究的「德依德勞斯計劃」是利用核融合，在太空船後部裝小型氫彈，以電子束來引爆，以可能有恆星的波拿多星系為探索目標。此外還可利用「光壓」當動力來源，不用自帶燃料，但只利用太陽光，可航行的範圍會太窄，所以可以從基地提供強烈的雷射光束。

在太空船航行途中，浮一個巨大的環形透鏡，反射波長短的X光束，再利用構造為同心圓的光帆，讓X光束停止和逆行。

另外，可在航行途中的太空站大量補給燃料。太空其實不是完全真空，太空中飄著稀薄的星際物質，平均每立方公分有一

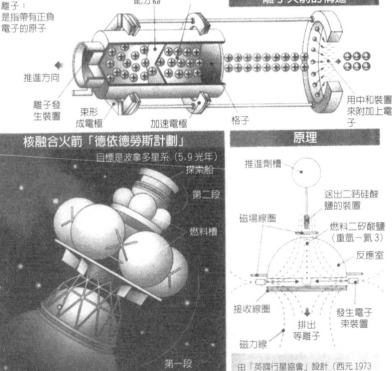

離子火箭的構造

離子：是指帶有正負電子的原子

配分器
離子室
推進方向
離子發生裝置
束形成電極
加速電極
格子
用中和裝置來附加上電子

核融合火箭「德依德勞斯計劃」

目標是波拿多星系（5.9光年）
探索船
第二段
燃料槽
第一段

原理

推進劑槽
送出二鈣硅酸鹽的裝置
磁場線圈
燃料二矽酸鹽（重氫－氦3）
反應室
接收線圈
發生電子束裝置
排出等離子
磁力線

由「英國行星協會」設計（西元1973年）二段式無人探索機出發時總重量為5400t。第一段反應室直徑為100m

個氫原子。

因此，太空船的頭可吸取原子，以核反應形成推動力。吸入口可做成一個大漏斗，上面是無形的磁場。這個星際太空船計劃是現在最遠大的計劃。

星際航行符合相對論，太空船在1G的重力下加速（與地球相同重力），航行三萬光年抵達銀河系中心，地球已過幾萬年，太空船内卻只過了二十年。

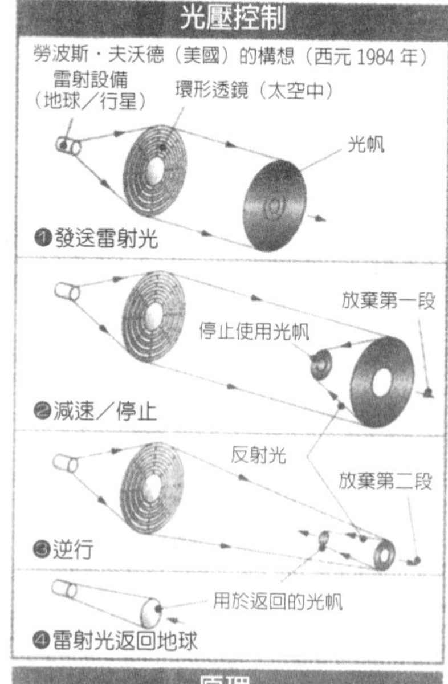
光壓控制
勞波斯・夫沃德（美國）的構想（西元 1984 年）
雷射設備（地球／行星）
環形透鏡（太空中）
光帆
❶發送雷射光
放棄第一段
停止使用光帆
❷減速／停止
反射光
放棄第二段
❸逆行
用於返回的光帆
❹雷射光返回地球

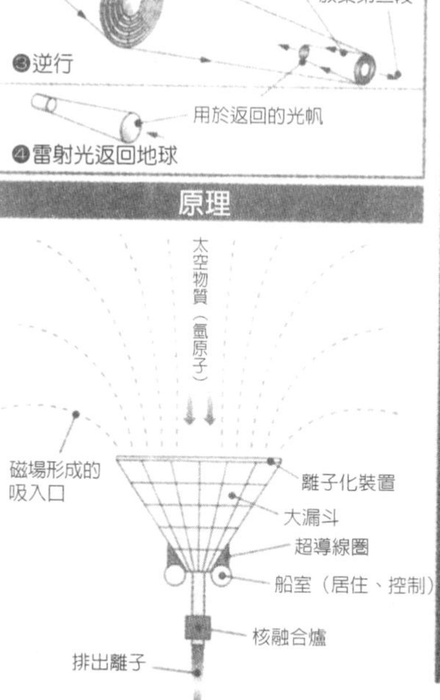
原理
太空物質（氫原子）
磁場形成的吸入口
離子化裝置
大漏斗
超導線圈
船室（居住、控制）
核融合爐
排出離子

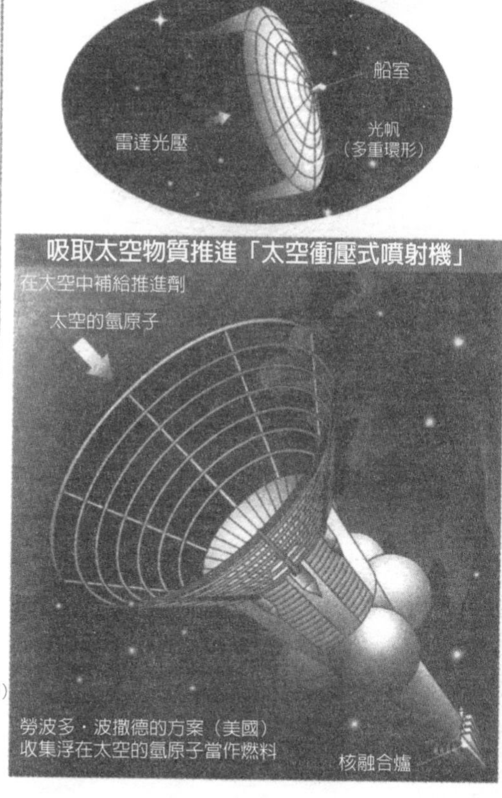
雷達光帆推進
船室
雷達光壓
光帆（多重環形）
吸取太空物質推進「太空衝壓式噴射機」
在太空中補給推進劑
太空的氫原子
勞波多・波撒德的方案（美國）
收集浮在太空的氫原子當作燃料
核融合爐

8 斜翼飛機

▼斜翼飛機（旋轉翼飛機）是指飛機兩側主翼相連成一個整體，與機體構成斜角。這種形狀的飛機翼，目的在於飛機以超音速飛行，可減少空氣阻力。

第二次世界大戰的末期，德國首次設計出這種形態的噴射式戰鬥機，當時僅完成構想，以機體中央為支點安裝兩翼，且依速度調整機翼與機身的角度。

最引人注目的是NASA（美國太空總署）的斜翼飛機：實驗機AD-1。西元一九七九年，它做了首次飛行，展開一連串的研究，主翼傾斜角度為〇～六〇度。AD-1使用了許多強韌的複合材料，飛行中變成前進翼的翼端會產生很強的扭力變化，所以此部分的結構是否夠堅固，是成敗的關鍵。

後退翼的作用是使噴射機穩定地高速飛行，但後退翼易使低速飛行的飛機因浮力變小，引起翼端失速。所以低速飛行的飛

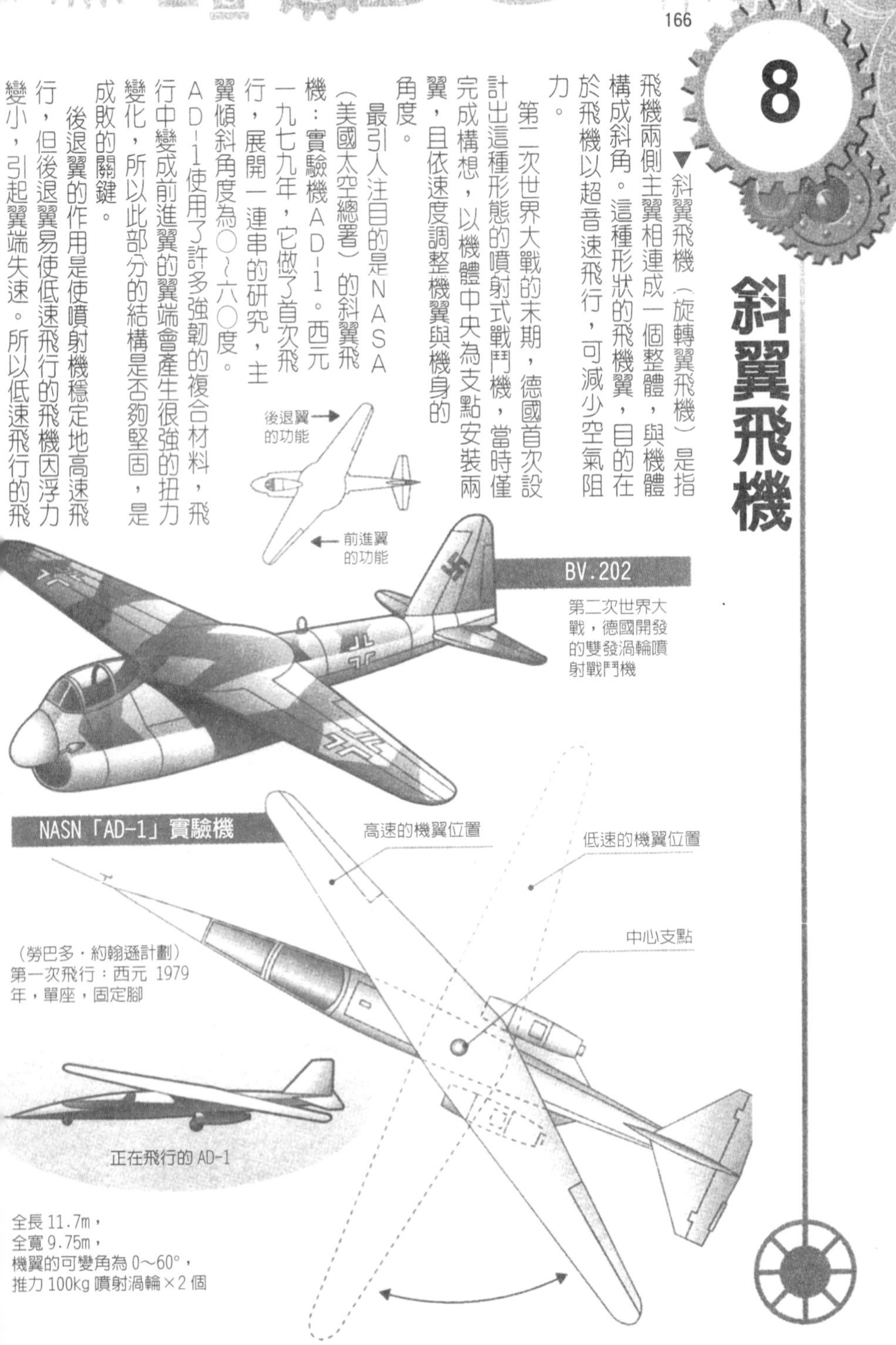
後退翼的功能
前進翼的功能
BV.202
NASN「AD-1」實驗機
高速的機翼位置
低速的機翼位置
中心支點
正在飛行的 AD-1

第二次世界大戰，德國開發的雙發渦輪噴射戰鬥機

（勞巴多・約翰遜計劃）
第一次飛行：西元 1979 年，單座，固定腳

全長 11.7m，
全寬 9.75m，
機翼的可變角為 0～60°，
推力 100kg 噴射渦輪×2 個

機，要和普通飛機一樣，兩翼與機身保持直角，飛行效率才會達到最高。

為了滿足高速與低速飛行的需求，人們開發出各種可變翼，斜翼飛機只是其中一種，相較於其他設計，斜翼飛機的構造較簡單，而且變形後，浮力中心也不太會移動。

以斜翼飛機為基礎，進一步設計的就是牽引翼飛機，在機體多加一個可伸縮的機翼，目標是成為超音速轟炸機。這種形狀只憑機體下面的浮力，便可使飛機滯空。

此外，速度變化範圍較廣的VTOL（垂直升降機）戰鬥機亦是長距離大型超音速飛機。超音速飛機的關鍵在於如何將主翼設計得更輕、更堅固，且可自動控制。

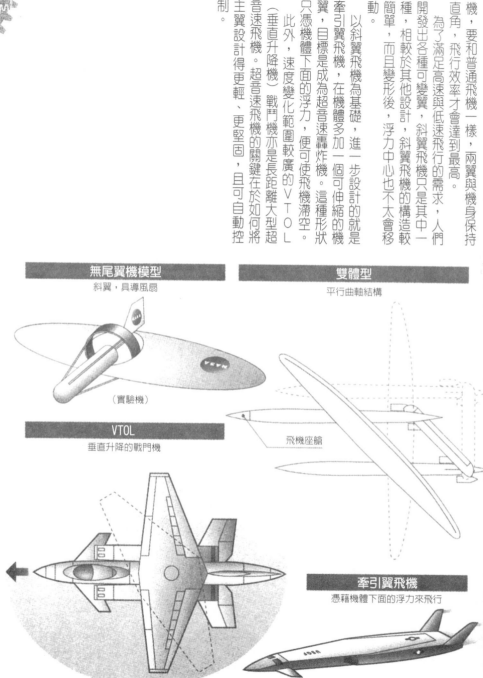

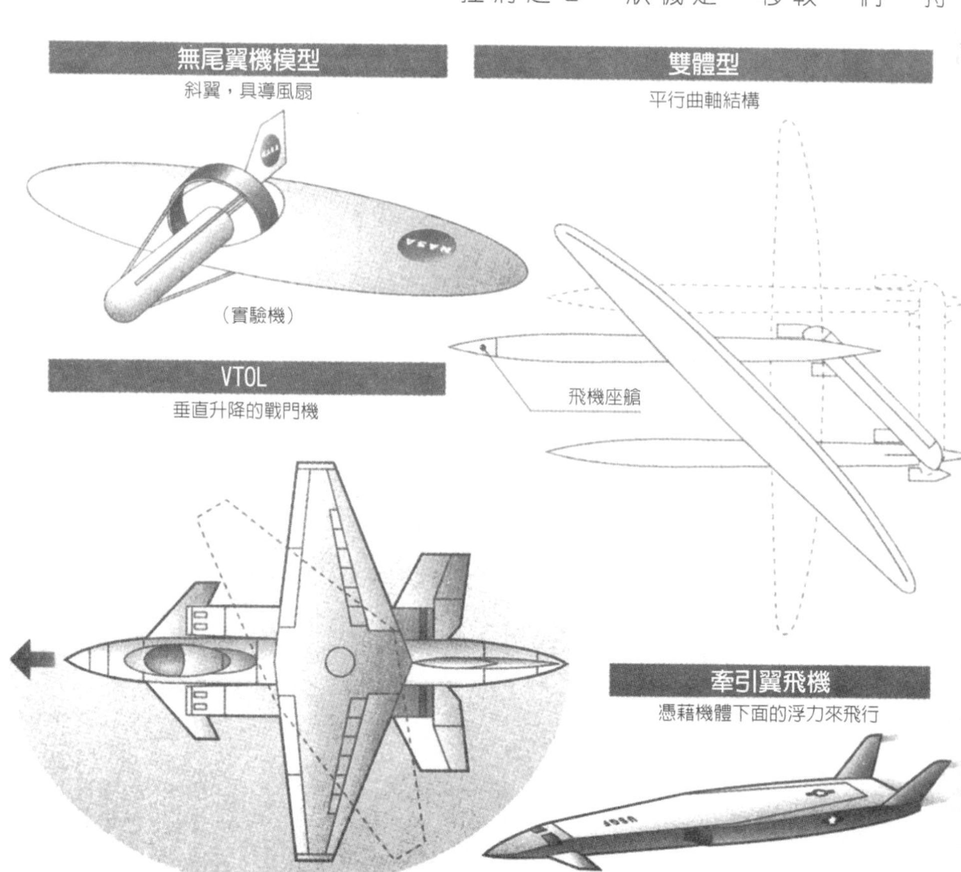
無尾翼機模型
斜翼，具導風扇
（實驗機）
雙體型
平行曲軸結構
飛機座艙
VTOL
垂直升降的戰鬥機
牽引翼飛機
憑藉機體下面的浮力來飛行

9

非對稱機

▼包含飛機，交通工具的形狀一般都是左右對稱。但有種飛機打破此局限，開發不對稱結構。第二次世界大戰初期，德國開發的ＢＶ１４１飛機，外形具有強烈的不平衡感。

這種形狀使飛機兼具單機體與雙機體的優點，確保廣闊的視角與發射角度。設計者夫庫多設計出帶有玻璃窗的駕駛艙，且駕駛艙位置偏向一側。機體前部有發動機，後部有尾翼；為了不使水平尾翼阻礙機艙的視角，水平尾翼只有單側。

但是ＢＶ１４１實驗機只生產十餘台，以前也有生產過其他非對稱飛機的軍事計劃。此外，非對稱紙飛機的設計發展得很好。

構想

西元 1918 年（瑞士）

海因科魯 He1078

噴射戰鬥機，西元 1944 年（德國）。雙機體的左側是駕駛艙，右側為機關砲，造型左右不對稱

紙飛機

二宮康明設計
橡膠彈射器，在野外可以平穩飛行

夫洛德・沃托・夫爾斯「BV141」（德國）

多用途飛機
全寬 17.4m
全長 13.9m
引擎：BMW801 1560 馬力
最高速度：437k/h
首次飛行：西元 1938 年

正在飛行的 BV141

10 垂直起降飛機

▼美國海軍西元一九五〇年曾計劃建造一個可以從驅逐艦和運輸船上起飛的戰鬥機。起飛可以利用彈射裝置，但著陸卻是個問題，於是展開垂直起降飛機（VTOL）的開發。

解決著陸問題的方式有：將VTOL飛機的尾部設計成起飛和著陸可以保持垂直的款式，起飛和降落所需的空間很小；或是讓飛機沿壁面滯空，再用牽引鉤拉住飛機。

但飛機滯空時，飛行員的視野太小，需小幅度調整飛機的動作，很難操作。

要克服這個缺點，可以將機體設計成直角，讓飛行員保持正常的視野。多拉曼公司的「那多庫拉卡機」採取這種設計，可以像蝦一樣彎曲機身，以接近母艦。用現在進步的電子技術來控制飛行狀態，是非常容易的，但要做到如此誇張的機身變化仍有困難，因此這種飛機還不能實際使用。

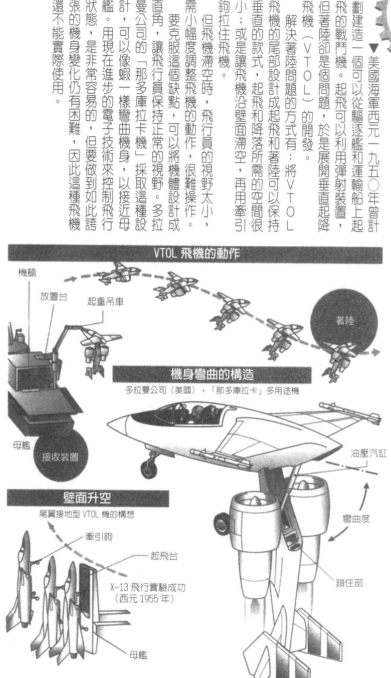

VTOL 飛機的動作

機艙
放置台
起重吊車
著陸
母艦
接收裝置

機身彎曲的構造

多拉曼公司（美國），「那多庫拉卡」多用途機

油壓汽缸
彎曲度
鎖住部

壁面升空

尾翼接地型 VTOL 機的構想

牽引鉤
起飛台
X-13 飛行實驗成功
（西元 1955 年）
母艦

11 撲翼機

▼小鳥透過拍打雙翅，產生浮力支撐身體，且能將身體向前推。這是高效率的推進方法，撲翼機就是模仿這種方式，雖然還沒成功。

有種滑翔式撲翼機曾經成功試飛，飛了二七〇公尺。藉由駕駛員像划船一般前後運動的雙腳，使翼面上下鼓動，在橡膠索的輔助下，使飛機起飛。

最近開發出一種新機型，不必起動全體機翼，只用中央的固定翼來產生浮力，鼓動兩個翼端，從而產生推動力。現在先開發可以持續水平飛行的撲翼機，接下來再以自力起飛離陸為目標。

想製造一個真正的撲翼機不是件容易的事，但在街頭販售的很多玩具撲翼機，卻飛行得不錯。新式玩具撲翼機將橡皮筋動力的迴轉運動轉換成曲柄的往復運動，使翅膀拍打起來，顯得非常滑稽。機翼以膜狀材料製造，重量很輕卻堅固。

滑翔式撲翼機

後退翼的創作人
A.立比休設計（德國）
全寬：11.6m
重量：50kg
開放式座位
飛行：西元 1929 年
（圖中，翼的位置處於中間，不偏向上方或下方）

構造
翼
合葉
支柱
回程橡膠
腳踏板
導向軌道

玩具撲翼機

薄翼
後緣鬆垂
前緣
曲柄
橡皮筋

人力撲翼機（鳥翼機）「SCARAB II」

諏訪昭日（日本）設計，西元1994年，全寬21.5m，重量 55kg，撲翼角 60°.

撲翼驅動鋼絲
前方舵
踏板和鏈等驅動裝置
座位
平面圖
鼓翼（兩端部）（向上／向下）
固定翼（中央部）

12 直立船

▼一般的船身都是水平的，可是直立船打破這種常規。「菲利浦號」（美國）專門調查海底油田、進行海底觀測，它在必要時可以直立起來。

直立船到達預定的觀測位置，打開位於船尾的閥，使海水進入船內，運用海水的重量使船漸漸直立起來，八成的船體垂直沒入水中，整艘船立在海上。觀測結束，則再排乾海水，恢復成水平的姿勢。

船頭有三個隔間，若船身處於垂直狀態，即變成三層樓的觀測塔；若船身處於平行狀態，之前的壁面會變成天花板和地板。因此，內部裝潢必須特別下工夫。

這種海洋觀測設施原本是垂直狀態的固定浮立研究塔，不是浮動的船。之後，人們才參考船的設計，考慮藉由姿勢的變化，讓船直立起來，構成觀測塔。

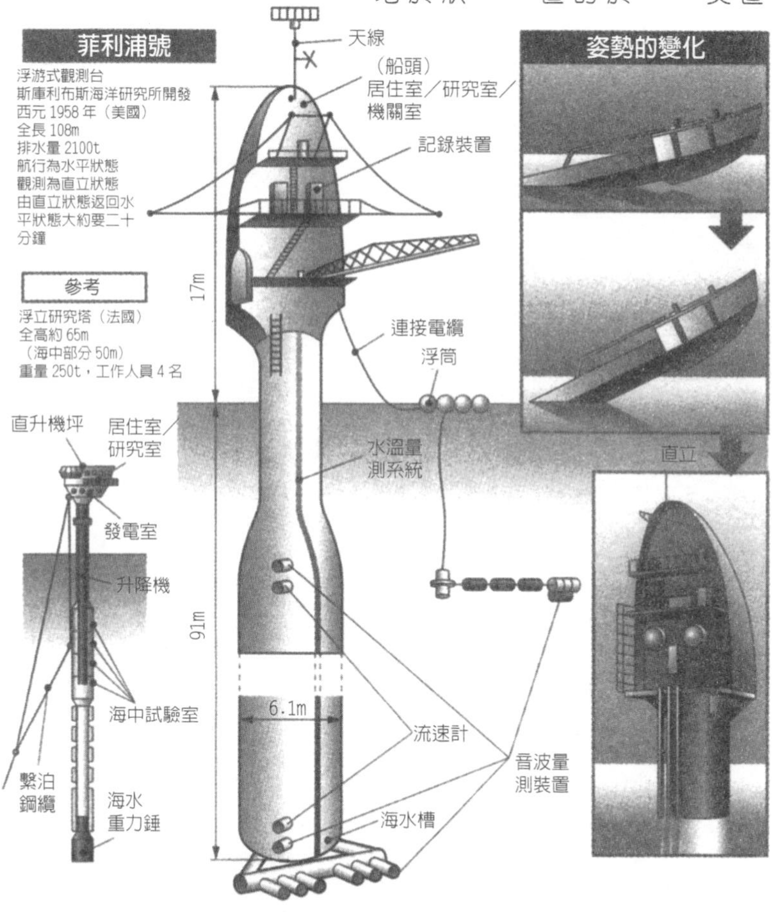

菲利浦號

浮游式觀測台
斯庫利布斯海洋研究所開發
西元 1958 年（美國）
全長 108m
排水量 2100t
航行為水平狀態
觀測為直立狀態
由直立狀態返回水平狀態大約要二十分鐘

參考

浮立研究塔（法國）
全高約 65m
（海中部分 50m）
重量 250t，工作人員 4 名

直升機坪
居住室／研究室
發電室
升降機
海中試驗室
繫泊鋼纜
海水重力錘

天線
（船頭）
居住室／研究室／機關室
記錄裝置
17m
連接電纜
浮筒
水溫量測系統
91m
6.1m
流速計
音波量測裝置
海水槽

姿勢的變化

直立

13 人工鰓

▼魚在水中以鰓吸入氧氣，呼出二氧化碳，人們則模仿魚鰓，製造人工鰓。應用這種人工鰓，人在水中可以像在陸地一樣，自由呼吸，讓海中作業變方便。

人工鰓主要由矽膠薄膜製成，且大部分的人工鰓為了提高性能，都將極細的矽膠薄膜管（中空）紮成一束。人工鰓的原理與應用方式與人工肺相似，都是可以換氣的裝置。

中空管的內側可呼出高濃度的二氧化碳，吸入低濃度的氧氣。矽膠薄膜裡的氣體濃度與溶解在水中的氣體濃度不同，這濃度差使二氧化碳溶出，進入水中，而新的氧氣則打入中空管。

實驗證明，利用此裝置小鳥、小動物和人都可在水中生活，但是要將這個裝置實用化並不簡單，需面對很多問題，例如裝置的小型化和輕量化，以及可承受強大水壓的膜都有待開發。

鳥和魚共處一室

密封的透明鳥籠

膜的作用

換氣機制

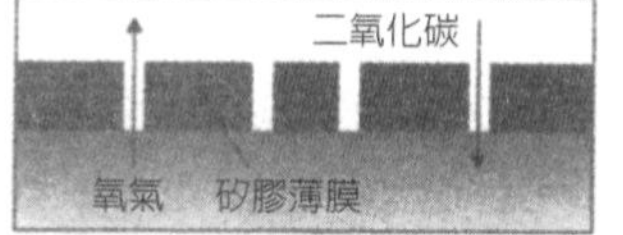
二氧化碳
氧氣
矽膠薄膜

人工鰓的主要構造

將極細的橡膠管（中空）紮成一束

單位體積的膜面積很大，性能高

用水中的氧氣來呼吸

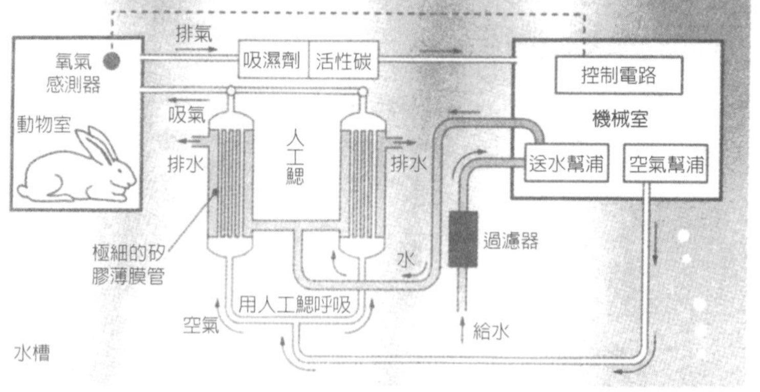
排氣
氧氣
感測器
吸濕劑
活性碳
控制電路
吸氣
機械室
動物室
人工鰓
排水
排水
送水幫浦
空氣幫浦
過濾器
極細的矽膠薄膜管
水
用人工鰓呼吸
空氣
給水
水槽

14 真空地下鐵道

▼在地面上超高速行駛，空氣阻力會造成很大的影響。飛機在高空飛行的空氣阻力極小，但陸地車輛所受的阻力就很大，所以人們構思真空地下鐵道，讓列車行駛在真空狀態的管道。

行駛於真空管道，不只毫無空氣阻力，也不會受天氣狀況、塞車和噪音影響。在管道內列車可以像活塞一樣運動，猶如送氣管，利用前後的氣壓來推動列車行駛。

很早就有人想像車輛在地下，只憑重力的作用行駛，不用來自外部的動力。而應用真空管道，即可實現這個構想。車輛出發，按照加速、最高速、減速的步驟來行駛，到達終點的速度即為零。

真空地下鐵道「布拉納德拉蘭號」以線性馬達為動力來源。從國內路線發展為國際路線，用海底隧道將各洲以真空管道連接在一起，使真空地下鐵道遍布全球是此研究的終極目標。

重力作用和列車行進軌跡

自由落體
A
真空
B
管道
地球
如果管道可直線連接AB兩點，無論到地球的哪一處，皆可在42分12秒之內抵達

最快曲線
東京（A'）到大阪（B'）500 公里的距離，約 10 分鐘可走完
地表 B'
A'
做為參考的標準圓
真空管形成曲線形狀

以氣壓差推進

氣壓
真空
列車
氣壓
氣壓
真空・重力
真空
軟管
g

以線性馬達為動力來源

移動的方式像在玩沖浪板
推動列車前進的是電磁的「波浪」
超導線圈
通道
列車
地上線圈
推進／浮力

布拉納德拉蘭號的構想

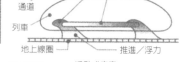

勞巴多・撒盧達（美國）的計劃
真空
氣密車廂
活動式座席（隨加速改變傾斜角）
軟管
車體
超導磁鐵
用於支撐的地上線圈
用於推進的線圈

15 直接風力發電

▼此指利用風的流動直接發電，而不使用風車，亦即ＥＨＤ（電氣流體力學）發電。人類早在一百五十多年前就已明白此原理，不只有空氣可流動，油和其他絕緣性流體都會流動。

這裝置要在流體中放電，使流體分子帶電。若電流與流體往相反方向移動，在逆向電流的推動下，風力即可變換成高電壓，屬於小電流的發電方式。

邁克斯（美國）改進了ＥＨＤ發電裝置。他用噴水的方式，生成帶電的霧狀微粒（亦即帶電的流體分子），順著風的流動，以螺旋狀送出這些微粒，藉此發電。

依此原理設立噴水的鐵絲牆，會形成一個不能移動的靜態巨型發電廠。這種ＥＨＤ裝置要設置在風速大、濕氣大、有斜坡的地方，例如：海岸和高山。

EHD 的原理

發射
吸引
收集
風
帶電粒子
電暈放電
負荷

單屏幕方式

電中性的水滴
風
帶正電的霧狀微粒
噴水
帶電的金屬屏
節流孔
集電器的作用

能量牆

將風力轉換為電力的鐵絲牆

阿魯濱・馬克斯（美國）企劃

寬小於 1000m 的屏幕，發電能力為 45MW

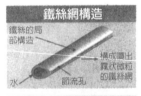

鐵絲網構造

鐵絲的局部構造
構成噴出霧狀微粒的鐵絲網
水
節流孔

鐵絲牆的構造

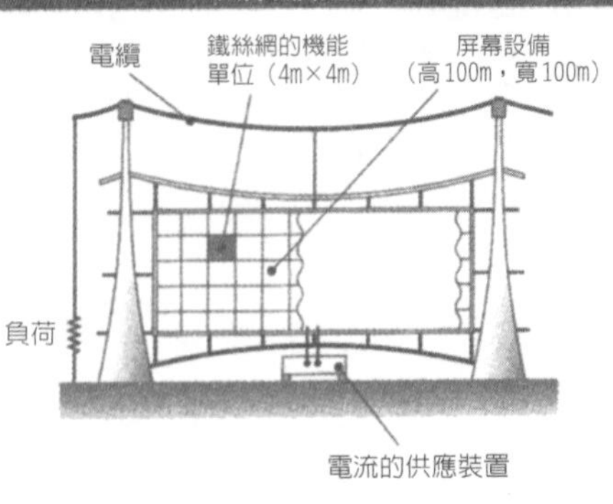
電纜
鐵絲網的機能單位（4m×4m）
屏幕設備（高 100m，寬 100m）
負荷
電流的供應裝置

第9章 變形機械

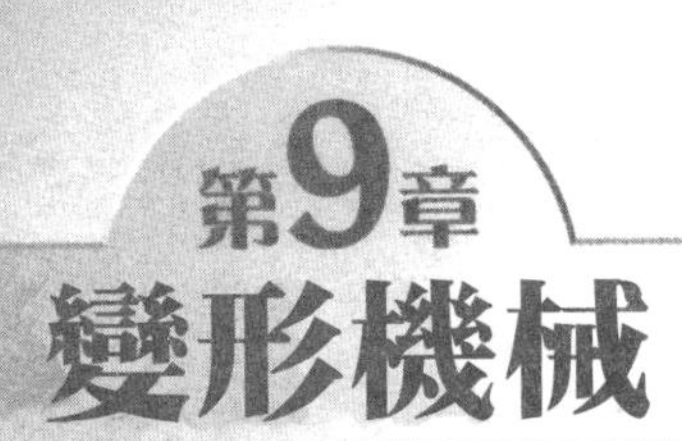

1 碟形垂直起降飛機

▼碟形飛機不禁讓人想到外星人的交通工具（幽浮），激起人們無限想像。垂直著陸、升空的實驗機VZ-9V阿波羅號即屬於碟形垂直起降飛機，性能高，且外形吸引人。

此種飛機的圓盤中央裝有吸入空氣的渦輪風扇，從這裡送出高壓空氣，以導向圓盤外圍的導風管，向下噴出，且噴出方向可改變。

實驗中，此種飛機可升到一～二公尺，但因不穩定，還是宣告失敗。此外，有一種多扇式的小型無人偵察機也是碟形，但它不是以圓盤旋轉，而是控制各風扇來掌握方向。

靠圓盤轉動的無線電操縱飛盤（遙控模型）亦是碟形。它的圓盤雖然是塑膠製，構造簡單，但非常穩定，可以一邊旋轉，一邊平穩地移動，保持固定的飛行姿勢，飛到很遠的地方。

無人偵察機

「空中機器人」（美國）
裝載直徑 2.7m，電子裝置 340kg

AEROBOT

圓盤的飛行

VZ-9V 阿波羅號

加拿大開發（1955）
圓盤直徑 8.5m，複座式
總重量 2562kg，速度預計為 416km/h

飛機座艙（左右各一）

US ARMY

US AIR FORCE

渦輪風扇

無線電操縱飛盤

「渦輪機」（澳大利亞）
滯空的圓盤旋轉數
200～300rpm

內部構造

導風管

2 雙主翼飛機

▼雙主翼飛機（Tandem Wing Aircraft，又稱串聯式機翼飛機）將水平後翼的大小製得與前翼相仿，藉由擴大後翼面積，增加升力，使機頭的縱向安定性提高，小型機用雙主翼是非常有利的。

以前受歡迎的「空中之蝨」系列（The Flying Flea），即是雙主翼飛機。據說它不易失速，飛行員坐在緊貼地面的座位，很容易起飛；沒有輔助翼，前翼可當作升降舵。

此外，可以自行組裝的「庫伊克號」（Rutan Quickie），因為燃料消耗量小、設計新穎而遠近馳名。它的材料是FRP（纖維強化高分子複合材料）與發泡材料，表面光滑且性能好。

雙主翼飛機的缺點是：後翼會攪亂前翼的氣流，使機翼整體的效率低落。應使後翼高過前翼，或加大前後翼之間的距離，避免干擾彼此的氣流。

雙主翼形式

空中之蝨（西元 1934 年）

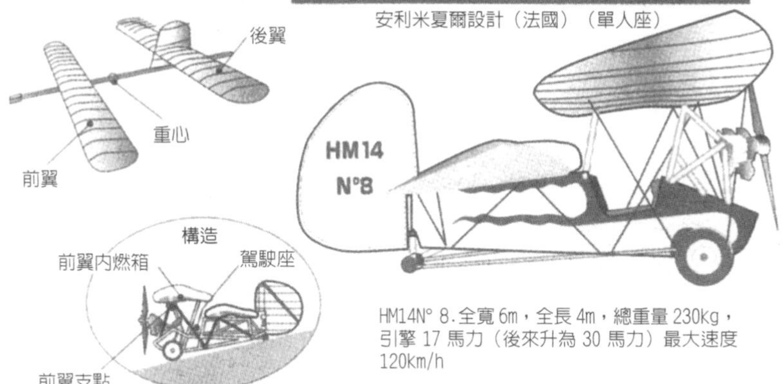
安利米夏爾設計（法國）（單人座）
後翼
重心
前翼
HM14
N°8
構造
前翼内燃箱
駕駛座
前翼支點

HM14N° 8.全寬 6m，全長 4m，總重量 230kg，引擎 17 馬力（後來升為 30 馬力）最大速度 120km/h

庫伊克號（西元 1977 年）

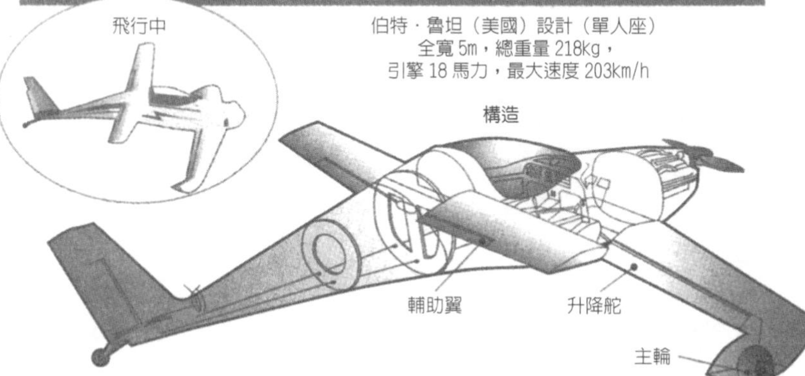
飛行中
伯特．魯坦（美國）設計（單人座）
全寬 5m，總重量 218kg，
引擎 18 馬力，最大速度 203km/h
構造
輔助翼
升降舵
主輪

3 全翼式飛機

▼人們構思讓飛機只用主翼飛行，省去多餘的機身及尾翼，把行李裝進機翼，就像鳥展開翅膀飛翔一樣。這種飛機稱為全翼式飛機（All-wing Aircraft，又稱無尾翼飛機）。

省略機體所減少的重量使飛機減輕許多，空氣阻力變小，飛機的性能提高。但失去尾翼，飛機很難保持穩定，會產生問題，因此必須採取特別的措施。

解決方式為：於全翼加裝折翼裝置，設好後退角和上（下）半角等，以制動舵代替方向舵。制動舵可以往左右方向分開，作用相當於閘。

另外，全翼飛機操舵系統還廣泛使用在結合升降舵和輔助翼的升降輔翼。

德國的容卡斯兄弟、立比休、霍爾特兄弟，以及美國的諾斯勞普皆投入全翼式飛機的技術開發，他們都是這領域有名的代表性人物。

外形奇特的B-2轟炸機可以說是全翼式飛機的典型。它的裝備全部裝進厚厚的

YB-49 轟炸機

（美國）初次飛行於西元 1947 年
全寬 52.4m，中央翼弦長 11.4m
前緣後退角約 28 度

中央室
飛機座艙
翼斷面

操舵系統
噴氣發動機排氣口
前緣開槽
升降輔翼
襟翼
制動方向舵

B-2 轟炸機

（美國）初次飛行於西元 1989 年
全寬 52.4m，全長 21m

制動方向舵
飛行方向
上下打開處

機翼，巡航速度為八〇．八馬赫。可長時間滯空，算是無人駕駛飛機的「黑暗之星」。

用於調查大氣狀況的巴斯探索機，以太陽能電池為動力，屬於全翼無人機。它的翼面上貼滿太陽能電池板，使飛機可以在低速飛行的狀態下，進行長時間空中觀測。

全翼飛機的機身薄，正面面積小，所以不易反射雷達電波。開發YB-49轟炸機的時代，人們未注重戰機的隱形技術，因此可能被地面的雷達捕捉，但現在的B-2轟炸機已有高超的隱形技術。

在航空運輸方面，若不考慮高速化的因素，只注重裝載量，全翼式飛機這種「只有翼」的構造，即是理想的選擇。目前已有人提議設計超大型全翼式運輸機，把大量的貨物裝入機翼。

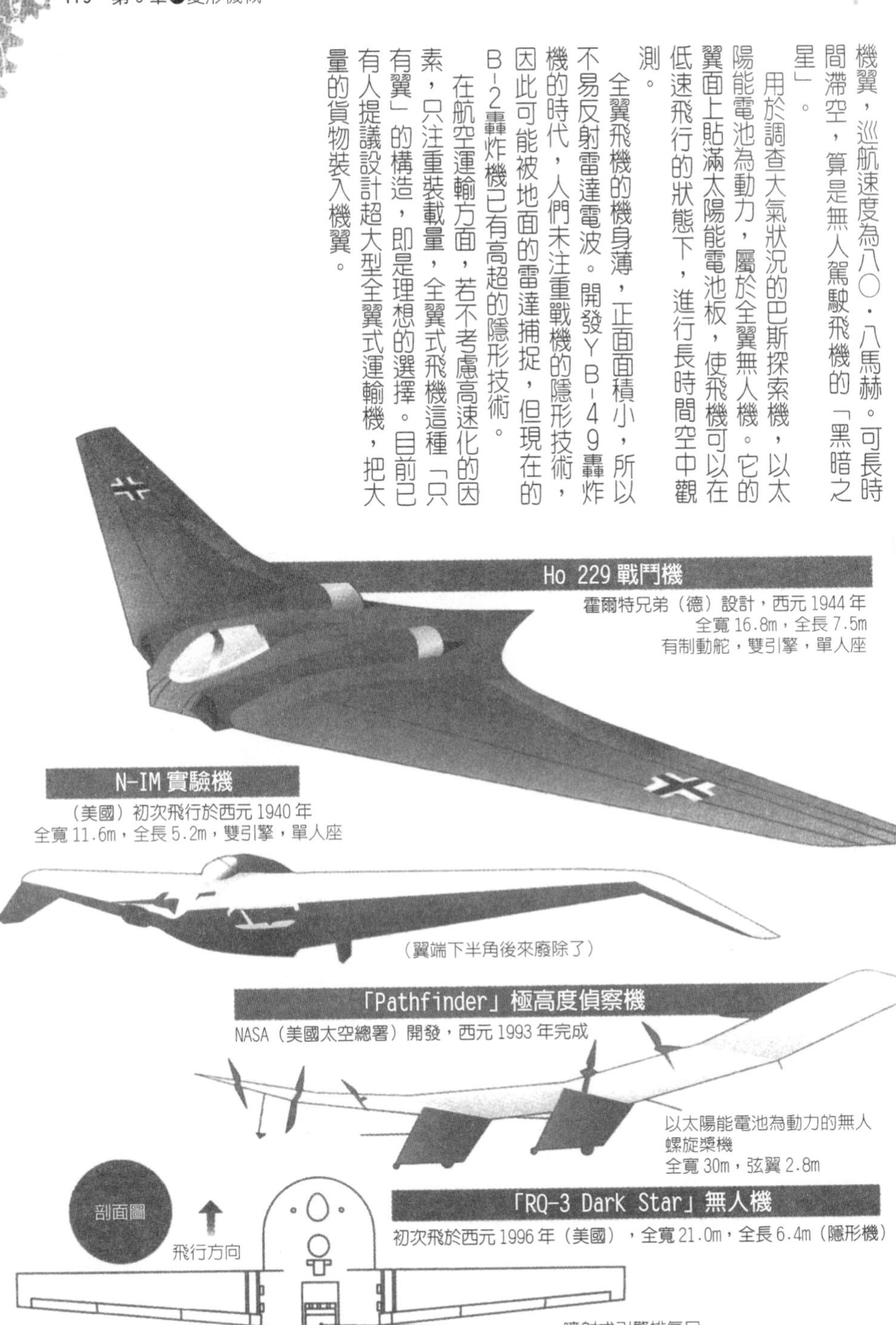
Ho 229 戰鬥機
霍爾特兄弟（德）設計，西元 1944 年
全寬 16.8m，全長 7.5m
有制動舵，雙引擎，單人座
N-IM 實驗機
（美國）初次飛行於西元 1940 年
全寬 11.6m，全長 5.2m，雙引擎，單人座
（翼端下半角後來廢除了）
「Pathfinder」極高度偵察機
NASA（美國太空總署）開發，西元 1993 年完成
以太陽能電池為動力的無人
螺旋槳機
全寬 30m，弦翼 2.8m
「RQ-3 Dark Star」無人機
初次飛於西元 1996 年（美國），全寬 21.0m，全長 6.4m（隱形機）
剖面圖
飛行方向
噴射式引擎排氣口

4 廣體飛機

▼飛機的形狀通常很優美，但廣體飛機是例外，它裝載體積大的貨物，形態有利於一般的飛機，圓潤的樣子非常討人喜愛。

有一種廣體飛機因外形與熱帶的胎生小魚相似，而命名為「超級古比魚」。這種飛機誕生於美國的阿波羅計劃，研發目的是當作運送太空飛船、土星火箭的專用機。

廣體飛機垂下的機頭讓人聯想到海豚，而且有一種廣體飛機名叫大白鯨。它用於運送噴射式客機等大型機體，貨艙的容積是全世界最大的（根據一九九八年的世界記錄）。

大白鯨飛機的機體笨重，但飛起來很輕巧，裝卸貨物需將機頭抬起，在前端裝卸。而「超級古比魚」的機體則可以橫向對折。

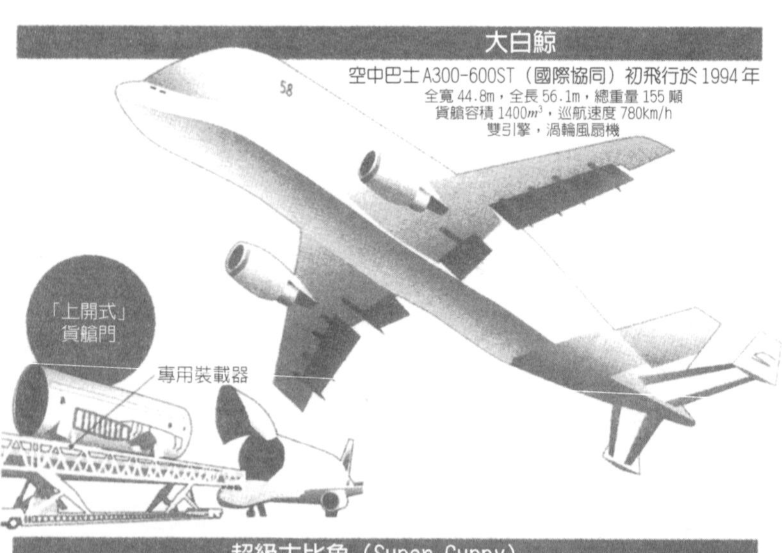
大白鯨
空中巴士A300-600ST（國際協同）初飛行於1994年
全寬44.8m，全長56.1m，總重量155噸
貨艙容積1400m³，巡航速度780km/h
雙引擎，渦輪風扇機
「上開式」貨艙門
專用裝載器

超級古比魚（Super Guppy）

377-SG（美國）初次飛行於西元1965年
全寬47.6m，全長43.8m，總重量79噸
貨艙最大寬7.6m，最大高7.8m
巡航速度450km/h，四發渦輪螺旋槳飛機

AERO SPACELINES

「橫開式」貨艙門
貨物（阿波羅司令船）

5 短翼飛機

▼在直升機發明之前，可以在狹窄的地方升空、著陸的飛機只有短翼飛機。它的速度很慢，不會失速，可以像降落傘一樣，以較接近直角的角度降落於空地。

主翼為圓弧狀。展弦比（表示翼的細長度）約為一，浮力係數雖小，但不易失速，即使仰角非常大，也可慢慢飛行，速度範圍很廣。

舉例來說，傘翼飛機能以六十度角降落於直徑九公尺的平地。V-173實驗機雖需用腕力來操舵，但起飛的滑行距離（無風狀態）只有六十一公尺。

在V-173之後，人們也研發了實驗戰鬥機XF5U-1，但未實際使用，即因時代的變遷而中止計劃。短翼飛機與高速度、可長距離飛行的飛機相反，擅長低速度、近距離的飛行。

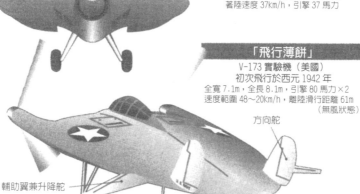

圓形傘翼機

美國設計，西元 1934 年
展弦比 1.27，最大速度 216 km/h
雙人座，引擎 110 馬力，下降角 60 度

輔助翼（左・右）
襟翼（中央部）

「JA-2」單體飛機

（美國，西元 1934 年）
全寬 4.9m
全長 4.3m，展弦比 1.1
引擎 40 馬力

「ArupNo.2」

美國開發，西元 1932 年
全寬 5.8m（主翼寬 4.8m ＋輔助翼）
展弦比 1.77，最大速度 156km/h
著陸速度 37km/h，引擎 37 馬力

「飛行薄餅」

V-173 實驗機（美國）
初次飛行於西元 1942 年
全寬 7.1m，全長 8.1m，引擎 80 馬力×2
速度範圍 48～20km/h，離陸滑行距離 61m
（無風狀態）

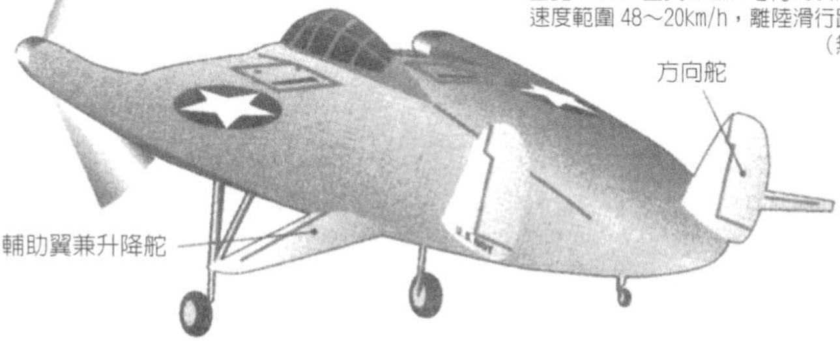

方向舵
輔助翼兼升降舵

6 飛行汽車

▼飛行汽車是空中、陸地兩用的交通工具。它是人類長久以來的夢想。

顧名思義，這種飛機有兩個特點：一是「雖然是飛機，但可以在道路上行駛」，二是「雖然是汽車，但可以飛行」。為了成就這兩個特點，人們做了多種嘗試。

飛機難以在道路上行駛，雖然可以拆下、折疊主翼，但實際的道路有急坡、彎道、顛簸，尤其是遇到雨天和大霧，路況會更糟。此外，汽車廢氣及噪音也是必須改善的問題。

以前最成功的飛行汽車是「飛行車」。它具有Y字形的尾翼螺旋槳，由延長軸驅動，在地面行駛，可將軀體兩側的主翼折疊收起，用前面的汽車主體來發動，拖動後面的飛機。

「飛行車」有多種系列，型號三是半進腳式，型號四可以乘坐四個人。自作機CRX有雙引擎，行駛用的是本田公司（日本）的引擎，飛行用的是渦輪引擎。

回顧飛行汽車的開發史，會發現許多獨特有趣的機型。維特曼的「啤酒號」飛行汽車系列，有一台帶後退角的無尾翼機，

「飛行車」（西元 1988 年）

開發：（美國）初次飛行於西元 1949 年（型號 1）

全寬 10.3m，總重量 930kg，前後輪距 2.13m，輪胎接地面距離 1.57m
最大速度（飛行）176km/h（行駛）108km/h
發動機 143 馬力前輪驅動，雙人座分解組裝約 5 分鐘

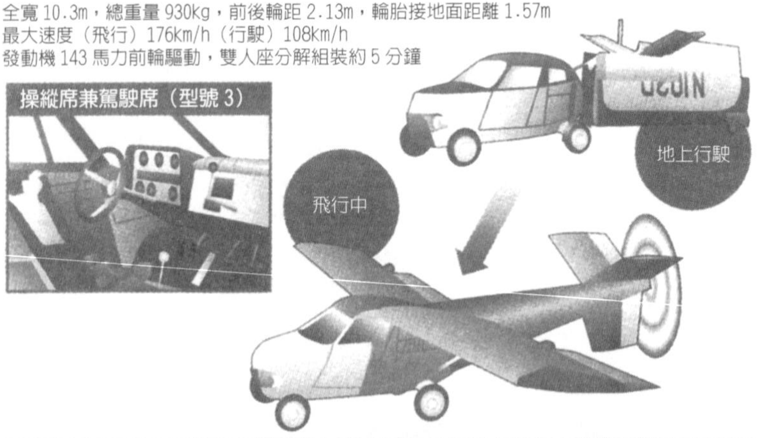
操縱席兼駕駛席（型號 3）
地上行駛
飛行中

飛行汽車 CRX 計劃（西元 1988 年）

本田 CR-X
（自行組裝）機用套件（西元 1988 年）

AEROCAR

它的下面有三個車輪，在地上行駛靠引擎輸出功率，通過變速機來驅動兩個後輪。

霍爾的「傳送汽車」由獨立的飛機和汽車構成，兩者之間有三處連接點。飛行的引擎裝在前端，汽車的引擎裝在後端。

另外，低翼飛機的「布萊爾安II號」，主翼在兩個直角處彎曲，形成ㄇ字形，將機體圍起來。這種飛機在地上行駛用螺旋槳推進，所以可以把機翼折疊起來，比較安全，但噪音很大。

飛行汽車的缺點是，對飛行來說，汽車是多餘的；對於陸地行駛來說，飛機是無用的，無論是飛行還是行駛，都背負另一個包袱，性能低又不經濟。

「啤酒號」W-6（美國）西元 1937 年

無尾翼機，全寬 11.5m，複座式，100 馬力
前輪操向，後輪驅動
最大速度（飛行）193km/h
（行駛）112km/h
安裝主翼：3 分鐘（3 人）

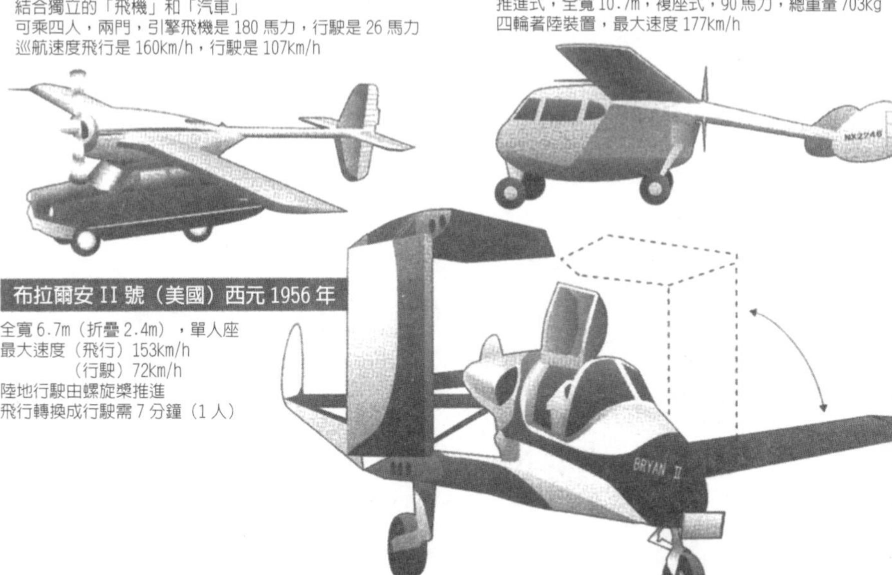
BRYAN II

傳送汽車（美國）西元 1947 年

結合獨立的「飛機」和「汽車」
可乘四人，兩門，引擎飛機是 180 馬力，行駛是 26 馬力
巡航速度飛行是 160km/h，行駛是 107km/h

藍天車（美國）西元 1942 年

推進式，全寬 10.7m，複座式，90 馬力，總重量 703kg
四輪著陸裝置，最大速度 177km/h

布拉爾安 II 號（美國）西元 1956 年

全寬 6.7m（折疊 2.4m），單人座
最大速度（飛行）153km/h
（行駛）72km/h
陸地行駛由螺旋槳推進
飛行轉換成行駛需 7 分鐘（1 人）

7 柔軟翼飛機

▼飛機翼通常是硬金屬製成，柔軟翼（Flexible wing）則用柔軟的合成纖維製成，可以折疊，簡單、安全、性能好。柔軟翼有許多優點，根據發明者的名字又稱為「羅卡羅翼」。

基本結構是在鐵管的骨架上貼帆布，構想來自風箏。可在水平飛行的狀態下轉身以很大的迎角（機軸與相對氣流的夾角，又稱為攻角）前進，能夠以較接近九十度的角度，慢速接近地上的目標，不易失速。

開發柔軟翼最初的目的主要是NASA（美國太空總署）要回收太空船、投下物資及搬運，然而，柔軟翼卻被迅速應用在滑翔翼的運動比賽。

現在主流的柔軟翼飛機，三角翼往兩側更加伸長，或變為兩面式翼。它們被稱為「羅卡羅演變翼」，仍保持帆的構造，但性能卻大大提升。

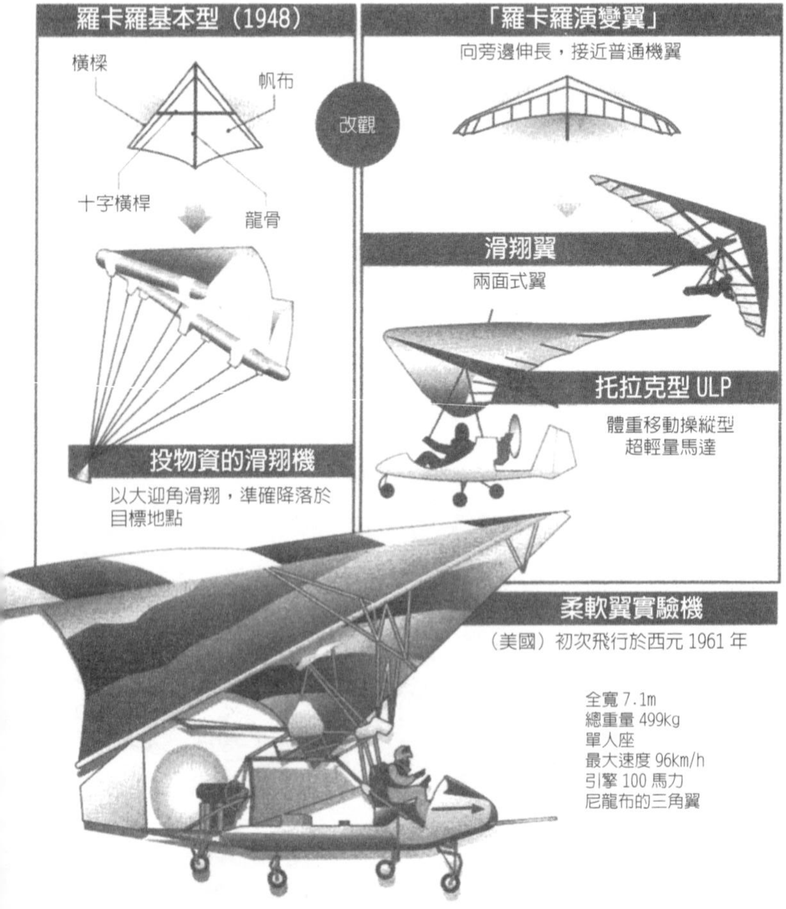

羅卡羅基本型（1948）

橫樑

帆布

十字橫桿

龍骨

改觀

投物資的滑翔機

以大迎角滑翔，準確降落於目標地點

「羅卡羅演變翼」

向旁邊伸長，接近普通機翼

滑翔翼

兩面式翼

托拉克型 ULP

體重移動操縱型
超輕量馬達

柔軟翼實驗機

（美國）初次飛行於西元 1961 年

全寬 7.1m
總重量 499kg
單人座
最大速度 96km/h
引擎 100 馬力
尼龍布的三角翼

8 微波動力

▼無線電是不用電線來傳送能量，改用電波，微波爐能量傳送的距離雖短，但也是無線電的應用。將此種無線電方式應用於太空飛行，即不用攜帶燃料，憑地上供應的電力就可以持續飛行。

此種太空船用以傳送動力的電波是微波，首先，將電力以電子管變成微波發射出去，它會瞬間超越空間的限制，到達另一端接收電力的天線。此接收天線兼具整流子和天線的功能，可以將電波變回電力。

人們正在研究如何以這種方式使無人駕駛飛機可以在空中長期滯留。如果有利用微波動力的高空站台，不依靠人工衛星也可進行通信轉播，並防止監視。

但應該注意它的安全性，具強大能量的電子束對生物體及環境會造成影響。微波及雷達的使用都規定得很詳細，如何處理微波動力的高能量是此技術的重大課題（二〇一五年NASA已製出相對性推進器，EM Drive，成功利用微波動力，證明「曲速引擎」的可行性）。

無線送電實驗飛船

接收天線

機械技術研究所（日本）開發，西元1995年
全長16m
2.45GHz
10kw的電力
以微波動力驅動

高空站台構想

接收天線
旋轉飛行
接收天線設備

實驗機「夏布」

（夏布的意思是極高處的通信轉播機）
初次飛行於西元1987年（加拿大）
全寬4.5m，無線操縱
100m高度以內使用內藏電池
100m以上靠微波傳送能量

微波電子束

送電裝置

接收天線裝置

微波
迴路
天線
輸入濾波器
整流二極管
輸出濾波器
電力
負荷
直流電
實驗

名詞解釋

微波
指波長1m（頻率300MHz）～1mm（300GHz）的電波，人類大多利用3GHz～30GHz（SHF）

9 旋翼飛機

▼旋翼飛機的機體外側有看似水輪的渦輪螺旋槳，這不是普通的螺旋槳。它的特點是，螺旋槳在圓周範圍內，能以任何旋轉方向出力，轉一圈產生一次推力和升力。

機翼的形態請參照下圖，它將直式螺旋槳推進器橫著放，當作氣流作用的翼面，調整它的位置可週期性地改變迎角，控制飛機的方向，使飛機自由前進、停止和後退。

約於西元一九三〇年，展弦比很大的細長翼型機，以及圓筒翼型機等被開發出來。旋翼產生推力的同時，能調節浮力，所以人們正在考慮將它應用於飛船。

直式螺旋槳推進器已被應用於拖船，但旋翼飛機的應用沒有成功，只處於實驗階段。不過，直升機的出現另當別論。應該還有需要用到這種旋翼飛機的地方吧！

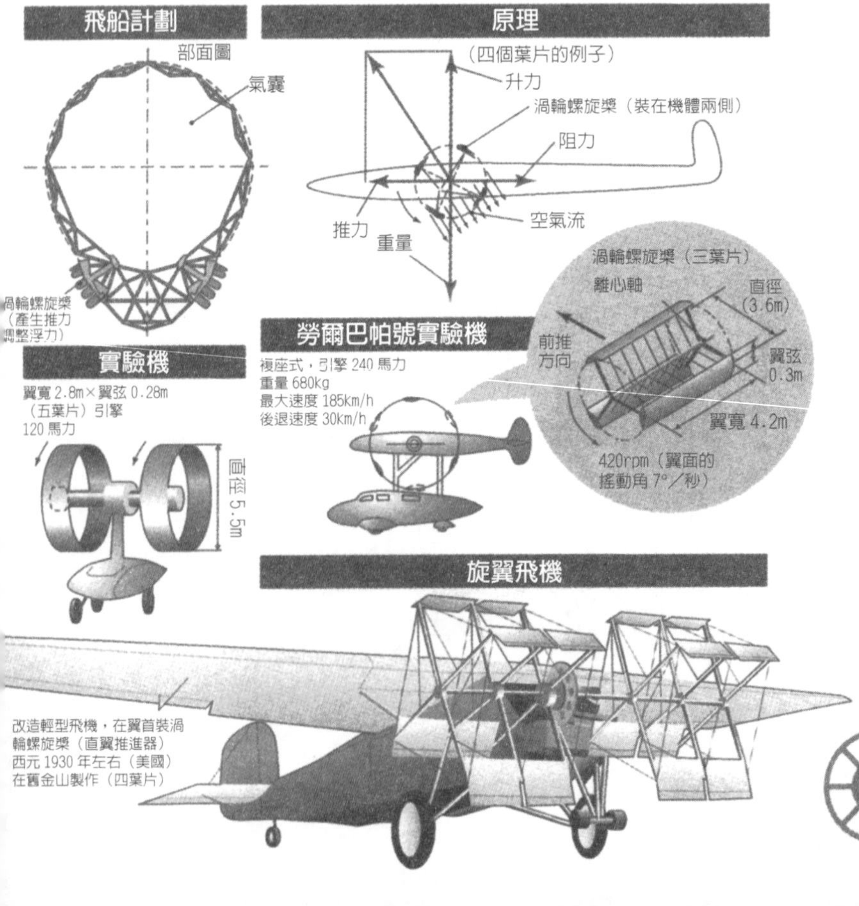

飛船計劃
部面圖
氣囊
渦輪螺旋槳（產生推力調整浮力）
原理
（四個葉片的例子）
升力
渦輪螺旋槳（裝在機體兩側）
阻力
空氣流
推力
重量
實驗機
翼寬 2.8m×翼弦 0.28m（五葉片）引擎 120 馬力
直徑 5.5m
勞爾巴帕號實驗機
複座式，引擎 240 馬力
重量 680kg
最大速度 185km/h
後退速度 30km/h
渦輪螺旋槳（三葉片）
離心軸
直徑（3.6m）
前推方向
翼弦 0.3m
翼寬 4.2m
420rpm（翼面的搖動角 7°／秒）
旋翼飛機
改造輕型飛機，在翼首裝渦輪螺旋槳（直翼推進器）
西元 1930 年左右（美國）
在舊金山製作（四葉片）

10 彈射座椅

▼在空中飛行遇到緊急情況，若處在低速飛行的狀態，可靠自己的力量跳出來，打開降落傘。然而噴射機這種高速飛行的飛機，無法這麼做，光是空氣壓力就很大了，何況處於高空需要抵抗寒冷及低氧環境。

戰鬥機的彈射座椅只需拉下手柄，從座位的脫出到著陸都是自動化：座艙蓋會先脫落，座椅藉火藥作用力，沿著導軌推向上方，最後由火箭式的投射器幫彈射椅加速。

緊急彈射不只用於飛行，在地面行駛也可應用。早期設計射出的能量很低，所以降落傘沒有完全打開前就會著地，現在這個問題已經解決。射出高度為〇、推進速度為〇，可以在「〇〇狀態」下發射。若於高空高速飛行且有多位飛行人員，可以讓他們進入密封的小座艙，讓小座艙整體從機體上脫離。彈射座椅目前只用在戰鬥機等軍用飛機，客機還沒有應用。

F-15 戰鬥機（美國）（敞開系統）

射出後 4～5 秒
降落傘全開

座椅斷開

火箭加速

艙蓋

脫出

動作

構造
（單人座）

靠頭處

降落傘

手動開傘
的手柄

氧氣計
量器

生存
工具套組

脫離手柄
（手動斷開座椅）

射出手柄

F-111 戰鬥・攻擊機（美國）（封閉系統）

主降落傘「0-0 發進」

全開
地上 26 公尺
射出後 11 秒

最高點 91 公尺
射出後 6 秒

主降落
傘拉出

脫出

乘員室密封小座艙

用於穩定／控
制的降落傘

主降落傘

用於穩定
的襟翼

射出手柄

11 硬式帆船

▼帆船雖然外觀優雅，但是帆布使用起來很麻煩，因此硬式帆船將帆變硬，使帆的動作自動化。它以馬達行駛，還利用風力，既節省能源，又可減少船體的搖晃，非常實用。

這種帆船的主要部位以鋼材做外框，與其說是帆，不如說是一種機翼。硬帆靠油壓在中央彎曲、轉動桅杆以改變方向，且會根據風向、風速改變，以電腦操作。

日本以石油危機為契機，創造了「新愛丸號」硬式帆船，非常有名，在裝備柴油發電機的油輪加裝硬帆，使帆船利用風力，減少一半的燃料消耗量，顯著的節能效果得到大家認同。

除了國際遠航的大型貨船，也出現了各種硬式帆船。從實際的運行狀況來看，硬式帆船有很顯著的特點，不只省燃料，因為帆有抑制橫倒的作用，所以在暴風雨中也能航行。

要利用風力航行，不只可以使用帆，還可利用垂直豎起、可旋轉的圓筒，這種船稱為轉筒風力船。它以類似棒球迴旋的原理來獲得推進力，性能雖然很好，但維修

結構

展帆狀態
帆布
鋼製的框
桅杆
旋轉裝置
固定帆
可動帆
縮帆狀態

開拓者號（日本）

外航散裝貨物船
載貨重量 26000 噸

綠水都市號

帆裝貨物船

新愛德丸號（日本）帆裝油輪：西元 1980 年完成

載貨量約 1400 噸，全長 66 公尺

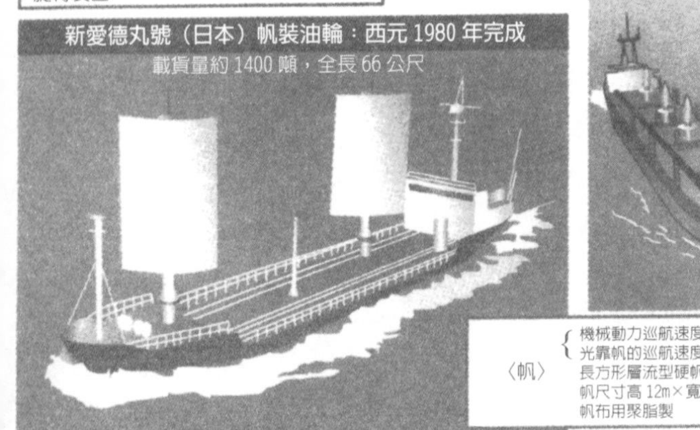

〈帆〉
機械動力巡航速度 12 海浬
光靠帆的巡航速度 3 海里
長方形層流型硬帆 2 組
帆尺寸高 12m×寬 8m
帆布用聚脂製

費用高，所以沒能發展。

還有一種類似方式，稱為渦輪帆。應用飛機高浮力裝置的吸入翼原理，透過對邊界層的控制，使轉筒產生單側的浮力，作為船的推進力。

渦輪帆的浮力比以前的帆增大三～四倍，操作自動化。著名的海洋學家庫斯托（法國）就是乘坐利用渦輪帆的鋁合金實驗船，飄洋過海環遊世界。

靠帆行駛的船比靠引擎行駛的船安靜，充滿夢幻色彩，擁有許多愛好者。隨著全世界帆船熱潮的興起，有許多新型帆船誕生，它們不用硬帆，只是外形類似帆船，但其實是自動化的船，不靠風力行駛。

轉筒風力船：（西元 1924 年開發）

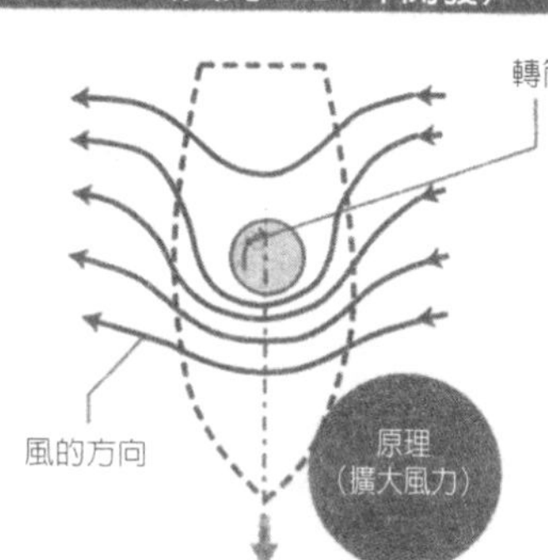
轉筒
風的方向
原理
（擴大風力）

水果運輸船
「巴巴拉」
載貨重量 2800 噸
（1926・德）

轉筒直徑 4m，高度 17m，3 根
轉筒本身的速度 5.5 海浬

實驗船「阿爾西奧」

完成：西元 1985 年（法國）
全長 31.1m
排水量 114 噸，巡航速度 10.5 海浬
推進：風力與柴油引擎並用

襟翼的作用
推動力
吸入孔
風
襟翼

渦輪帆
「庫斯特系統」
轉筒高度 10.20m
最大弦 2.05m，寬 1.35m

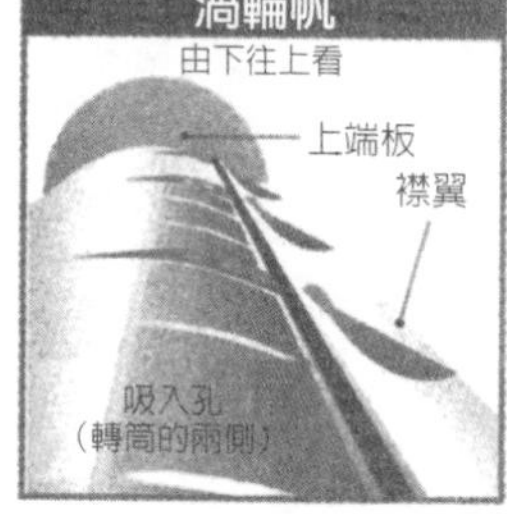
渦輪帆
由下往上看
上端板
襟翼
吸入孔
（轉筒的兩側）

排氣扇

12 浮體工程

▼在內陸建造面積廣大的設施（例如：機場）已不再容易，因此，人們想建在廣闊的海上，建造方法包含：填海造地、棧橋支持，以及浮體工程等。

浮體工程有兩種具代表性的建造方式：浮橋箱式和半潛水式。浮橋箱式讓箱體浮在水上，半潛水式則以潛在水面下的浮箱，結合支架的浮力，來支持水面上的物體。

「麥格浮筒」即屬於浮橋箱式，它的構造是一個船體，不用像填海造地工程一樣因海的深度而使費用大增，但這種結構易受波浪、潮汐的影響，需建造防波堤。

半潛水式的波浪從下面通過，不需要防波堤，但因整體構造較複雜，所以建造成本大。半潛水式浮體結構必須牢牢拴住，但它較易移動，具有浮體的共通特徵。

海底油田的鑽井平台（挖掘裝置）就是使用半潛水式浮體。環境嚴峻的北極圈附近海域使用了這種平台，性

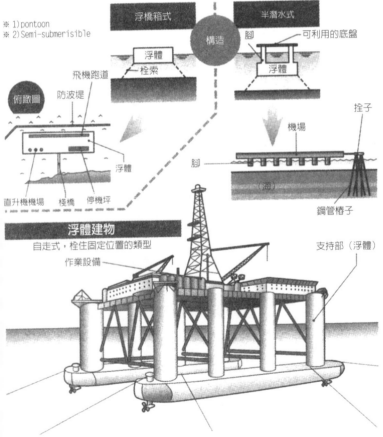

※ 1)pontoon
※ 2)Semi-submerisible

構造
浮橋箱式
浮體
拴索
半潛水式
腳
可利用的底盤
浮體

俯瞰圖
飛機跑道
防波堤
浮體
直升機機場
棧橋
停機坪

拴子
機場
腳
（海）
鋼管樁子

浮體建物
自走式，拴住固定位置的類型
作業設備
支持部（浮體）

能很好，不僅可以應用於石油挖掘，也可用於海上旅館。

浮橋箱式可應用於「浮動工廠」。將整套工廠設備原封不動地放在浮體上，拉到使用現場，即可快速操作。此外，浮橋還可用於發電、淡水化、醫院設備等。

二戰之前，人們就想用浮體在海洋上建造人工飛行島。舉例來說，阿姆斯特朗計劃是要在半潛水式平台的支援下，將飛機甲板建到高出海面三十公尺的平台。多數構想都想將浮橋用於軍事用途。

建於海上的材料容易受侵蝕，且由於周期性的波浪與潮汐，常有材料變形的問題，所以需利用鋼材與鋼筋混凝土，現今，人們仍在研究壽命更長的防蝕材料與方法。

浮動工廠「工廠設備遊船」

「載於浮體的工廠」原封不動地運往使用現場（拖往巴西的紙漿製造工廠設備）

阿姆斯特朗的「人工飛行島」計劃

（西元 1929 年，美國）

浮力支柱

簡易型航空母艦

第二次世界大戰，英國開發

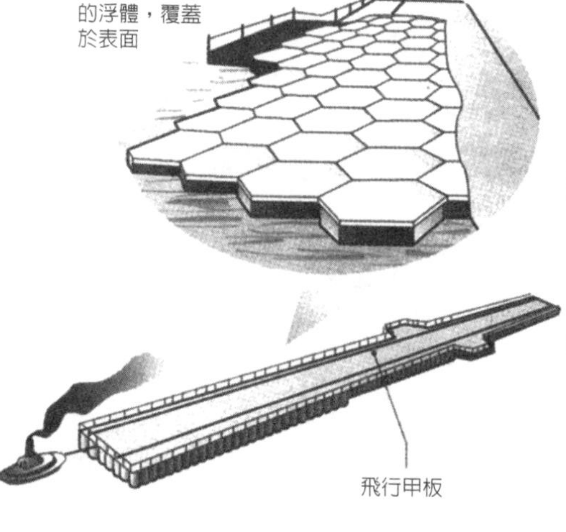
集結「蜂巢狀」的浮體，覆蓋於表面
飛行甲板

海上石油鑽井平台

石油採集及臨時貯存設備

「北海的尼尼爾油田」（英國），半潛水式

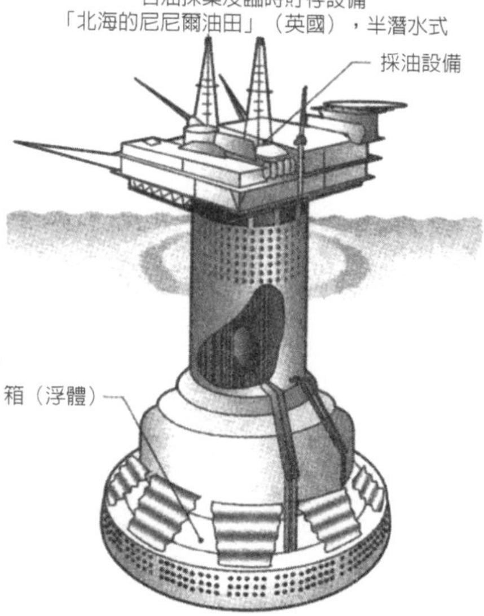
採油設備
箱（浮體）

13 太陽能溫差發電水池

▼熱空氣上升冷空氣下降，是一般的自然現象，但太陽能溫差發電水池卻是上冷下熱，可用於發電與供給熱水。

一般物體受熱，會因膨脹上浮，但是太陽能溫差發電水池的下層，因有密度大的鹽水，所以水加熱不會上浮。太陽能即儲存於底下的鹽水。

羅馬尼亞的美多巴湖、南極的波爾達湖是天然的太陽能溫差發電水池，湖底的鹽分溶化顯示它們有這樣的特性，其實人工太陽能溫差發電水池是模仿它們的。

使用太陽能溫差發電水池，最重要的是保持鹽分的適當濃度。經過長時間，下層的鹽分會逐漸移動（擴散）到上層，有使上下層鹽分均質化的傾向，因此需要研究抑制此現象的對策。

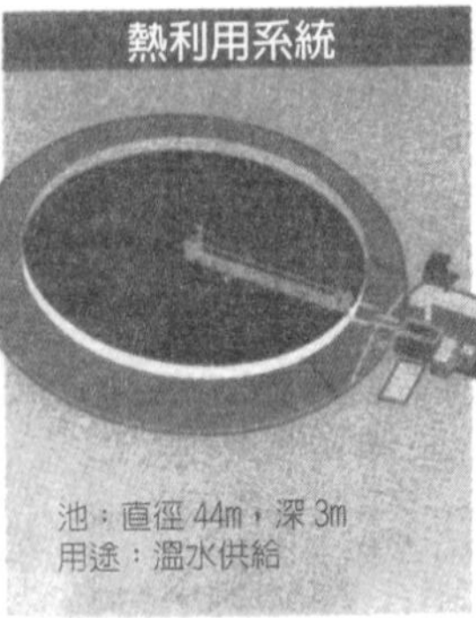

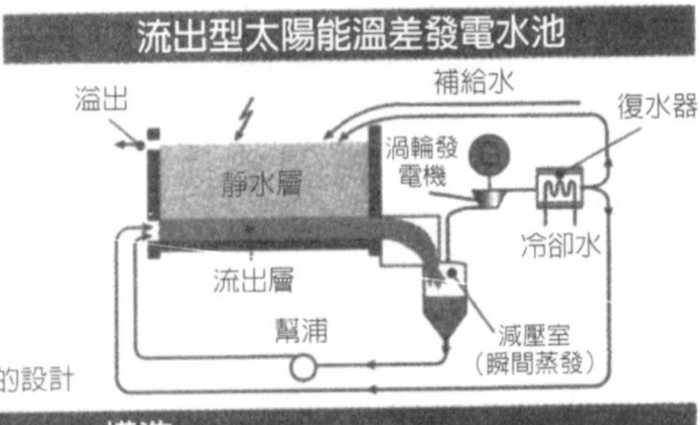

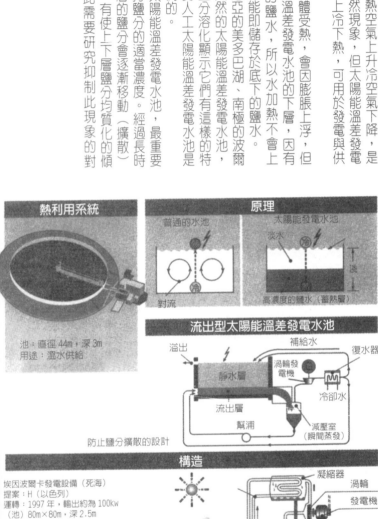

熱利用系統

池：直徑 44m，深 3m
用途：溫水供給

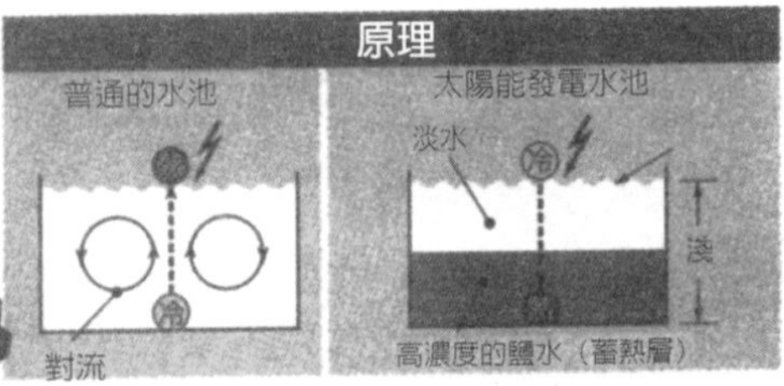

原理

普通的水池
對流
太陽能發電水池
淡水
淡
高濃度的鹽水（蓄熱層）

流出型太陽能溫差發電水池

溢出
補給水
復水器
渦輪發電機
靜水層
冷卻水
流出層
幫浦
減壓室（瞬間蒸發）
防止鹽分擴散的設計

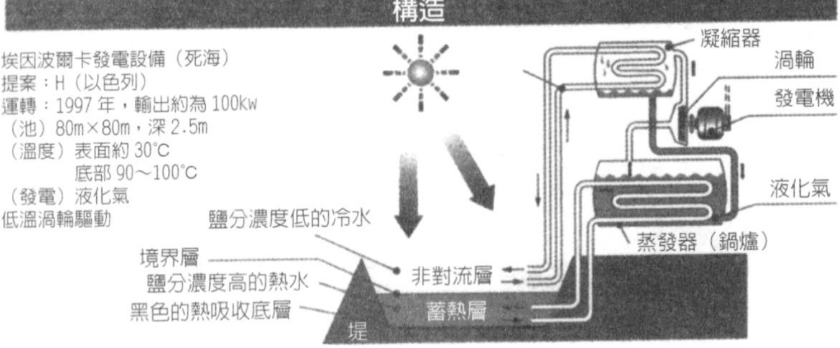

構造

埃因波爾卡發電設備（死海）
提案：H（以色列）
運轉：1997 年，輸出約為 100kw
（池）80m×80m，深 2.5m
（溫度）表面約 30℃
底部 90～100℃
（發電）液化氣
低溫渦輪驅動

凝縮器
渦輪
發電機
液化氣
蒸發器（鍋爐）
鹽分濃度低的冷水
境界層
鹽分濃度高的熱水
黑色的熱吸收底層
非對流層
蓄熱層
堤

14 羅基爾氣球

▼結合「氦氣球」與「熱氣球」，可組成新型氣球「羅基爾氣球」。這種氣球以發明者的名字命名，他在構思此種氣球的初期，想並用氦氣和熱空氣，但失敗了。

此種氣球用來保持高度的基本浮力由氦氣負擔，調節浮力的則是熱氣。因此，羅基爾氣球可以完成長時間、長距離的飛行。

西元一九九二年橫渡大西洋的熱氣球比賽，參賽氣球全是「羅基爾氣球」，而且只有一個氣球沒有成功，其他氣球全部成功橫渡大西洋。繞地球一周的計劃也以羅基爾氣球為主。利用GPS（衛星導航裝置）及衛星轉播來協助飛行，使熱氣球單獨長距離的飛行變得非常普遍。這種氣球的頭呈突出的洋梨形，是為了防止頂面因陽光照射而加熱，所以才拉起一個篷，這裝置也可使中央的空氣閥不暴露於空氣中。

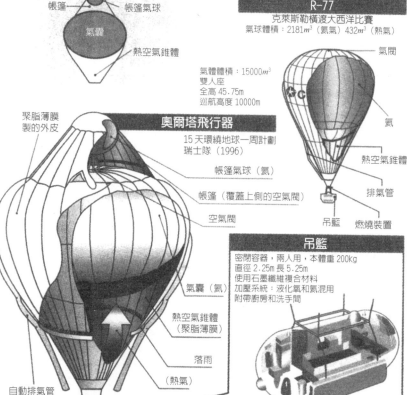

構造
帳篷
帳篷氣球
氣囊
熱空氣錐體

R-77

克萊斯勒橫渡大西洋比賽
氣球體積：2181m^3（氦氣）432m^3（熱氣）

氣閥
氣體體積：15000m^3
雙人座
全高 45.75m
巡航高度 10000m
氦
熱空氣錐體
排氣管
吊籃
燃燒裝置

奧爾塔飛行器

15 天環繞地球一周計劃
瑞士隊（1996）

聚脂薄膜製的外皮
帳篷氣球（氦）
帳篷（覆蓋上側的空氣閥）
空氣閥
氣囊（氦）
熱空氣錐體（聚脂薄膜）
落雨
（熱氣）
自動排氣管

吊籃

密閉容器，兩人用，本體重 200kg
直徑 2.25m 長 5.25m
使用石墨纖維複合材料
加壓系統：液化氧和氦混用
附帶廚房和洗手間

15 混合動力車

▼引擎汽車的性能高，但有廢氣問題；電瓶汽車受蓄電池能力的限制，因此這兩者合而為一，即可造出更優良的混合動力車。

混合動力車的構造，有串聯和並聯兩種方式。串聯方式與早期火車、船舶的柴油引擎相似，把引擎用於發電。它的其他構造與普通的電動汽車沒有差別。

並聯方式的引擎和馬達可分開或搭配使用，類似柴油引擎潛水艇的做法。並聯式已是混合動力車的主流。

另外，還有一種使用渦輪和飛輪的新型混合動力車。混合動力車的節能效果很好，但因為結構複雜，較難操作。

構造

串聯方式

發電機
馬達運轉帶動車輛行走；情速時，發電機運作充電
引擎
（機械的傳動）
（電力）
馬達／發電機
控制裝置
蓄電池

並聯方式

發電機
引擎
馬達／發電機
控制裝置
蓄電池

引擎像發電機一樣定速運轉，可減少廢氣污染。反覆發動、停止，則會擴大污染

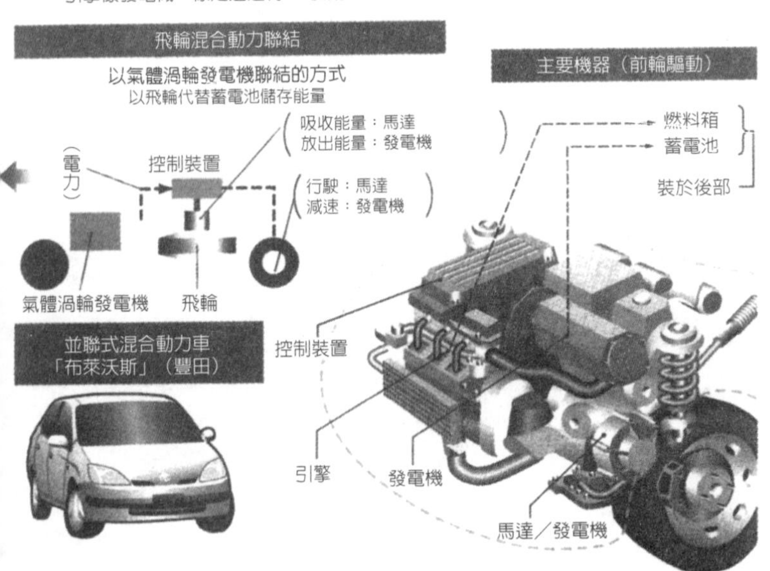
飛輪混合動力聯結
以氣體渦輪發電機聯結的方式
以飛輪代替蓄電池儲存能量
吸收能量：馬達
放出能量：發電機
（電力）
控制裝置
行駛：馬達
減速：發電機
氣體渦輪發電機
飛輪
主要機器（前輪驅動）
燃料箱
蓄電池
裝於後部
控制裝置
引擎
發電機
馬達／發電機
並聯式混合動力車
「布萊沃斯」（豐田）

第10章
環保機械

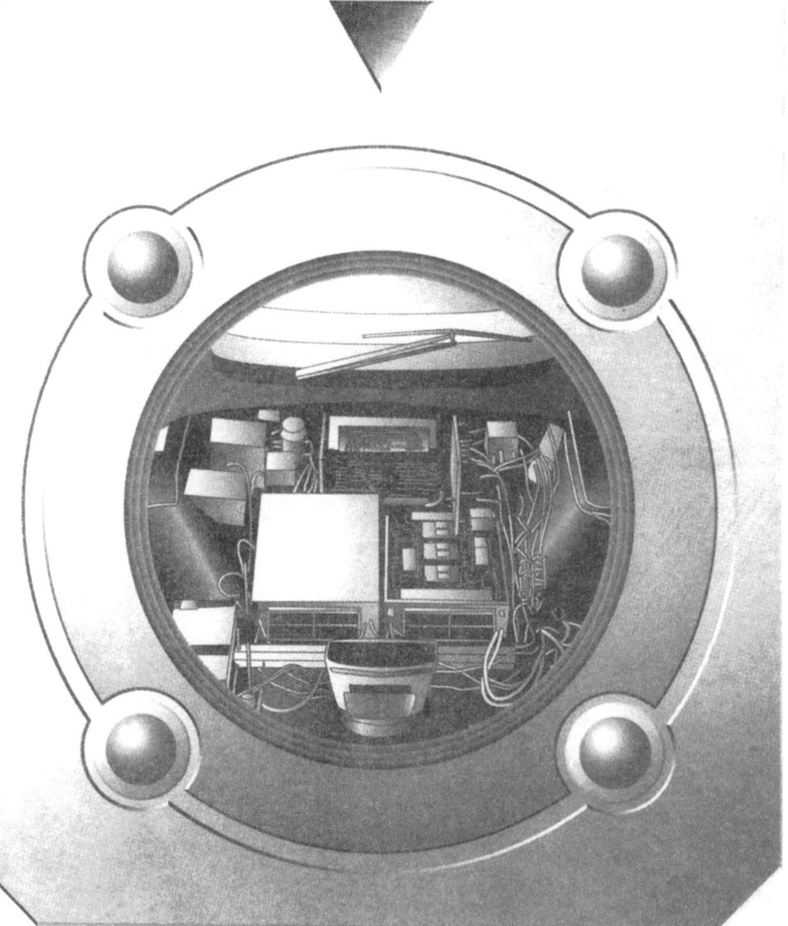

1 太陽能飛機

▼太陽能飛機可以持續飛行，永不停止，即使低空有陰雲，雲的上方還是陽光燦爛，太陽能飛機在雲的上方飛行不會受影響。此外，只要在白天儲備足夠的電力，即可夜間飛行，實現二十四小時持續飛行的夢想。

在六千公尺高空的太陽能電池所產生的電力，比在海面附近所產生的電力多四成。

因此，人們便構想製造於高空飛行的太陽能無人駕駛飛機。

太陽能飛機主要是利用非晶質矽的太陽能電池。它被加工成膠片狀，輕而柔軟，易貼合於機翼的曲面，可以大量生產，因此製造成本比其他飛機便宜。

太陽能飛機誕生於西元一九八〇年，飛行距離為三・二公里。據說，當時為了盡可能減輕荷重，找了一位女性駕駛員，而且要剪短頭髮，不穿鞋子。

最接，由同一組織開發的正式機體「太陽能挑戰者號」，成功飛越英吉利海峽。

此機型使用碳纖維、凱普樂等高強度材料，大約三萬馬力的太陽能即可飛行。

發現者號

NASA（美國太空總署）開發的無人駕駛全翼式飛機
全長 60m，滯空高度 30km，可飛行一週以上

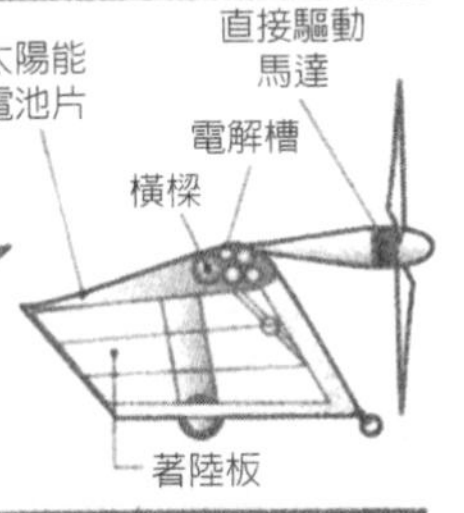
太陽能
電池片
直接驅動
馬達
電解槽
橫樑
著陸板

太陽能挑戰者號

西元 1981.7.7，法→英的航線，橫越英吉利海峽，距離 290km，所需時間 5 小時 22 分
PORU MAKUREDI（美國）開發

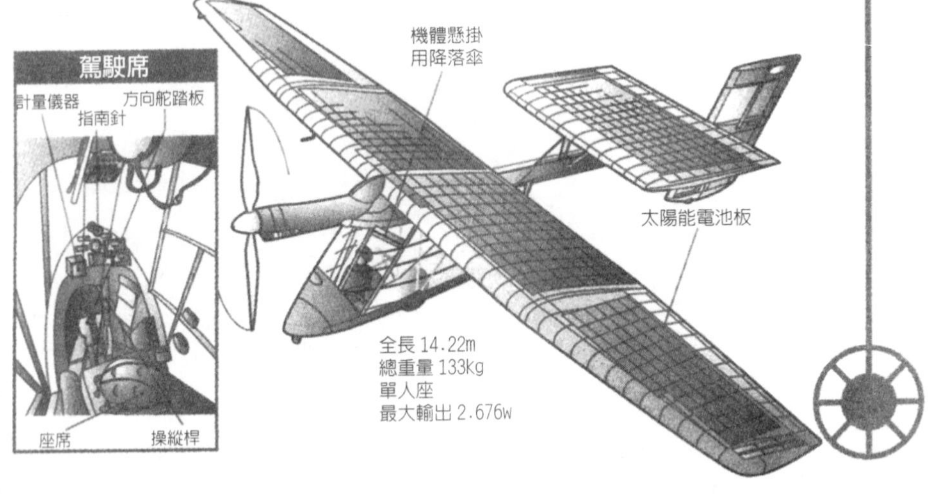
駕駛席
計量儀器
方向舵踏板
指南針
座席
操縱桿
機體懸掛
用降落傘
太陽能電池板
全長 14.22m
總重量 133kg
單人座
最大輸出 2.676w

此外，有一種太陽能滑翔機，機上配備太陽能電池和螺旋槳，可利用動力和熱風飛行得很遠，例如：蒲公英號。它的實際飛行時間為一百二十一個小時，從西向東橫斷北美大陸。

ＮＡＳＡ（美國太空總署）的超高度無人駕駛飛機「發現者號」，是最先進的太陽能飛機。最新技術是使用裝在機翼的電解電池和燃料電池來儲存太陽能產生的電力。

不只大型太陽能飛機，無線電控制的遙控飛機模型也在進行各種新嘗試。另外，飛船船體表面的太陽照射面積大，所以很久以前就有人提出利用這一特點來開發「高空太陽能飛船」。

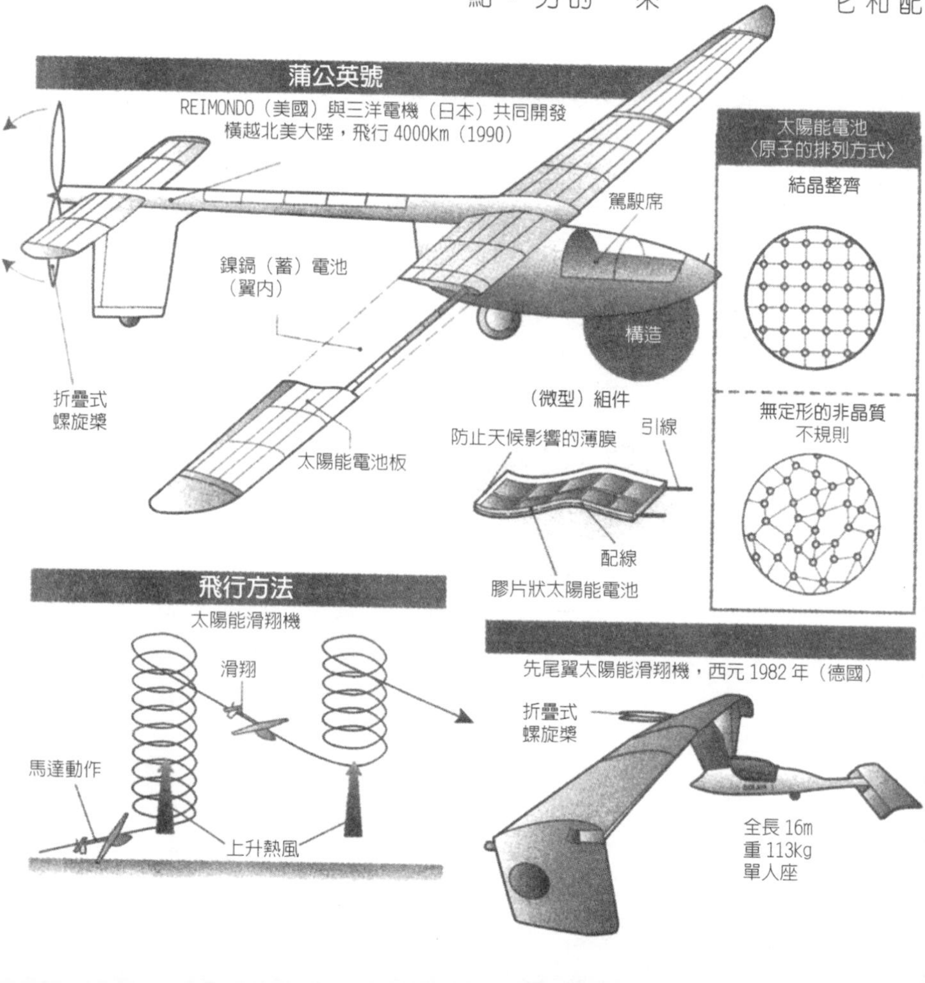

蒲公英號

REIMONDO（美國）與三洋電機（日本）共同開發
橫越北美大陸，飛行 4000km（1990）

駕駛席
鎳鎘（蓄）電池
（翼內）
構造
折疊式
螺旋槳
太陽能電池板
（微型）組件
防止天候影響的薄膜
引線
配線
膠片狀太陽能電池

太陽能電池〈原子的排列方式〉

結晶整齊

無定形的非晶質
不規則

飛行方法

太陽能滑翔機
滑翔
馬達動作
上升熱風

先尾翼太陽能滑翔機，西元 1982 年（德國）
折疊式
螺旋槳
全長 16m
重 113kg
單人座

2 電動汽車

▼電動汽車（EV）很安靜，不會排放廢氣，與普通的引擎汽車截然不同，值得期待。

IMPACT號（美國）的最高時速接近三百公里，IZA（日本）充電一次所行駛的距離（相當於加滿油的行駛距離）超過五百公里。由此可知，電動車要實用化，最重要的是提高蓄電池的蓄電能力。

除了平常使用的鉛蓄電池，電動汽車也可用其他高性能蓄電池，例如：鎳氫電池可以承受激烈的負荷運轉，已引起人們的注目；鋰離子電池可儲存大量的能源，常應用於EV電池的開發。

此外，除了直流馬達和交流馬達，永久磁鐵同步馬達（無刷馬達）亦可用於電動汽車。它將直流電經由轉換器（直流→交流變換裝置）改變頻率，藉此發動馬達。

EV使用可回收電能的「回生煞車器」使馬達反轉，EV因此具有發電機的功能，這是EV所獨有的功能。

另外，將馬達裝入車輛的內側，可以

乘用 EV

本田 EVPLUS　全長 4045mm，乘座 4 人
最高速度 130km/h
一次充電行駛距離 220km
永久磁鐵型同期馬達
前輪驅動
鎳氫電池

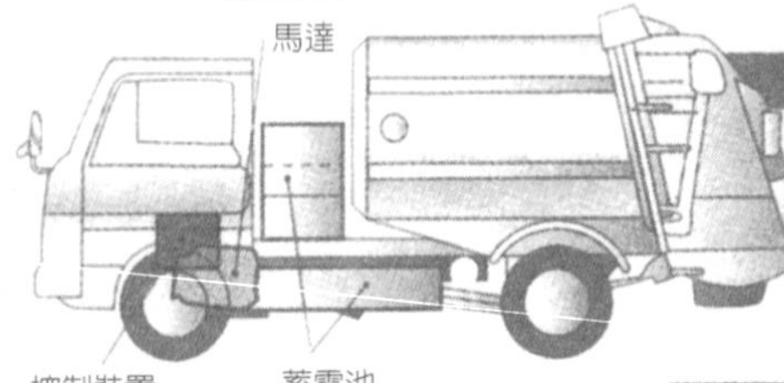
馬達
控制裝置
蓄電池

垃圾收集車

3 噸卡車（日產）的改造車
全長 5230mm
最高速度 60km/h
一次充電行駛距離 41km
直流分卷馬達（輸出 22kw）
後輪驅動
鉛蓄電池

機罩機部

高性機能實驗車「IZA」

開發管理：東京電力（西元 1991 年完成）

全長 4870mm，乘坐 4 人
最高速度 176km/h
一次充電行駛距離 548km
永久磁鐵型同期馬達
4 輪驅動（輸出 25kw×4）
鎳鎘蓄電池

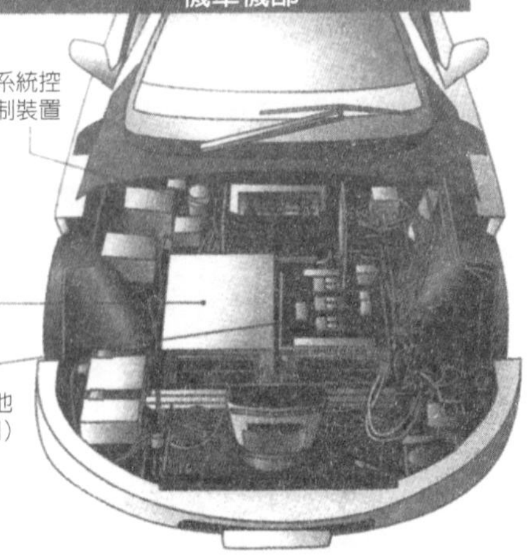
系統控
制裝置
直交流
轉換器
蓄電池
（下側）

省去差動器。

EV可以採用一般插頭的接觸式連接，以及不直接連接的非接觸式。非接觸式屬於無線電磁導方式，將直流電變成高頻電流，即使在雨中，也很安全，方便使用。

EV廣泛應用於載推車及休閒娛樂，例如：方程式賽車。此外，有一種EV零件包（馬達、控制裝置、蓄電池等）可供愛好者將一般車改成EV。

產生電力的方式有很多，但終歸是用馬達來帶動渦輪，所以太陽能汽車、燃料汽車與EV其實都是同一類型的產品。相較於引擎，電動汽車是極優良且高效率的系統，前景看好。

EV 的蓄電池性能

種類	鉛（密閉型）	鎳氫	鋰離子
能源密度（wh/kg）	35～40	60～70	80～100
輸出密度（w/kg）	200～300	200～300	200～700
週期壽命（次）	400～1000	500～2000	500～1200
特徵	便宜	過充／放電強	電力貯藏量大

線路

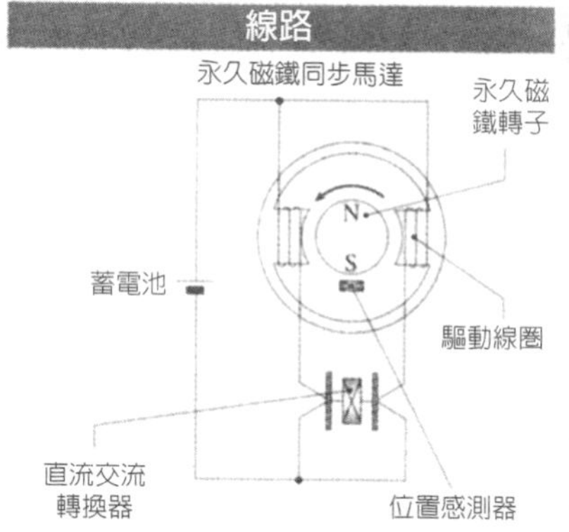
永久磁鐵同步馬達
永久磁鐵轉子
N
S
蓄電池
驅動線圈
直流交流
轉換器
位置感測器

手工換裝 EV 零件

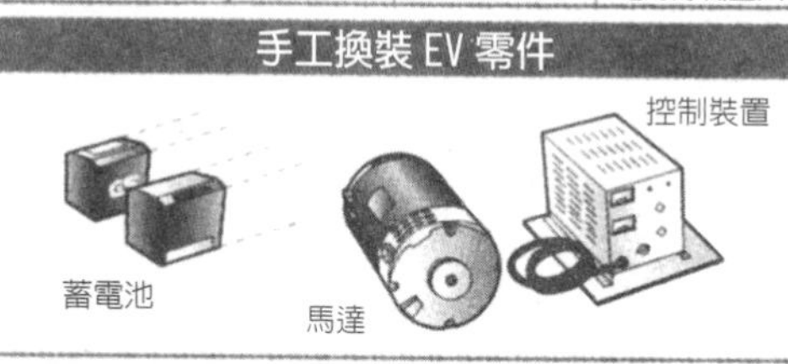
控制裝置
蓄電池
馬達

排檔桿

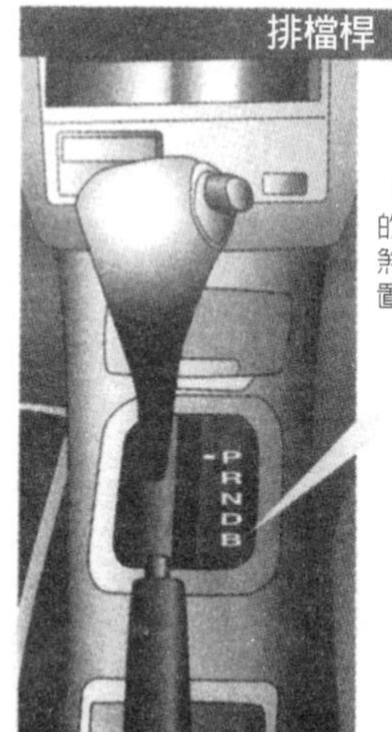
P
R
N
D
B

豐田 RAV4EV

「B」檔是 EV 特有的排檔，是「回生煞車器」的作用位置

充電站（非接觸式）

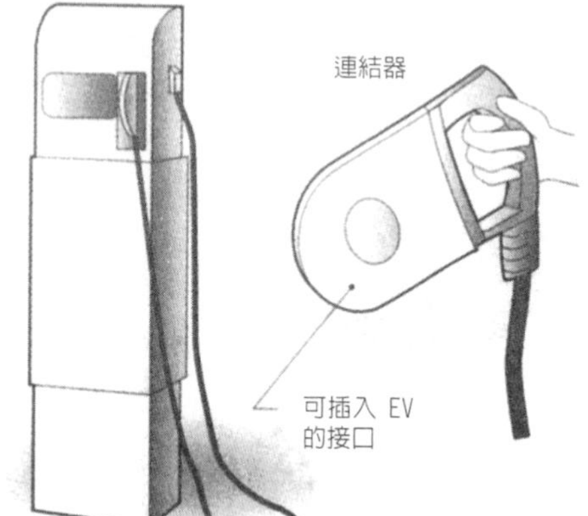
連結器
可插入 EV
的接口

3 史特林引擎

▼史特林引擎的循環，不需爆發因此可以連續燃燒，振動次數少而安靜。它可用的熱源有許多種，藉由陽光的熱，即可使引擎旋轉。雖然結構複雜，重量重，但熱效率非常高。

史特林引擎中，做功的氣體原來是空氣，但現在也用氦氣和氫氣。構造包含氣體通路上的加熱器、熱再生器、冷卻器，熱再生器尤其特別，它可以將往復的氣體熱量回收再送回。

汽車、船舶、發電、人工心臟等各種領域，都用過史特林引擎。海中的潛水艇已普遍使用這種引擎。另外，運用空轉而變冷的機體，可造就逆向循環的史特林冷凍機。

這種引擎是外部加熱的外燃機，無法像用內燃機的一般汽車一樣立即起動，但它安靜、安全，可用各種燃料當作熱源，維護費用低廉，適合多方應用於日常生活。

埃里克森的太陽能馬達

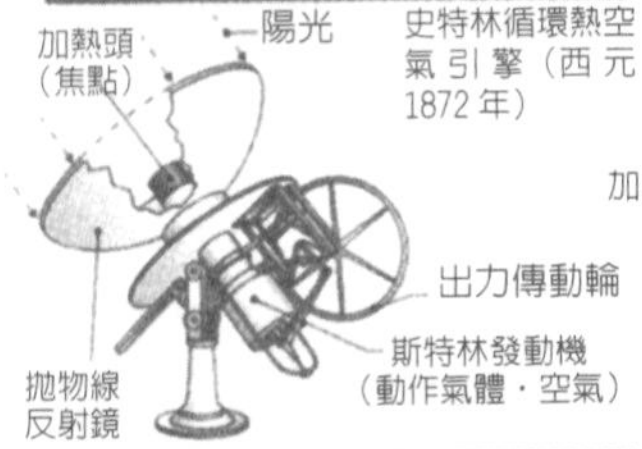

史特林循環熱空氣引擎（西元1872年）

加熱頭（焦點）
陽光
出力傳動輪
斯特林發動機（動作氣體・空氣）
拋物線反射鏡

史特林循環

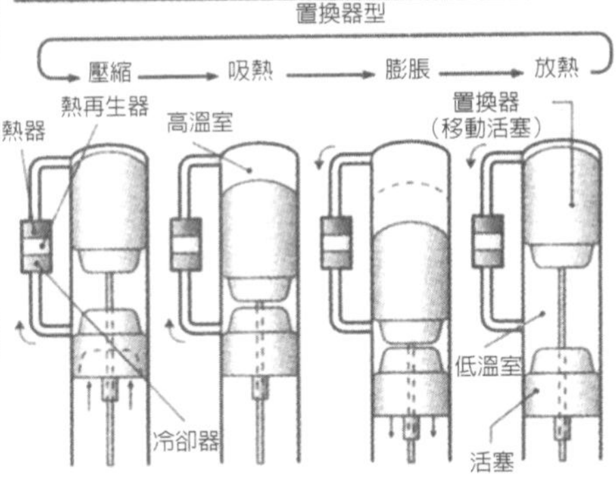

置換器型

壓縮 → 吸熱 → 膨脹 → 放熱

熱再生器
加熱器
高溫室
置換器（移動活塞）
低溫室
冷卻器
活塞

潛水艇的輔助動力裝置

V4-275R（瑞典）
氣體積 $275m^3$×4 筒　輸出 65kW

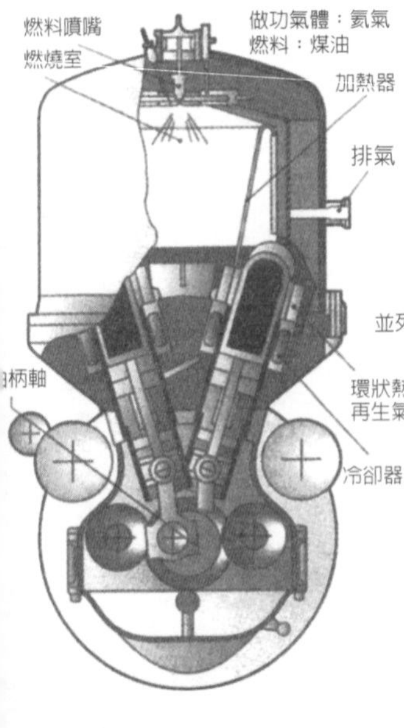

做功氣體：氦氣
燃料：煤油
燃料噴嘴
燃燒室
加熱器
排氣
曲柄軸
環狀熱再生氣
冷卻器

筒狀引擎

（L 型環狀配置）

斜板機制
旋轉斜板
做功氣體（填充氦氣）
活塞
並列四氣筒（固定）
燃燒器
冷卻器
散熱器
加熱器
熱再生器

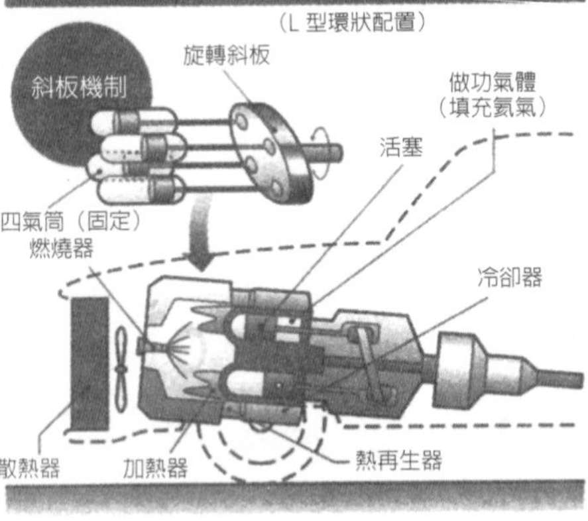

4

小規模水力發電

▼水力是潔淨、不枯竭的能源。日本的大型水力發電廠由於缺乏廉價的用地，所以現已停止開發，但只要縮小發電廠的規模，我們的身邊還是有很多地方可以使用水力發電。

水輪機產生的動力與水流「流量」、「落差」的乘積成正比。水流的使用方法分為水路式和水壩式。水壩式的使用方式是使高處的水，從上部的水壩通過水路流下，再帶動下端水輪機轉動。

小規模水力發電經常使用卡普蘭水輪機和佩爾頓水輪機。兩者都適合在低落差的地點使用，特別是佩爾頓水輪機適用的有效落差範圍很廣，即使在流量驟增的溪流，也可正常使用。

除了水輪機，還可用幫浦，利用水流的壓力，以幫浦抽水。

水力是寶貴的資源，因為它對河裡的魚以及下游居民的影響很大。水力發電的相關法規很多，因此，在未明瞭相關規定之前，請勿任意使用。

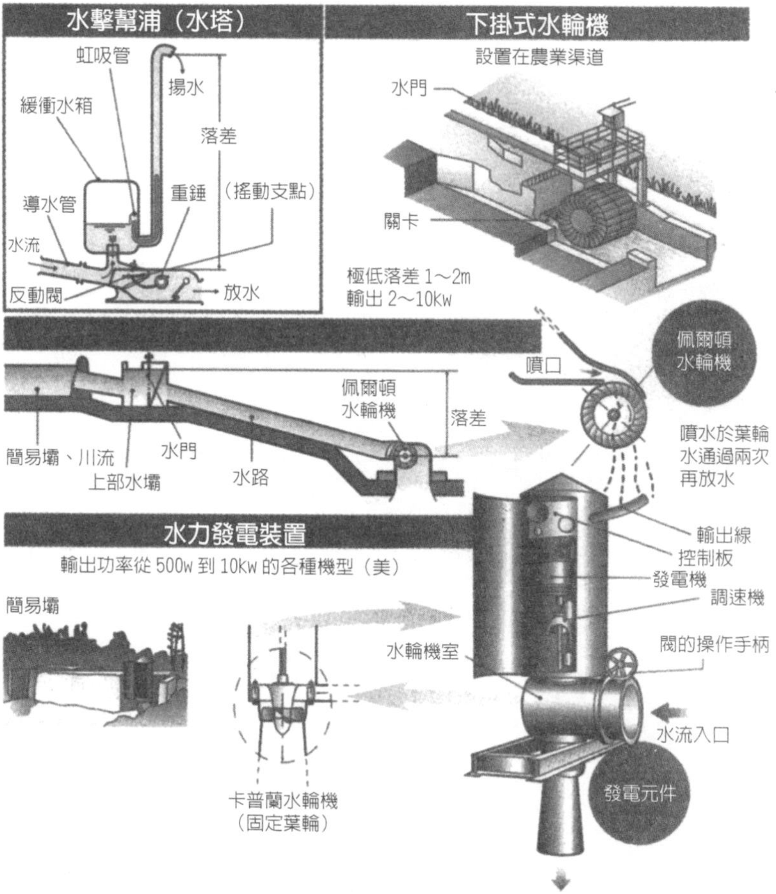

水擊幫浦（水塔）

虹吸管
揚水
緩衝水箱
落差
重錘
（搖動支點）
導水管
水流
反動閥
放水

下掛式水輪機

設置在農業渠道
水門
關卡
極低落差 1～2m
輸出 2～10kW

佩爾頓
水輪機
噴口
佩爾頓
水輪機
落差
噴水於葉輪
水通過兩次
再放水
簡易壩、川流
水門
上部水壩
水路

水力發電裝置

輸出功率從 500w 到 10kw 的各種機型（美）

簡易壩
輸出線
控制板
發電機
調速機
閥的操作手柄
水輪機室
水流入口
卡普蘭水輪機
（固定葉輪）
發電元件

5 發條動力

▼發條的優點是輕便、信賴度高，即使不經常使用，也可在關鍵時刻啓動，幾乎能完全釋出貯藏的能量。與其他動力相比，發條有機械動力的優點。

發條是一種螺旋彈簧，運用轉緊狀態轉變成鬆開狀態的旋轉力。為發條加工應不斷反捲，若要做成轉矩固定的形式，還要進行各種密合捲轉加工。

發條動力通常與調速機搭配使用，但轉矩固定的形式，因施力固定，所以不需要調速機。發條不受外界條件的限制，不會排出廢氣，所以很適合做小型機械的動力，例如警鈴與電動剃刀等。

十七世紀中葉的德國即出現一人座家用發條汽車，雖然當時並沒有成功，但這種乾淨節能的小規模動力，仍大有前景。

通用發條驅動器

高速旋轉軸

調速機

行星齒輪增速機構（5層）

發條（彈簧）

捲撐圓筒

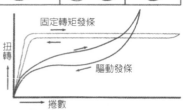

特性

形式	捲撐	捲回	自由狀態
驅動發條	固定端		
固定轉矩發條		輸出捲筒	

固定轉矩發條

扭轉

驅動發條

捲數

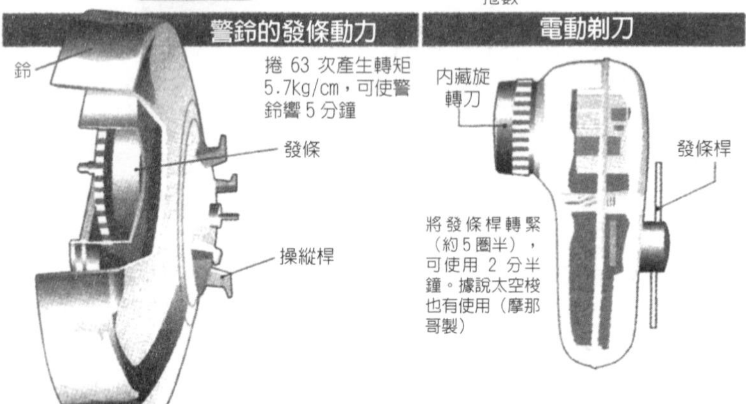
警鈴的發條動力
鈴
捲 63 次產生轉矩 5.7kg/cm，可使警鈴響 5 分鐘
發條
操縱桿
電動剃刀
內藏旋轉刀
發條桿
將發條桿轉緊（約 5 圈半），可使用 2 分半鐘。據說太空梭也有使用（摩那哥製）

6 被動式太陽能供應法

▼被動式太陽能供應法是指盡量不使用外部動力，有效利用自然氣流，讓向陽處發熱，背光處（或沒陽光照射的地方，例如地下）當成冷空氣流通的通道。

住宅的被動式暖氣設備效果最好，分為蓄熱壁、將水引到屋頂等方式。而被動式冷氣設備只能以導入冷風、灑水、隔熱等方式保持涼爽，效果不如一般冷氣強。

由此看來，掌握空氣流動特性的傳統日式木造建築屋簷、走廊與土牆都很高，其實是有科學根據的，自古以來皆得到很高的評價。

最新的被動式太陽能技術，善用熱和光的高速傳導，將導熱管與光纖應用於被動式太陽能建築。

此外，陽光照射到地表的波長範圍很廣，不限於八~十三微米的範圍。因此，被動式太陽能住宅的屋頂安裝可過濾陽光的裝置，只讓特定波長的光線進入室內，即可有效降低室內溫度。

構造

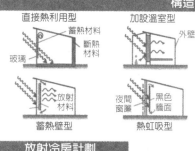

直接熱利用型

蓄熱材料
斷熱材料
玻璃

加設溫室型

外壁

屋頂池塘型

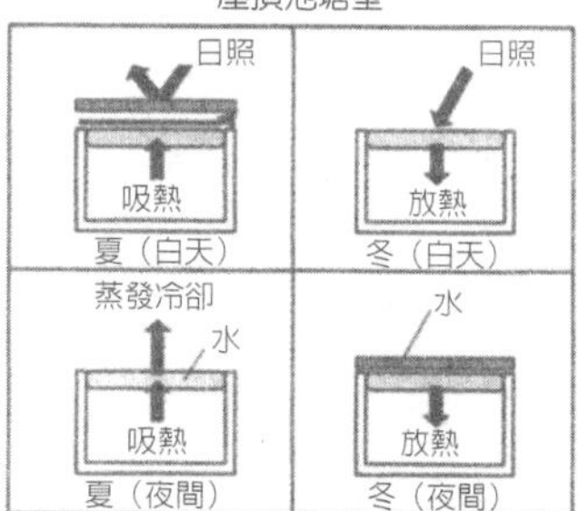
日照
吸熱
夏（白天）
日照
放熱
冬（白天）
蒸發冷卻
水
吸熱
夏（夜間）
水
放熱
冬（夜間）

放射材料

蓄熱壁型

夜間窗簾
黑色牆面

熱虹吸型

放射冷房計劃

波長 8～13 微米的遠紅外線

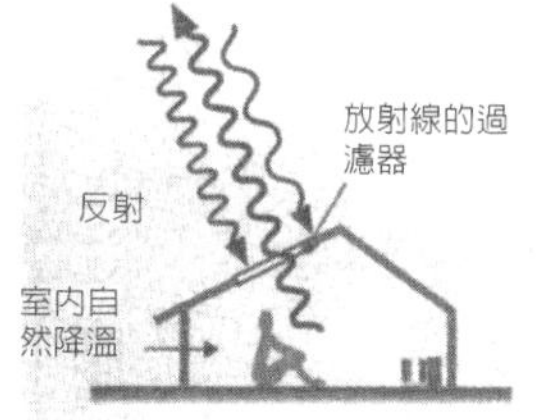
放射線的過濾器
反射
室內自然降溫

冷房效果

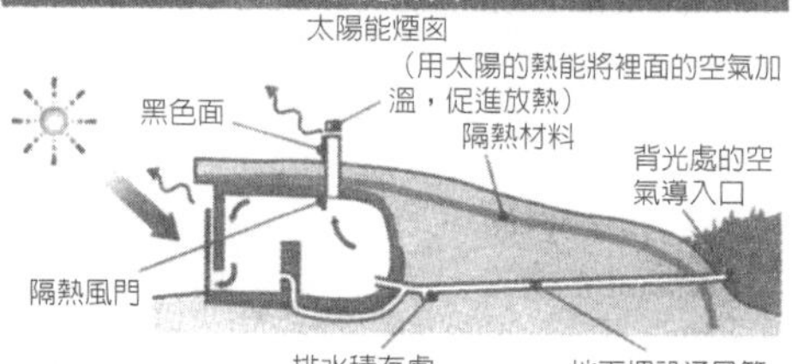
太陽能煙囪
（用太陽的熱能將裡面的空氣加溫，促進放熱）
黑色面
隔熱材料
背光處的空氣導入口
隔熱風門
排水積存處
地下埋設通風管

蠶繭式遮避所的構想

（美國）被動式太陽能住宅（水再利用式）

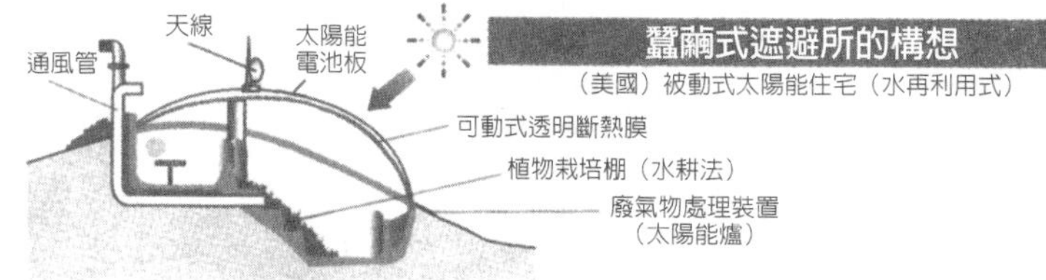
天線
太陽能電池板
通風管
可動式透明斷熱膜
植物栽培棚（水耕法）
廢氣物處理裝置
（太陽能爐）

7 風機

▼風力是潔淨、不枯竭的能源，但是適合設置的地方不多，且風的吹拂有間歇性，不穩定。風力發電所用的風機葉片比水輪機大，而且會受風的方向影響。

風機產生的能量與風機的受風面積成正比，與風速也成正比，風機產生的能量相當於風速的三成。風機一般為抽水幫浦等機器的動力來源，而今大型風力發電廠亦被廣泛使用。

高地與島嶼等風力大的地方可以設置風機，海岸和河岸也很適合，但也有人在離岸二～三公里，基座低於海平面數公尺的地方設立風機。

風機種類有很多，基本上可分為水平軸與垂直軸兩種。水平軸螺旋槳風機不正對風向，就不會轉動；半圓筒形垂直軸風機則不同，風從左右側吹來也可轉動。

實際的風力發電設備以FRP（纖維強化高分子複合材料）製成巨大葉輪（螺旋槳），來轉動內部的發電機。葉輪以低速旋轉，但發電機必須高速旋轉，因此應設置加速齒輪箱。

此外，小型風機遇到強風，會改成伏倒

主要型態

	旋翼型	多翼型	荷蘭型	翼翅型	渦輪機型
水平軸風機	葉片數 1, 2, 3				
	半圓筒型	大流士型	球拍型	回轉儀型	橫向流動型
垂直軸風機		翼斷面			

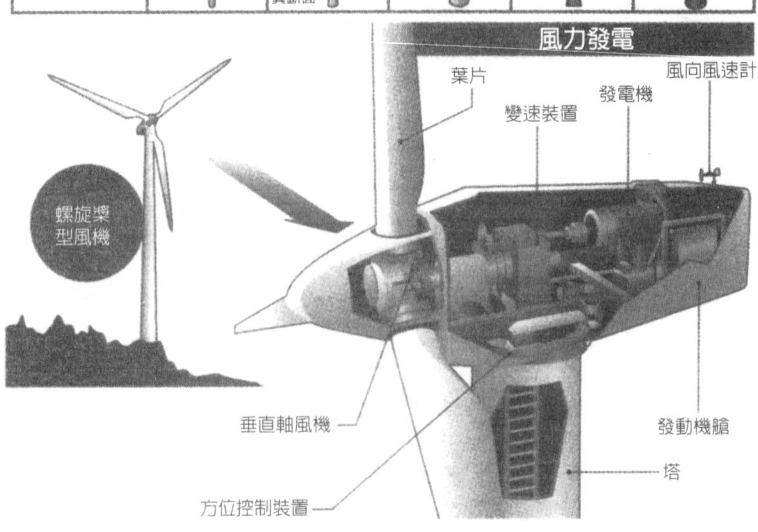
風力發電
螺旋槳型風機
葉片
風向風速計
發電機
變速裝置
垂直軸風機
發動機艙
塔
方位控制裝置

姿勢，或利用翼尾擺頭，來因應風速與風向的變化。中型以上的風機能以可變節距，來調整旋轉次數，或以伺服馬達來適應風向變化。

在風機周圍設置風板，可集中風力，提升風機性能。有一種最新的垂直軸螺旋風機（Vertical Axis Helix Wind Turbine）的轉速低，可直接連接多極發電機，省略了變速裝置。

冬季的寒帶地區風力大多很強，若能將這些風力直接轉換成熱能，發電效果會很好。將風力轉換成熱能的方式有很多種，例如攪拌式與空氣隔熱壓縮式等，而實際的風力發電廠大多採用油壓式。

垂直軸螺旋風機

（芬蘭）

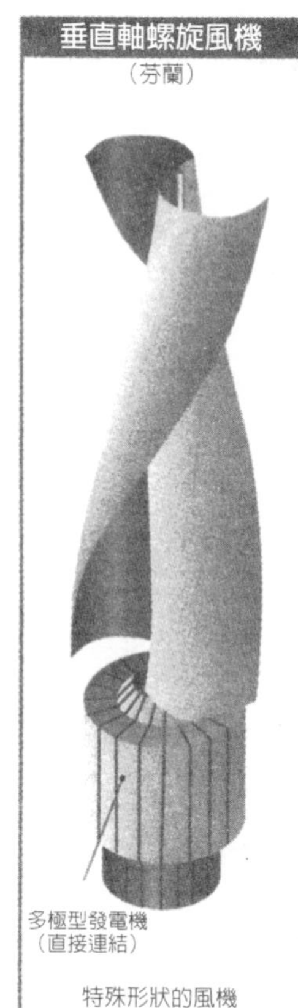
多極型發電機
（直接連結）

特殊形狀的風機

可變節距螺旋槳

動作

停止

揚水風機（往復幫浦動作型）

曲柄

推進棒

往幫浦方向

風力熱態變換裝置（油壓式）

傘形齒輪

尾翼

驅動軸

熱交換器

閥

熱水貯槽

油壓幫浦

幫浦

給熱水

8 仿生機器人

▼車輪適合在平坦的道路上行駛，而在凹凸不平的山路，用類似動物四肢，細長棒形的腳來行走比較適合。動物的腳擅長往復運動的方式，具有關節多、柔軟、可變化等優點，現在已有機器人，設計出這種機械腳。

機器人的手有多個關節，可以靈活地將物體抓起來。若以前後左右的動作當作一個自由度，機器人的拇指、食指和中指，共有十一個自由度，可以穩定地抓住球體。

機器腳步行可分為靜步行走和動步行走。有三點的支撐，機器人用的是靜步行走，在此基礎上，用六隻腳步行會更加穩定。而以三隻腳來支撐，一隻腳來移動，就可以做四足步行。

人是用兩隻腳步行，將身體適當傾斜，在取得平衡的同時，使重心移動，這種動作需要高度協調，因此做成人形的步行機器人可說是利用了最高級的控制技術。

多關節指

3 根指，11 個自由度開發，電子技術綜合研究所

人形機器人

P3（本田）
身長 160cm
體重 130kg
一次充電動作 25 分鐘。
自行站立，動步行走型，可在平面、斜面台階移動，可握手，做其他簡單動作

P3

六足步行體

（東芝）
用流體液壓彎曲伸縮細柔的腳，可移動的微機器人

林業用腳式機械

HTM-1
（森林綜合研究所）

主腳 4 根，輔助腳 5 根
油壓驅動，
重量約 1.4 噸
在 45 度的斜坡仍可移動，
遠距離操作方式

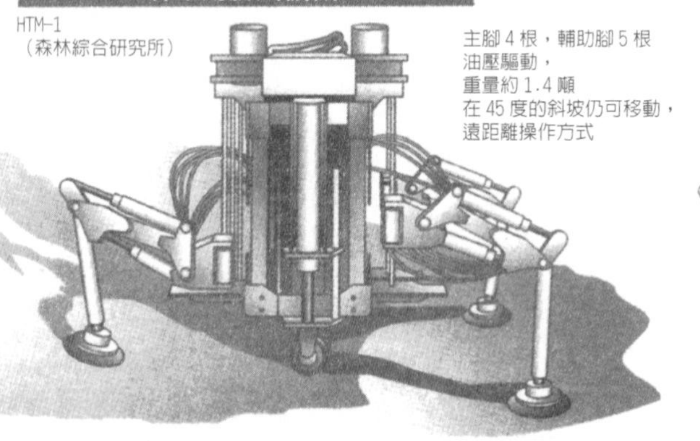

這些步行機器人可應用在林業，因為山林有許多陡坡、不規則的複雜地形，使車輪根本動不了。因此，在腰和膝蓋處有關節，並有輔助腳裝置，可以防止翻倒的作業機器人，正被嘗試應用於此。

製作像昆蟲一樣靈活、機動、性能優良的飛機，是人們一直以來的夢想。現今，這樣的研究仍在積極進行中。昆蟲與鳥不同，牠的翅膀薄，翅膀的拍打次數是鳥的十倍以上，翅膀小而輕，因此容易受空氣黏度影響。

飛機著陸，機翼翼端會像快散開一樣，啓動襟翼高揚力裝置，這是模仿鳥著陸的機制。

此外，現在有用橡膠管等柔軟材料，以及高分子材料製造的人工肌肉。人工肌肉的性能與化學性能佳，動作安靜，工作效率高。

蜻蜓的翅膀拍打實驗裝置

河内啓二設計（日本東京大學）
控制上下、前後、扭轉，
使四片翅膀動作
身體直徑 1.24cm
身長 10cm

蒼蠅的翅膀
拍打飛行

翅膀的 8
字形動作

即將著陸
的鷹
高揚力裝置
離陸、著陸的多重間隙機翼
很大的飛行角，揚
頭、伸腳、低速
前緣縫翼
後緣縫翼

9 淡水裝置

▼水在地球上有各種形態，但只有固定形態的水可以被人們利用，海水的淡化、水的蒸餾等，都是為了將水變成飲用水與工業用水，須利用造水裝置。

沙漠的產油地區備有大規模的多段蒸發式設備，亦即蒸汽爐。它們不斷蒸發海水，再將水蒸汽冷卻，以獲得淡水，排出鹽分濃度高的海水，進入大海。

與此相對，使用分離膜的脫鹽處理不用加熱，對環境的影響較小。逆滲透是為海水加壓，使海水通過逆滲透薄膜，獲得純水。離子交換法是用電力透析的方法，使水通過離子交換膜。

如果能將太陽能用於加熱，即不需要燃料，可使用太陽能蒸餾裝置在礦山等地製造純水。此外，亦可利用放大版除溼器裝置，收集空氣中的水分，再變成液態水。

大規模的海水淡化設備

（沙烏地阿拉伯）

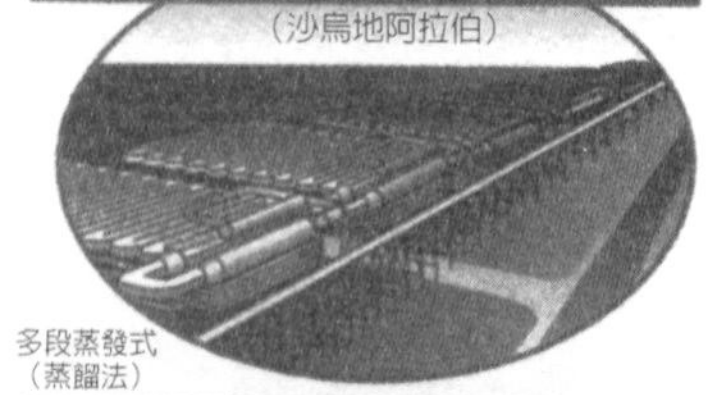

多段蒸發式
（蒸餾法）

逆滲透

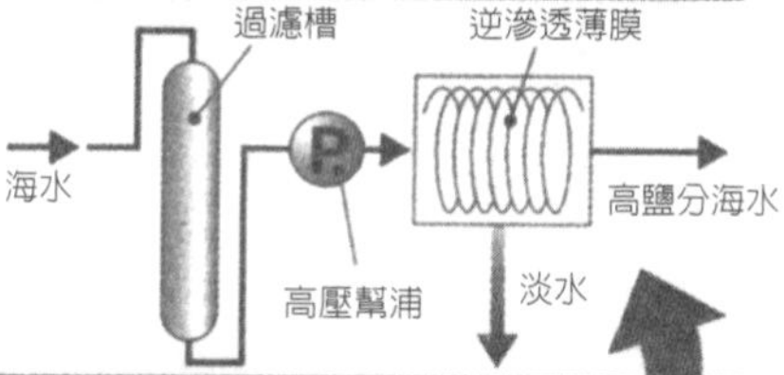

過濾槽
逆滲透薄膜
海水
高壓幫浦
高鹽分海水
淡水

分離膜的利用

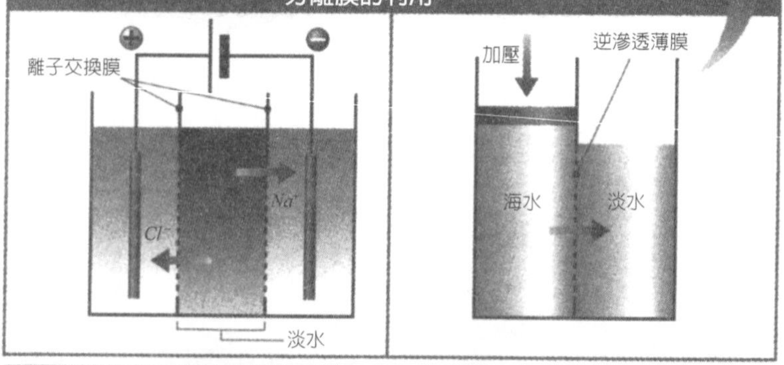

離子交換膜
Na^+
Cl^-
淡水
加壓
逆滲透薄膜
海水
淡水

收集空氣中的水分

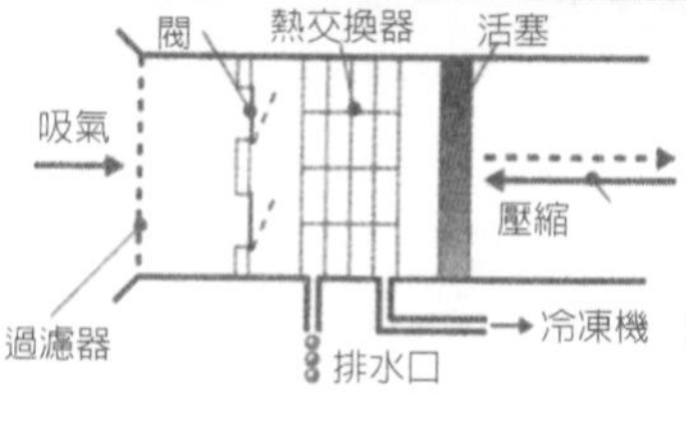

閥
熱交換器
活塞
吸氣
壓縮
過濾器
排水口
冷凍機

太陽能蒸餾裝置

SUN
原水（海水、濁水等）
水蒸汽
透明玻璃
流動槽
水滴
蒸餾水

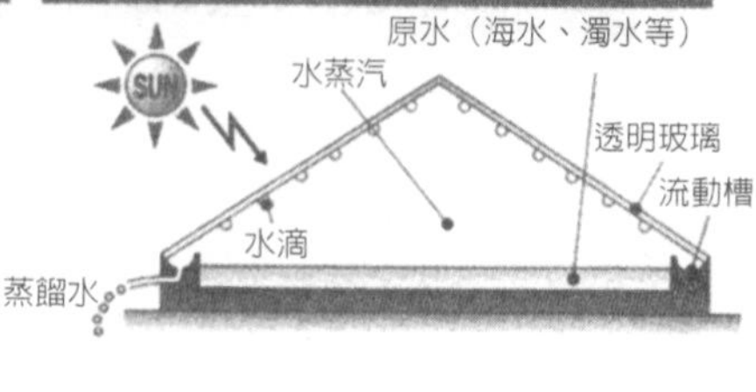

10 省油車比賽

▼有一種汽車比賽，只用一升的燃料，比賽一下誰行駛的距離長。使用的賽車是個很小的一人車型，重量很輕。留意各國舉辦的比賽即可發現用最好燃料的省油車，行駛的距離已經超過三千公里／升。

此種比賽有很多細則。例如，「單車英哩數馬拉松賽」的車體大小做了限制，並規定要在一定速度以上行駛等。「本田省油車比賽」還規定要使用五十毫升引擎。

使用能讓引擎燃燒的稀薄混合氣，可節省燃料。在英國創下優勝記錄的本田車，安裝的就是六衝程引擎，它藉由徹底排出廢氣來增加衝程。

因為這種比賽要比的不是速度，所以一般以時速三十公里的安穩狀態來行駛。此種車體大多由兩個前輪來控制方向，一個後輪來驅動。另外，可使引擎加速行駛和空檔慣性行駛交替進行，使車子斷續運轉前進。

前一輪後二輪型

高性能的手工製特殊規格車
「單車英哩數馬拉松賽」

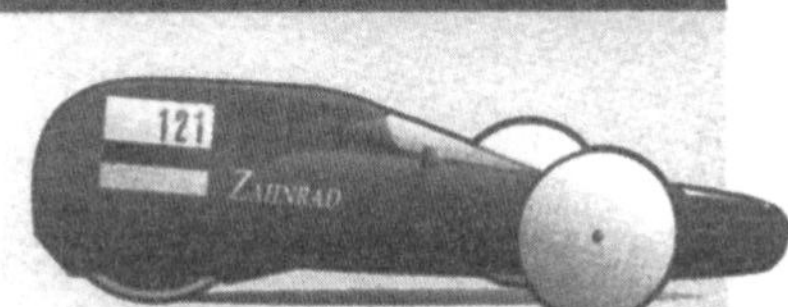
121
ZAHNRAD

俯伏型座椅的車體

日本本田隊的賽車

在英國的「單車英哩數馬拉松賽」，獲得優勝（西元 1988 年），安裝六衝程引擎

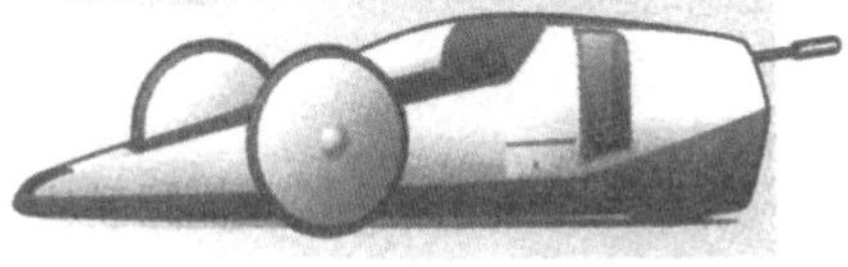

構造

背靠型座椅，三輪構造

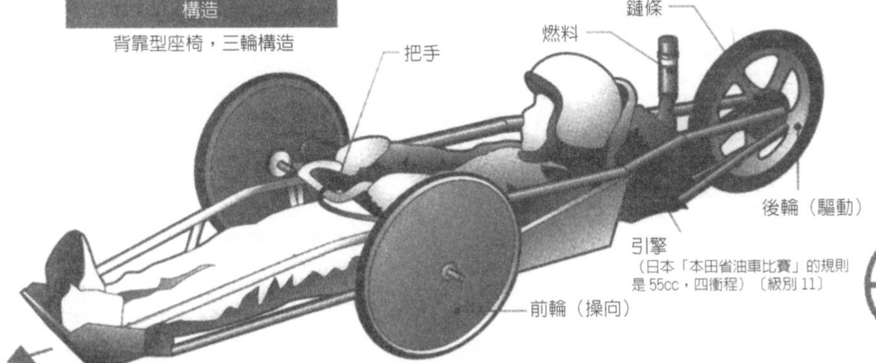
鏈條
燃料
把手
後輪（驅動）
引擎
（日本「本田省油車比賽」的規則是 55cc，四衝程）〔級別 11〕
前輪（操向）

11 資源回收

▼將回收廢紙製成再生紙，這是我們常見的回收再利用。廢棄汽車整體重量75%的材料（主要是鐵、鋁）也可回收再利用，掩埋的費用反而較高，所以人們越來越傾向於回收再利用。

回收再利用的過程是：先拆解廢車和廢家電，把可以使用的零件回收，用壓碎機將它們壓碎，把能再利用的材料挑出來，丟掉剩下的碎屑。

電腦與資訊家電的廢棄物處理，以前大多是將它們整個放進壓碎機壓碎，但現在開始改用回收處理，同樣會先拆解，把主要零件拆下來挑選，提高回收零件的比例。

廢棄物拆解以手工作業為主，很難提高效率。為了盡量縮短拆解的時間，設計要盡量減少螺絲數量，零件要盡量一體化，以便於拆解，目前有人計劃要用機器人來執行拆解工作。

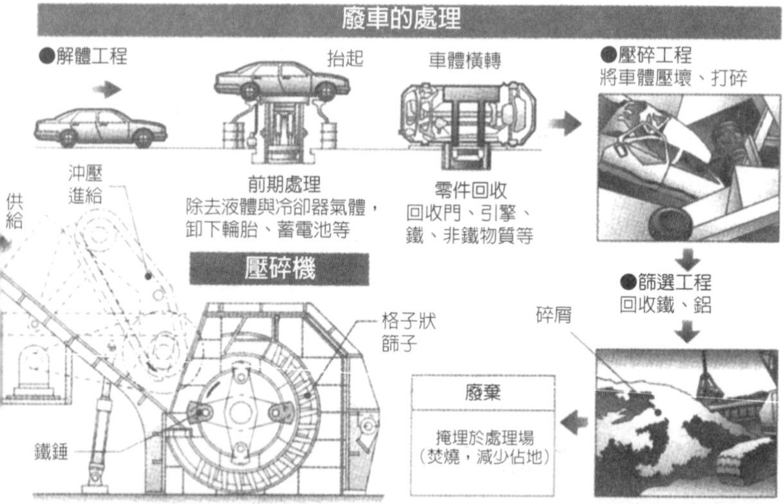

廢車的處理

●解體工程

抬起　車體橫轉

前期處理
除去液體與冷卻器氣體，卸下輪胎、蓄電池等

零件回收
回收門、引擎、鐵、非鐵物質等

●壓碎工程
將車體壓壞、打碎

●篩選工程
回收鐵、鋁

碎屑

廢棄
掩埋於處理場 （焚燒，減少佔地）

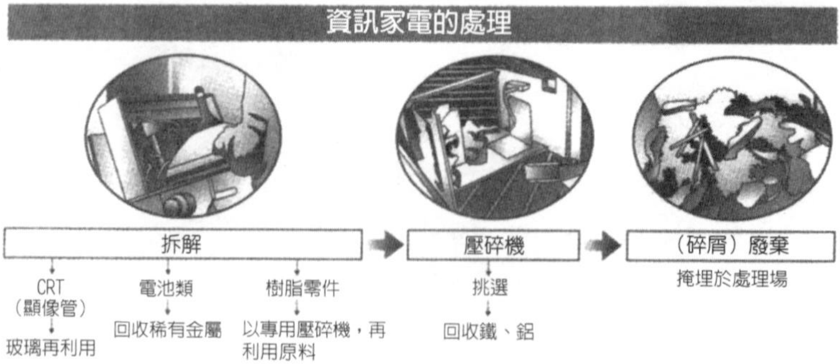

壓碎機

供給　沖壓進給　格子狀篩子　鐵錘

資訊家電的處理

拆解 → 壓碎機 → （碎屑）廢棄

拆解：
- CRT（顯像管）→ 玻璃再利用
- 電池類 → 回收稀有金屬
- 樹脂零件 → 以專用壓碎機，再利用原料

壓碎機：挑選 → 回收鐵、鋁

（碎屑）廢棄：掩埋於處理場

12 真空垃圾收集系統

▼此系統以專門的氣流管道來吸收廚餘，將垃圾運走。像以氣流輸送粉末的氣流輸送機一樣，藉由一根搬運管道運送，不和外界接觸，不需複雜的線路，也不用勞力。利用管道內低於大氣壓的氣壓，以真空的方式吸收垃圾。

從前以垃圾滑槽來運送垃圾，垃圾散放於滑槽上，動力消耗大，而且可能會堵塞，既不衛生，麻煩又多。

此系統不用裸露垃圾，而是裝入密閉容器運走，因此不會發生以上問題，非常方便。透過汽缸的活塞運動，可以有效推進，而且真空狀態使活塞運動不受空氣阻力影響。

此系統以送風機把管內空氣抽到外面，而送風機裝在真空管道的排出裝置旁邊。這些設備皆設置在牆壁中，或做成地下網路，臭味會一同吸入管道，不跑到外面，非常乾淨。

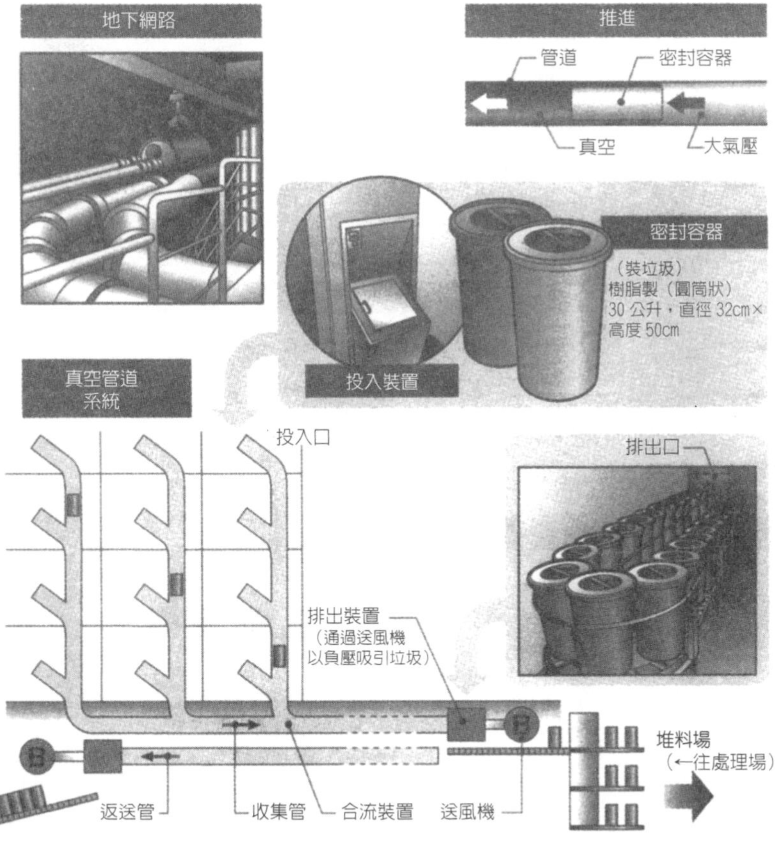

地下網路

推進
管道
密封容器
真空
大氣壓

密封容器
（裝垃圾）
樹脂製（圓筒狀）
30公升，直徑32cm×高度50cm

投入裝置

真空管道系統
投入口
排出口
排出裝置
（通過送風機以負壓吸引垃圾）
堆料場
（←往處理場）
返送管
收集管
合流裝置
送風機

13 熱電半導體

▼熱電材料的發電系統是由兩種導體構成一個封閉電路，利用熱源讓兩端具有溫度差，以產生電流，也可逆向操作，為此封閉電路通入電流來達到加溫或冷卻的效果。熱電材料的應用，操作簡單，但是價格高、效率低，但最近因為技術的進步，此缺點已改善不少。常見的熱電材料有鉛碲、鉍碲等雙金屬組合，最近也使用鐵矽系列的半導體，由P型半導體與N型半導體串聯成熱電發電元件。

多數熱電半導體用於燈具、無線電收音機的燈號、體溫手錶等，也有人嘗試以此裝置來利用焚化爐廢熱發電，或是其他小規模、間歇運轉的燃燒爐。

此外，高溫槽、戶外的休閒冷溫庫、某些裝置的冷卻系統、除濕器等都應用熱電材料的冷卻功能。結合熱電材料的發電與冷卻功能，即可同時制冷、制熱，非常有趣。

熱電交換模組的構造

導熱體（銅等）（兩側）

絕緣體（氧化鋁、陶瓷等）

N P N P N P N P

導電體（銅、鋁等）

半導體的種類
N 型…過剩電子型
P 型…不足電子型

原理

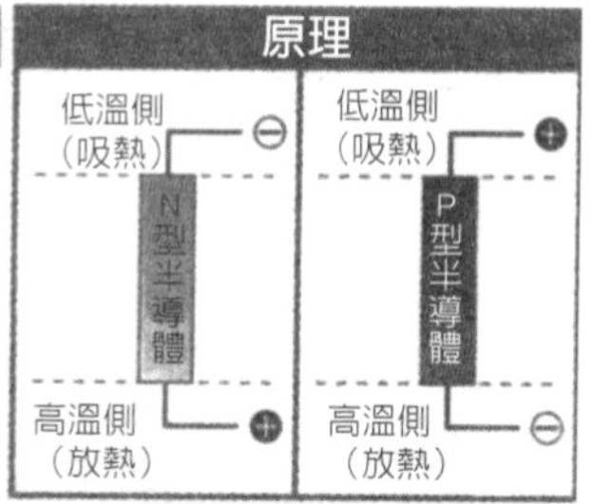
低溫側
（吸熱）
N型半導體
高溫側
（放熱）
低溫側
（吸熱）
P型半導體
高溫側
（放熱）

熱電式手錶

星辰錶開發（西元 1998 年）
據說 1°C的溫差可儲存一週用的能量

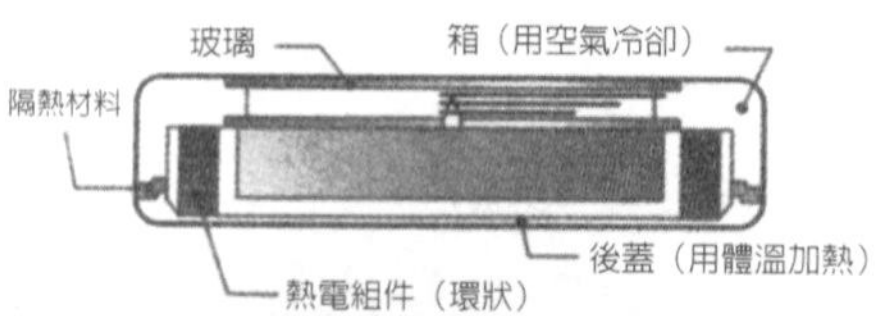
玻璃
箱（用空氣冷卻）
隔熱材料
後蓋（用體溫加熱）
熱電組件（環狀）

排熱利用的嘗試

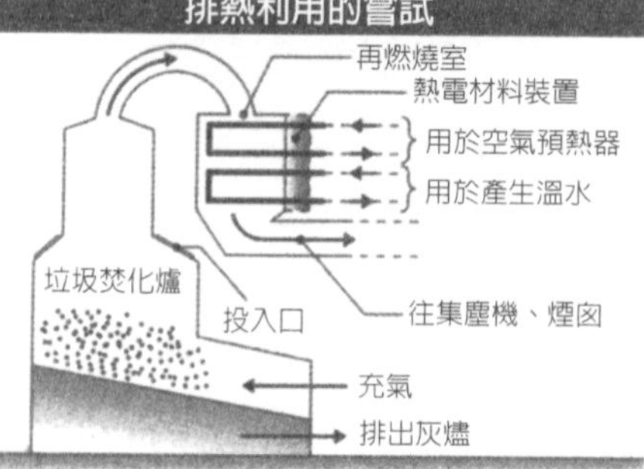
再燃燒室
熱電材料裝置
用於空氣預熱器
用於產生溫水
垃圾焚化爐
投入口
往集塵機、煙囪
充氣
排出灰燼

電子冷溫庫

保冷 5°C／保溫 50°C程度
家庭與汽車兼用

溫泉的溫度差發電

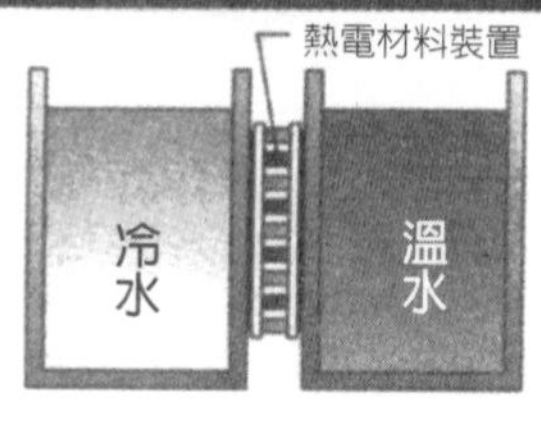
熱電材料裝置
冷水
溫水

14 大規模地下開發

▼為了更有效地利用地下空間，要開發比一般地下街更深的空間（日本把比地表深四十公尺以上的地下空間稱為大深度地下），藉此擺脫地權的限制，集中進行公共工程，還具有貯藏以及其他機能。

與地上相比，地下空間較安靜，夏涼冬暖，不受天氣影響，耐震性好。圓頂空間可用於居住、安裝設施、建造基地等。隧道適合交通、通信。若要利用地下空間建造房屋，必須使周圍的地層牢固，防止土壓、水壓的力量將建物壓垮。要在地下建造大型圓頂建築，除了挖開中心的坑，還要從底部依照建築周圍空間，挖一些螺旋狀的小隧道，將壁面用混凝土加固。

確保地下空間的安全是最重要的，應配備火災警報、排煙、滅火等設備。還要設置特別的避難設備，以免逃生通道、台階被堵住。

地下的高度利用

圓頂空間

小隧道（互相連接）

豎坑（入口）

半球形、球形等的空間

地下

多圓形密封隧洞

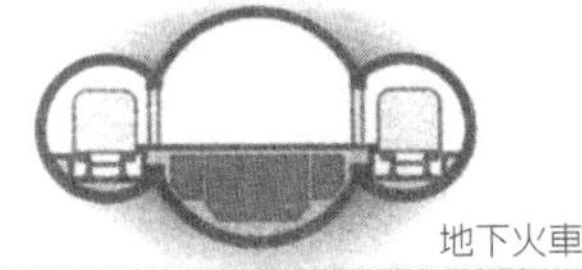
地下火車站

自然採光

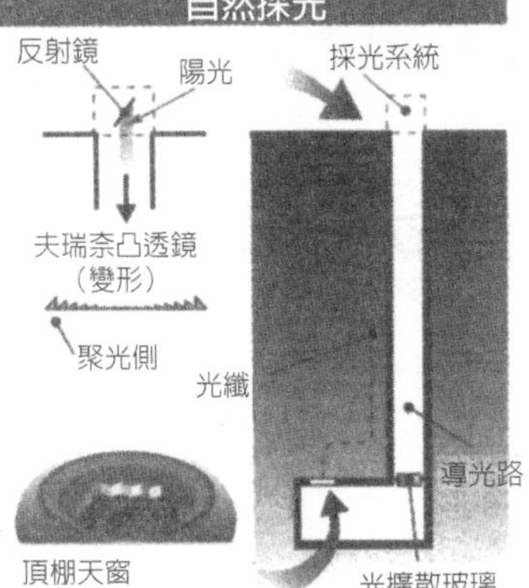
反射鏡
陽光
夫瑞奈凸透鏡（變形）
聚光側
頂棚天窗
採光系統
光纖
導光路
光擴散玻璃

逃生台階

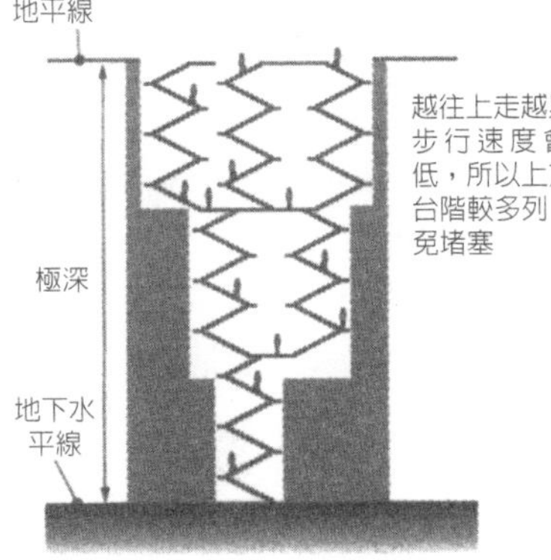
地平線
極深
地下水平線
越往上走越累，步行速度會降低，所以上方的台階較多列，以免堵塞

15 核廢料處理

▼核能的能量強大，但它產生的放射性廢棄物很難處理，目前只能埋在地底深處。核廢料必須徹底消滅放射性（輻射），才能當成一般垃圾處理，若能將放射性物質的半衰期大幅縮短，放射性原子即可快速衰變，成為非放射性物質。日本西元一九九八年提出的方案「最後計劃」，就是為了讓核廢料無害化，所提出的人工轉換核能處理方式。

此外，將中子、質子射入原子反應爐與加速器，也可消滅核廢料的放射性，舉例來說，鍶90（半衰期為二八・八年）的原子核加入一個中子，放射性就會消失，變成安定的鋯。

但是，這些消滅放射性的方法只在理論上可行，難以實際執行。因為有些處理方式會大量產生二次廢棄物，而且很難兼顧經濟與各方面的考量，因此，如何消滅放射性仍是核能發電的最大問題。

埋在地底深處

內筒容器（不鏽鋼）
玻璃固化體（高標準廢棄物）
外筒容器（碳鋼）
埋穴材料（黏土）
岩板

輻射的衰減

輻射的強度
Io：最初的強度
半衰期：到 1/2Io 的時間
Io
$\frac{1}{2}$ Io
0
指數函數的關係
半衰期
時間 t

加速器的利用

圓形加速器（質子同步加速器）
質子源
電磁鐵
加速圈
同步加速裝置
質子束
標的

線形加速器
聚束電極
荷電粒子源
電子束
標的
電源
加速管
加速電極

以原子反應堆變換

高速滋生反應爐
中子
高標準廢棄物

消滅放射性的系統

群分離
消滅（縮短半衰期）
高標準放射性廢棄物
原子反應堆
加速器
地下處理
有效利用
回收稀有金屬

國家圖書館出版品預行編目（CIP）資料

機械構造完全解體圖鑑／和田忠太著；魏長清譯.
-- 修訂初版. -- 新北市：世茂，2015.08
面；　公分. --（科學視界；184）

ISBN 978-986-5779-90-0（平裝）

1. 機械設計 2.圖錄

446.19　　104012079

科學視界 184

機械構造完全解體圖鑑 修訂版

作　　者／和田忠太
譯　　者／魏長清
審 訂 者／賴光哲
主　　編／陳文君
責任編輯／石文穎
出 版 者／世茂出版有限公司
負 責 人／簡泰雄
地　　址／（231）新北市新店區民生路 19 號 5 樓
電　　話／（02）2218-3277
傳　　真／（02）2218-3239（訂書專線）・（02）2218-7539
劃撥帳號／ 19911841
戶　　名／世茂出版有限公司 單次郵購總金額未滿 500 元（含），請加 60 元掛號費
世茂網站／ www.coolbooks.com.tw
排版製版／辰皓國際出版製作有限公司
印　　刷／祥新彩色印刷股份有限公司
修訂初版／ 2015 年 8 月
　　四刷／ 2021 年 9 月

ＩＳＢＮ／ 978-986-5779-90-0
定　　價／ 280 元